U0243452

燃煤电厂
深度调峰技术及应用

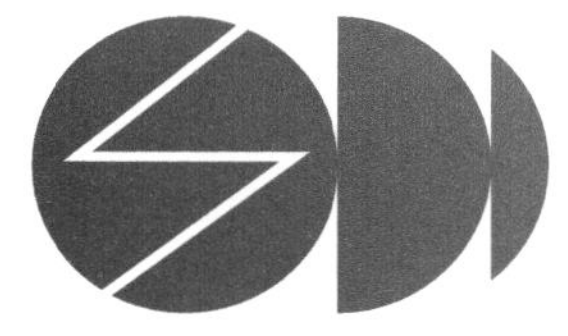

内蒙古电力（集团）有限责任公司内蒙古电力科学研究院分公司　组织编著
朱愉洁　袁东辉　韩 元　等 编著

Technology and Application
of Deep Peak Load Regulation in Coal-fired Power Plants

化学工业出版社
·北京·

内容简介

《燃煤电厂深度调峰技术及应用》一书以燃煤电厂深度调峰技术为主线，主要介绍了我国深度调峰相关政策、发展趋势，总结了国内外燃煤电厂深度调峰经验以及锅炉系统、汽轮机、控制系统和环保设施深度调峰关键技术及应用，最后介绍了成套的灵活性改造案例，旨在帮助相关专业技术人员深入了解影响深度调峰效果的各种因素以及明确如何在深度调峰过程中通过改造和运行优化最大程度保障机组的运行效率、运行安全和环保指标，为深度调峰技术选择提供建议，最终为深入推进煤电节能降耗、提升煤电灵活性提供技术支撑。

本书具有政策分析全面、专业分类明确、案例分析实用性强等特点，可供燃煤电厂工程技术人员、生产运行人员及管理人员参考，也可供高等学校能源与动力工程专业及相关专业师生参阅。

图书在版编目（CIP）数据

燃煤电厂深度调峰技术及应用 / 内蒙古电力（集团）有限责任公司内蒙古电力科学研究院分公司组织编著；朱愉洁等编著.--北京：化学工业出版社，2024.10.

ISBN 978-7-122-46154-4

Ⅰ.TM621

中国国家版本馆 CIP 数据核字第 2024N9313T 号

责任编辑：卢萌萌　　文字编辑：王云霞
责任校对：边　涛　　装帧设计：史利平

出版发行：化学工业出版社
（北京市东城区青年湖南街 13 号　邮政编码 100011）
印　　装：北京建宏印刷有限公司
787mm × 1092mm　1/16　印张 13½　彩插 3　字数 292 千字
2025 年 2 月北京第 1 版第 1 次印刷

购书咨询：010-64518888　　售后服务：010-64518899
网　　址：http://www.cip.com.cn
凡购买本书，如有缺损质量问题，本社销售中心负责调换。

定　　价：138.00 元

《燃煤电厂深度调峰技术及应用》编著人员

主　任：朱愉洁

副主任：袁东辉　韩　元　涂安琪

编著者：周　磊　内蒙古电力（集团）有限责任公司内蒙古电力科学研究院分公司

高　军　内蒙古电力（集团）有限责任公司内蒙古电力科学研究院分公司

李旭凯　中国大唐集团科学技术研究总院有限公司华北电力试验研究院

孟庆天　内蒙古电力（集团）有限责任公司内蒙古电力科学研究院分公司

王　超　内蒙古电力（集团）有限责任公司内蒙古电力科学研究院分公司

乔胜楠　内蒙古电力（集团）有限责任公司内蒙古电力科学研究院分公司

郑秀平　内蒙古京泰发电有限责任公司

李曙军　内蒙古京泰发电有限责任公司

张希峰　国电建投内蒙古能源有限公司布连电厂

王研凯　内蒙古电力（集团）有限责任公司内蒙古电力科学研究院分公司

于政公　中国大唐集团科学技术研究总院有限公司华北电力试验研究院

刘恒鑫　内蒙古能源发电杭锦发电有限公司

王茂林　内蒙古京能盛乐热电有限公司

刘　兴　内蒙古京能盛乐热电有限公司

刘贵喜　内蒙古京泰发电有限责任公司

樊景星　内蒙古京能盛乐热电有限公司

刘旭洁　内蒙古京能双欣发电有限公司

王良建　内蒙古自治区生态环境督察技术支持中心

赵丽军　中国大唐集团科学技术研究总院有限公司华北电力试验研究院

郝素华　内蒙古电力（集团）有限责任公司内蒙古电力科学研究院分公司

吴　宇　内蒙古电力（集团）有限责任公司内蒙古电力科学研究院分公司

贾　嘉　中国大唐集团科学技术研究总院有限公司华北电力试验研究院

前言

为助力如期实现“双碳”目标，2021 年 10 月，国家发展改革委、国家能源局两部门共同提出了“加快实施煤电机组灵活性制造灵活性改造”的总体要求，要求存量煤电机组灵活性改造应改尽改，“十四五”期间完成 2 亿千瓦，增加系统调节能力 3000 万~ 4000 万千瓦，实现煤电机组灵活性制造规模 1.5 亿千瓦。并要求各地依据地区特点扎实有效推进存量煤电灵活性改造工作。

在上述背景下，燃煤电厂灵活性改造及深度调峰技术受到了各方的广泛关注，也成了工程技术人员所必须面对的难点和挑战。

内蒙古自治区是我国重要能源和战略资源基地，是全国最大的电力外送基地，在统筹推进能源保供、新能源高质量发展方面发挥着重要作用。内蒙古电力（集团）有限责任公司作为目前我国唯一独立的省级管理电网企业，负责建设运营内蒙古自治区中西部电网，供电区域 72 万平方公里，承担着 8 个市（盟）工农牧业生产及城乡 1400 多万居民生活供电任务，同时向华北、陕西榆林和蒙古国提供跨省区、跨国境供电。截至 2023 年 12 月 25 日，内蒙古电网装机容量为 1.0036 亿千瓦，其中火电装机 5153 万千瓦、风电装机 2825 万千瓦、水电装机 209 万千瓦、光伏装机 1638 万千瓦、新型储能装机 209 万千瓦。新能源装机占比达到 44.5%。内蒙古电力（集团）有限责任公司内蒙古电力科学研究院分公司（简称电科院）承担着内蒙古中西部地区电力行业运行技术监督归口管理、技术指导和协调工作，仅 2023 年就完成 30 余台燃煤发电机组的灵活性改造验收工作。多年来，电科院在燃煤发电基建调试、监督检查、方案评估、运行管理、故障诊断等各方面积累了丰富的经验，也形成了一系列的成果。为了及时总结相关经验，帮助相关专业技术人员更详尽地了解燃煤电厂深度调峰技术及相关政策，特编著本书。

本书共分为 6 章。第 1 章为深度调峰技术概论，主要介绍相关概念、我国燃煤电厂深度调峰主要政策和深度调峰技术在燃煤电厂的应用现状及关键问题。第 2 章为锅炉系统深度调峰技术，主要介绍了深度调峰对锅炉系统的要求和影响、锅炉系统深度调峰关键技术、深度调峰下锅炉系统经济性分析和深度调峰下锅炉污染物排放。第 3 章为汽轮机深度调峰技术，主要介绍了深度调峰对汽轮机的要求和影响、汽轮机深度调峰关键技术、供热及供工业蒸汽机组深度调峰及改造技术和深度调峰下汽轮机经济性分析。第 4 章为控制系统深度调峰技术，主要介绍了深度调峰机组主要的顺序控制系统、模拟量控制系统的优化技术以及源网协调和机炉协调控制策略。 第 5 章为环保设施深度调峰技术，主要介绍了燃煤机组在深度调峰时脱硝、除尘、脱硫设施所遇到的关键问题与应对方案、技术路线及调整运行的措施。 第 6 章为深度调峰案例分析，分别介绍了三家发电厂的概况、灵活性改造方案、实施效果和经济效益分析。

在本书编写过程中，得到了内蒙古电力（集团）有限责任公司领导刘永江、张振民、李航，内蒙古电力（集团）有限责任公司内蒙古电力科学研究院分公司领导辛力坚、高正平、胡宏彬、尹柏青、张谦、张志勇，容客傲华新能源科技（上海）有限公司售后市场北区经理张伟，中国能源建设集团科技发展有限公司专业技术人员的大力支持，在这里对他们表示衷心的感谢。

限于编著者水平及编著时间，书中存在不足和疏漏之处在所难免，敬请读者提出修改建议。

编著者

2024 年 5 月

目录

第1章 深度调峰技术概论

1.1 引言

2020年9月，国家主席习近平在第七十五届联合国大会上正式宣布，中国将提高国家自主贡献力度，采取更加有力的政策和措施，二氧化碳排放力争于2030年前达到峰值，努力争取2060年前实现碳中和。这意味着，中国将在未来十年全面实现能源、经济领域的深度低碳转型。低碳转型的一个核心就是能源结构的清洁化发展，中国已将调整电力供应结构作为电力系统优化的工作重点，主要体现在非化石清洁能源发电装机及大容量高参数燃煤机组比重继续提高，电源结构持续优化调整。

要实现电力系统的深度低碳转型，就必须从根本上解决可再生能源与传统煤电在电力系统中的矛盾。其中，系统的灵活运行能力被视为电力系统优化的关键。为提高系统灵活性以适应可再生能源发展，政府首先制定了供给侧提升火电灵活性的相关政策。近年来，在有序规划开发、保障性消纳、系统及通道能力建设、市场化机制建立等方面采取了系列措施，在各地方相关部门、电力企业的通力配合下，取得了积极成效，清洁能源消纳情况持续改善。

但当前清洁能源消纳改善的情况并不稳固，部分地区如新疆、甘肃、吉林等地，风光消纳问题依然突出，进一步改善压力较大；云南、四川等西南地区水电消纳形势依然严峻，消纳问题的集中度进一步上升。

能源和环境问题关系到国家安全和经济可持续发展，近年来随着我国社会与经济发展进入新常态，国家陆续出台了一系列政策与文件，深化电力市场改革，引导和规范发电企业向高效、清洁方向发展。《可再生能源调峰机组优先发电试行办法》提出："鼓励发电企业对煤电机组稳燃、汽轮机、汽路以及制粉等进行技术改造，在保证运行稳定和满足环保要求的前提下，争取提升机组调峰能力10%～20%；对热电机组安装在线监测系统、加快储热、热电解耦等技术改造，争取提升热电机组调峰能力10%～20%。"对需要进行调峰的纯凝、供热机组调峰能力提出量化要求。

据国家统计局数据，2022年全国非化石能源发电量占总发电量的比重为36.2%，同比提高1.7个百分点。火电发电量同比增长1.4%，占总发电量的比重为66.6%，同比降低1.5个百分点。另据国家能源局数据，全国可再生能源发电量2.7万亿千瓦时，占全国发电量的31.3%、占全国新增发电量的81%，已成为我国新增发电量的主体。其中，风电、光伏发电量达到1.19万亿千瓦时。据中国电力企业联合会统计数据，2022年，全国新增发电装机容量19974万千瓦，同比增长11.5%，较2021年提高近18个百分点。截至2022年底，全国电力总装机容量约25.6亿千瓦，同比增长7.8%，增幅收缩0.1个百分点。我国发电装机容量在近十年内保持中高速增长。2013～2022年，我国发电装机累计容量从12.6亿千瓦增长到25.6亿千瓦，装机增速呈波动走势。2015～2019年，装机增速整体呈下降趋势，受电力供需形势变化等因素影响，新增水电、核电、太阳能发电装机大幅下降；2020年装机增速陡然回升，最主要原因是风电、太阳能发电等新能源新增装机创历史新高；2021～2022年电力装机增速维持相似水平。2022年，全国新增非化石能源发电装机容量1.6亿千瓦，占全国新增发电装机总容量的80.1%，新增可再生能源装机1.52亿千瓦，占全国新增发电装机总容量的76.2%，已成为我国电力新增装机的主体。其中，新增水电、风电、太阳能、生物质发电装机2387万千瓦、3763万千瓦、8741万千瓦（其中分布式光伏发电5111万千瓦）、334万千瓦。新增火电装机4471万千瓦、核电装机228万千瓦。

随着新能源更大规模发展，发电量占比越来越高。预计到2035年，中国清洁能源装机占比将达到67.5%，全国48%的电力都将由太阳能、风能提供，新能源发电量占比将超过20%。然而，高比例的清洁能源发电，就意味着其波动性、随机性、不确定性给系统带来巨大的挑战，清洁能源消纳问题需要未雨绸缪。因此，需要火电机组深挖灵活性调节潜力，积极参与灵活性改造，以促进清洁能源在更大范围的消纳。

中国电力企业联合会于2019年12月发布的《煤电机组灵活性运行政策研究》，也指出了中国电力系统调节能力不足的现状。我国发电装机以煤电为主，抽水蓄能、燃气发电等灵活调节电源装机占比不到6%，“三北”地区新能源富集，风电、光伏发电装机分别占全国的72%、61%，但灵活调节电源不足3%，调节能力先天不足。相比较而言，欧美等国家和地区灵活电源比重较高，西班牙、德国、美国占比分别为34%、18%、49%。在电力系统中，灵活电源至少要达到总装机的10%～15%。考虑到中国灵活电源占比还不到6%的现实，电力系统调节能力不足已成为中国能源转型的主要瓶颈之一，特别是在可再生能源持续高速发展的新形势之下大幅提升电力系统调节能力已迫在眉睫。

同时，中国要在2060年前实现碳中和，必然要在电力体系中发展高比例的可再生能源，这就需要控制煤电的装机规模，并随着可再生能源、电网、储能技术的发展而逐步在电力行业中淘汰煤电。当下，中国以煤电为主的电力系统灵活性调节能力严重不足，无法适应未来可再生能源装机占比逐年上升的趋势，限制了可再生能源的出力。从中长期来看，由于煤电的灵活性在技术、成本投入和环境影响等方面存在局限性，继续增加煤电装机将会使电力系统的灵活性和调节能力进一步下降，不利于高比例可再生能源的消纳，也不利于中国在2060年前实现碳中和目标。

根据全球能源互联网发展合作组织发布的《中国2060年前碳中和研究报告》《中国2030年前碳达峰研究报告》《中国2030年能源电力发展规划研究及2060年展望》，未来的电力系统灵活性主要依靠等到2030年前碳达峰之时，我国清洁能源装机占比要达到67.5%，最终在2060年实现超96%的电源装机和发电量由清洁能源承担。在转型期间，天然气和氢能将承担调峰电源的主要职能。然而，从目前天然气和氢能的发展来看，很难在短时间内适应未来可再生能源装机占比逐年上升的趋势。

因此，在未来的一段时间内，以风电、光伏发电为主的新能源发电的开发和消纳需要一部分火电机组提供系统灵活性功能，而此部分火电发电量产生的碳排放量应由两类电源共同承担。在此认识下，新能源发电的大规模发展与提供灵活性功能的火电在短时间内必然构成一定的紧耦合关系。大规模发展新能源，就需要匹配一定规模的具有灵活性的火电。

综上所述，一方面可再生能源的发展正在稳步加速，向着“2030年非化石能源发电量占比50%”的国家中长期能源战略目标迈进；另一方面，在全国非化石能源发电量占比32.6%情况下，就已经普遍面临并网难、消纳难、调度难等问题，这说明中国以煤电为主的电力系统还没有为可再生能源的有效接入做好转型准备。面向高比例可再生能源发展的新时代，煤电在中长期的能源低碳转型中应如何定位将成为关键。

“十四五”是决定2030年碳排放达峰和50%非化石能源发电量占比目标能否实现的关键时期。在未来五年，煤电产业应及时做出调整，充分发挥现有存量火电机组的灵活性潜力，对现有火电机组进行必要的灵活性改造，为未来高比例的可再生能源的电力体系奠定基础，是对中国中长期的能源低碳转型进程和应对气候变化的最大支持。

因此，发电企业积极响应国家政策，对燃煤火电机组实施火电灵活性改造进行可行性论证，稳步推进相关改造工作，从而提高电力系统对可再生能源的消纳能力，确保电力系统的安全稳定运行已势在必行。

1.2 我国燃煤电厂深度调峰主要政策

1.2.1 概述

为解决清洁能源消纳问题，保障电力安全供应和民生供热，大幅提高清洁能源消纳比例，我国政府高度重视电力系统调峰能力建设，先后出台一系列政策，强调提升电力系统灵活性。

2016年3月，国家发展改革委、国家能源局、财政部、住房城乡建设部、环境保护部联合印发《热电联产管理办法》(发改能源〔2016〕617号)，对热电联产机组适应系统调峰作出规定，“系统调峰困难地区，严格限制现役纯凝机组供热改造，确需供热改造满足采暖需求的，必须同步安装蓄热装置，确保系统调峰安全”。

2016年6月，国家能源局发布《国家能源局综合司关于下达火电灵活性改造试点项目的通知》(国能综电力〔2016〕397号)，为加快能源技术创新，挖掘燃煤机组调峰潜力，提升我国火电运行灵活性，全面提高系统调峰和新能源消纳能力，在各地方和发电集团报来建议试点项目基础上，经电力规划设计总院比选，综合考虑项目业主、所在地区、机组类型、机组容量等因素，确定丹东电厂等16个项目为提升火电灵活性改造试点项目。

2016年7月，国家发展改革委、国家能源局印发《可再生能源调峰机组优先发电试行办法》（发改运行〔2016〕1558号），提出在全国范围内通过企业自愿、电网和发电企业双方约定的方式确定部分机组为可再生能源调峰，按照“谁调峰、谁受益”原则，建立调峰机组激励机制。同时，鼓励发电企业对煤电机组进行技术改造，在保证运行稳定和满足环保要求的前提下，争取提升机组调峰能力10%～20%。

2016年7月，国家能源局发布《国家能源局综合司关于下达第二批火电灵活性改造试点项目的通知》（国能综电力〔2016〕474号），为加快能源技术创新，进一步提升我国火电运行灵活性，全面提高系统调峰和新能源消纳能力，在第一批16个灵活性改造试点项目的基础上，拟在东北地区再遴选一批燃煤发电项目开展灵活性改造试点推广。经电规总院对各发电集团报来建议试点项目进行比选，综合考虑项目业主、所在地区、机组类型、机组容量等因素，确定长春热电厂等6个项目为第二批提升火电灵活性改造试点项目。

2016年11月，国家发展改革委、国家能源局对外正式发布《电力发展“十三五”规划》（简称《规划》）。将“加强调峰能力建设，提升系统灵活性”作为重点任务之一，提出“高度重视电力系统调节能力建设，从负荷侧、电源侧、电网侧多措并举，充分挖掘现有系统调峰能力，加大调峰电源规划建设力度，着力增强系统灵活性、适应性，破解新能源消纳难题”。其中一个重要举措即全面推动煤电机组灵活性改造，实施煤电机组调峰能力提升工程，加快推动北方地区热电机组储热改造和纯凝机组灵活性改造试点示范及推广应用。按照《规划》要求，“十三五”期间，“三北”地区热电机组灵活性改造约1.33亿千瓦，纯凝机组改造约8200万千瓦；其他地区纯凝机组改造约450万千瓦。

2018年2月，国家发展改革委、国家能源局印发了《关于提升电力系统调节能力的指导意见》（发改能源〔2018〕364号），提出从电源侧、电网侧、负荷侧多措并举提升系统调节能力，包括实施火电灵活性提升工程、推进各类灵活调节电源建设、推动新型储能技术发展及应用；加强电源与电网协调发展、加强电网建设、增强受端电网适应性；发展各类灵活性用电负荷、提高电动汽车充电基础设施智能化水平；提高电网调度智能水平、发挥区域电网调节作用等。同时，还提出了建立健全包括辅助服务补偿（市场）机制在内的一系列支撑体系。

2018年10月，国家发展改革委、国家能源局印发了《清洁能源消纳行动计划（2018—2020年）》（发改能源规〔2018〕1575号），在火电灵活性改造方面，提出省级政府相关主管部门负责制定年度火电灵活性改造计划，并将各地火电灵活性改造规模与新能源规模总量挂钩。同时，由国家能源局派出机构牵头开展火电机组单机最小技术出力率和最小开机方式的核定，2018年底前全面完成核定工作，并逐年进行更新和调整。

在国家一系列辅助服务政策引导下，各区域电网陆续修改两个细则的条款，提高技术指标，加大两个细则考核和补偿力度，开展辅助服务市场试点建设。由于区域性电网结构的差异，不同地区火电机组灵活性辅助服务政策差异较大。

华北区域主要涵盖河北南网、京津唐、蒙西、山东、山西等区域。其适用地方政策文件主要包括《华北区域并网发电厂辅助服务管理实施细则》、《华北电力调峰辅助服务市场运营规则》(2019年修订版)、《内蒙古电网并网发电厂辅助服务管理实施细则(试行)》(华北监能市场〔2015〕264号)、《内蒙古电网发电厂并网运行管理实施细则(试行)》(华北监能市场〔2015〕264号)、《山东电力辅助服务市场运营规则(试行)(2020年修订版)》(鲁监能市场规〔2020〕110号)、《山西电力风火深度调峰市场操作细则》(晋监能市场〔2017〕146号)、《山西电力调频辅助服务市场运营细则》(晋监能市场〔2017〕143号)。

根据《华北电力调峰辅助服务市场运营规则》(2019年修订版),华北电力调控分中心(简称"华北分中心")以及省、自治区、直辖市电力调控中心(简称"省调")组织直调的火电厂(企业)参与市场报价,火电机组按额定容量(增容机组按照原容量计算调峰档位)进行分档申报,以额定容量的100%~70%为一档,70%以下每10%为一档报价,按照价格递增方式逐档申报,每一档全天报价相同,价格单位为元/(MW·h),报价最小单位为10元/(MW·h),报价周期为天。为保证市场平稳健康发展,调峰市场机组报价上限按照火电机组及风电机组度电边际收益确定。市场开放初期额定容量的70%及以上档位暂定0价。额定容量的50%~70%每档报价范围为0~300元/(MW·h),40%~50%档位报价上限为400元/(MW·h),40%以下各档位报价上限为500元/(MW·h)。

根据《内蒙古电网并网发电厂辅助服务管理实施细则》,由并网发电厂提供的辅助服务,其中,有偿调峰是指发电机组按电力调度指令超过基本调峰范围进行的深度调峰,以及发电机组启停机调峰(指机组在停机24小时内再度开启发电的调峰方式)。机组因提供深度调峰服务造成的比基本调峰少发的电量,补偿电量=0.1×少发电量。

在不同的政策或者市场体系机制下,电力系统灵活性的核心仍然是火电机组的灵活性深度调峰能力。在未来可预见的一段时间内,火电机组将由传统的提供电力、电量的主体性电源,逐步转变为提供可靠容量、电量的同时,向电力系统提供灵活性调节能力的基础性电源,火电机组参与电力系统灵活性调峰势在必行。全国各地均推出了适应当地情况的煤电深度调峰、灵活性改造及相关政策,以内蒙古自治区为例,为贯彻和响应国家"双碳"目标和"双控"政策要求,内蒙古自治区能源局提出了"十四五"时期清洁能源倍增的目标,但是火电在电源结构中的主导地位和不断扩大的清洁能源消纳需求成为当前转型的主要矛盾,并发布了《关于实施火电灵活性改造促进新能源消纳工作的通知》,积极探索火电灵活性改造促进新能源高比例消纳的体制机制。要求立足于自治区以火电电量为主的现状,有效利用现有火电资源,通过进行火电灵活性改造有效提升新能源电力消纳和电网调峰能力,成为推动自治区新能源发展的重要途径。

1.2.2 内蒙古地区深度调峰主要政策

1.2.2.1 《内蒙古自治区煤电节能降耗及灵活性改造行动计划(2021—2023年)》

内蒙古自治区政府(内能电力字〔2021〕372号)文件明确如下:

为深入贯彻国家"2030年碳达峰、2060年碳中和"目标愿景,加快推进自治区能源生产革命,大力提升自治区煤电行业高质量发展水平,提高自治区新能源消纳能力,制定本行动计划。

(1) 灵活性改造目标

到2023年，力争全区燃煤发电机组完成灵活性改造2000万千瓦，增加系统调节能力400万～500万千瓦。

(2) 实施途径

加快煤电机组深度调峰技术应用，积极推进现役煤电机组实施灵活性改造。重点开展供热机组灵活性改造，推广应用“热电解耦”技术改造，因厂制宜采用低压缸零出力、蓄热罐等先进成熟适用技术方案，改造后供热期最小技术出力不超过40%。鼓励纯凝机组实施运行优化改造，综合采用燃料系统、制粉系统、烟风系统、汽轮机及热力系统、控制系统运行优化改造，降低最小技术出力水平，改造后纯凝工况最小技术出力不超过30%。

(3) 组织实施

1）加强组织协调　自治区能源局会同各有关部门，统筹做好全区煤电淘汰落后产能、节能改造、灵活性改造的总体指导、协调推进、方案评估、督促考核等相关工作。各盟市根据行动计划要求，严格落实煤电淘汰落后产能、节能改造目标任务，按年度制定工作计划，明确本地区淘汰落后产能、节能改造任务和时序，定期向自治区能源局报送工作进展和总结报告。各盟市要组织属地各发电企业，制定本地区煤电灵活性改造及新能源消纳提升方案，报送自治区能源局评估后实施。电网企业要合理安排系统运行方式和机组检修计划，积极创造有利条件，保障煤电节能改造工作顺利实施。自治区电力行业协会组织做好相关基础数据摸排统计工作。

2）加大支持力度　自治区各有关部门要加大对能效指标、灵活性指标先进机组的支持力度。

① 对改造指标先进的机组奖励发电小时数，2022～2024年，自治区能源局每年按照不同类型对上一年度煤电机组煤耗和灵活性分别进行排序，自治区工信厅根据当年基数电量安排情况对排名靠前的煤电机组予以一定奖励；对已纳入改造范围的煤电机组，未按时完成目标任务或未达到规定效果的，将暂时削减其计划发电量。

② 支持通过灵活性改造实施“风光火储一体化”提升。拥有燃煤机组的发电企业实施火电灵活性改造后，增加的调峰空间，按不低于50%的比例建设“市场型”消纳的新能源电源。原则上新增的新能源规模不超过火电灵活性改造后增加的调峰空间，具体新增的新能源消纳规模及比例经自治区评估后确定。

③ 完善辅助服务市场机制建设，加强与国家能源局派出机构对接协调，加大蒙西地区调峰辅助服务市场调峰补偿力度，建立合理的辅助服务费用分摊补偿机制，提高市场主体参与系统调节意愿。

3）严格目标任务考核　自治区能源局会同有关部门，对各盟市煤电淘汰落后产能、节能改造目标任务完成情况进行考核，考核结果与本地区规划新建项目挂钩，对目标任务完成较差的盟市予以通报。

1.2.2.2 《蒙西电力市场调频辅助服务交易实施细则（试行）》

调频辅助服务，是指发电机二次调频备用容量通过自动发电控制装置（AGC）自动响应区域控制偏差（ACE），按照一定调节速率实时调整有功功率，满足ACE控制要求的服务。

关于调频里程、调频容量、调频辅助服务市场、调频市场申报容量、调频辅助服务交易流程、调频市场出清方式以及调频市场出清结果不满足电网运行要求时的处理细则参见《蒙西电力市场调频辅助服务交易实施细则（试行）》详细内容。

1.2.2.3 《内蒙古电网调峰辅助服务市场运营规则》

内蒙古电网调峰辅助服务市场是为了最大限度消纳新能源，充分挖掘内蒙古电网调峰资源，鼓励发电企业提供调峰辅助服务（以下简称调峰服务），并以整体对接华北电力调峰辅助服务市场，按照优先满足内蒙古电网调峰需求的原则，实现内蒙古电网调峰资源利用最大化。现货交易试点启动后，调峰市场应逐步融入蒙西电网现货市场。实时调峰交易是指火电厂并网机组按照调度指令通过调减出力，使火电机组平均负荷率低于全网火电机组平均负荷率的交易。火电机组提供实时调峰服务，需能够通过AGC统一执行市场出清结果，满足一定调节速率要求，随时平滑稳定地调整机组出力。实时调峰交易采用“阶梯式”报价方式和价格机制。火电机组按最大调峰能力进行分档申报，以额定容量的100%～70%为一档，70%以下每10%为一档报价，按照价格递增方式逐档申报，每一档全天报价相同，价格单位为元/(MW·h)，报价最小单位为10元/(MW·h)，报价周期为周。为保证市场平稳健康发展，市场开展初期设定每档报价范围为0～400元/(MW·h)，100%～70%一档价格为0元/(MW·h)，后续根据市场实际运行情况调整。

1.2.2.4 《内蒙古自治区推进火电灵活性改造促进市场化消纳新能源实施细则（2022年修订版）（征求意见稿）》

推进煤电深度调峰技术应用，实施火电灵活性制造改造。燃煤机组制造改造后应符合以下标准：

① 现役热电机组调节能力超过机组额定容量的60%；现役纯凝机组调节能力超过机组额定容量的70%。

② 核准在建热电机组调节能力超过机组额定容量的65%；核准在建纯凝机组调节能力超过机组额定容量的75%。

③ 改造后机组调节速率、最大可调出力不低于改造前。

④ 机组在最小技术出力工况下可以连续安全稳定运行6小时以上，机组关键零部件寿命保持在技术经济合理范围内。

开展灵活性制造改造建设市场化并网新能源的燃煤电厂，应满足以下条件：

① 未在国家淘汰限制目录内，不属于国家明确要求关停范围内的机组，不含已列为应急备用电源的机组，不含未批先建、批建不符等机组。

② 供电煤耗、污染物排放、水耗等指标达到国家及自治区相关要求，机组最大可调出力应能达到并网调度协议签订的机组最大出力（新建机组应达到铭牌值）。

③ 燃煤电厂机组寿命应与建设的新能源相适应。机组运行年限原则上不超过20年。

1.2.3 各地火电机组灵活性改造验收政策分析

火电完成灵活性改造后对其改造效果及关键指标进行验收成为关键一环，各地对灵活性改造验收流程也有不同的侧重点。

1.2.3.1 华北区域京津唐地区灵活性改造验收流程

华北区域京津唐地区，在2021年由国家能源局华北监管局出台文件《京津唐电网燃煤发电机组灵活性改造能力验收监管暂行办法》，代替了2020年以前执行的《京津唐电网火电机组调节能力提升奖励办法（试行）》，对华北地区北京、天津、河北三省市灵活性改造机组开展验收工作进行了规定。

《京津唐电网燃煤发电机组灵活性改造能力验收监管暂行办法》的出台，进一步规范了京津唐电网燃煤火电机组实施灵活性改造行为，完善了火电灵活性改造能力验收相关管理制度，并明确了发电企业、电网企业组织开展灵活性改造工作过程中的主要职责，以及华北能源监管局会同地方政府能源（电力）主管部门对验收工作的督导、指导职责；同时，明确机组灵活性运行除满足《电网运行准则》（GB/T 31464—2022）相关要求外，还需满足调峰能力、安全稳定性，AGC（自动发电控制）、AVC（自动电压控制）投运、节能、环保等11项技术要求。此外，还明确具备灵活性的发电机组开展验收与认定的流程及相关要求等内容。

（1）各方责任

各方责任描述如下：

① 发电企业是燃煤发电机组灵活性改造的责任主体，负责相关验收的组织与协调以及灵活性运行的安全管理，确保发电机组深度调峰安全性、经济性和运行可靠性。

② 国网华北分部，国网北京市、天津市电力公司，国网冀北电力有限公司负责火电灵活性改造验收计划安排，负责应用验收成果。

③ 华北能源监管局会同地方政府能源（电力）主管部门负责对验收工作的监督、指导。

（2）工作程序

① 燃煤发电机组灵活性改造后应进行验收。对于凝汽式发电、热电联产方式的发电机组，应分别履行验收程序，不同方式下相同的试验与验证项目不重复进行。

通过灵活性能力验收的发电机组，再次通过技术改造、运行优化等技术方法提高了灵活性，发电企业需要重新履行验收程序。

② 发电企业应委托具有电力工程调试单位能力证书（电源工程类特级调试单位、电网工程类特级调试单位）、检验检测机构资质认定证书，或中国合格评定国家认可委员会实验室认可证书等资质的第三方机构开展发电机组灵活性能力验证试验与评价。

③ 发电企业提前5个工作日向电力调度机构提交验收试验申请，第三方机构按照技术方案开展工作，负责相关技术文件与数据的收集、整理、审核，进行试验，并出具试验报告。

④ 通过验收的发电机组，发电企业应在相关试验报告完成后20个工作日内编制完

成验收报告，及时向华北能源监管局和地方政府能源（电力）主管部门报告，并抄送有关电网企业。报告应附验收试验技术报告及相关佐证材料。

根据需要，依据发电机组灵活性能力验收结果、发电涉网性能指标、发电企业提供的相关佐证材料等，华北能源监管局会同地方政府能源（电力）主管部门适时组织技术论证并开展现场或非现场检查。对发电企业、第三方试验单位提供虚假或者隐瞒重要事实文件、资料等违反规定等行为进行通报。情节严重的，将视情况依法依规进行处理。

（3）验收项目

① 调峰能力要求。改造后机组纯凝运行出力下限不高于35%额定容量，出力上限保持100%额定容量；热电机组在供热期运行时出力下限不高于40%额定容量，出力上限不低于85%额定容量。

② 安全稳定性要求。改造后机组应具有在出力上下限范围内长期稳定运行的能力。锅炉燃烧稳定，机组主、辅助设备运行正常，运行参数都在安全范围内。机组自控系统正常投入。机组保护系统正常工作。

③ AGC（自动发电控制）投运要求。改造后机组应保证在最低出力至额定出力范围内，AGC功能全程正常投入，即机组应在AGC控制方式下参与调峰，满足机组调峰运行期间AGC性能要求。

④ AVC（自动电压控制）投运要求。改造后机组AVC应能保持正常功能。

⑤ 进相要求。改造后机组应能在进相工况下安全稳定运行，且最大吸收无功数值上不小于额定有功功率的33%。

⑥ 发电机调速系统要求。

⑦ 环保要求。改造后机组粉尘、NO_x、NH_3逃逸、SO_2等污染物排放指标应满足相关要求。

⑧ 运行经济性要求。尽可能提高机组运行经济性，禁止为降低出力采取直接外排有用能等非经济运行方式。同时核算改造后机组调峰运行边际成本。

⑨ 供热机组供热能力要求。机组灵活性运行期间，机组应能保证发电企业实际供热需求。

⑩ 发电机励磁系统（含PSS）要求。改造后机组励磁系统（含PSS）性能应保证在所有运行工况下满足标准GB/T 7409.3、DL/T 843的要求。PSS功能应全程正常投入，性能要求与50%额定功率以上运行工况一致。

⑪ 上下限连续运行能力要求。开展24小时连续运行能力试验，原则上包含负荷下限至少6小时、负荷上限6小时和跟随电网调度12小时。

1.2.3.2 山东省灵活性改造验收流程

2021年5月10日山东能源局印发《关于做好全省直调公用煤电机组灵活性改造的通知》（鲁能源电力〔2021〕81号），对改造计划申请、审批等方面作出明确要求，同时对验收工作描述为：

① 对按要求完成改造的机组，将根据核定的调峰深度和实际运行调峰贡献，给予调峰调频优先发电量计划奖励；

② 电网企业要在确保电网安全运行的前提下，为机组检修改造和开展试验核定创造有利条件。山东电力研究院要配合省能源局制定煤电机组灵活性改造核定管理办法及相关技术规范，并组织专业技术人员做好后续试验核定工作。

2021 年 11 月，山东省电力监督办公室按照山东省能源局要求，联合山东电力调度控制中心、国网山东省电力公司电力科学研究院（简称“国网山东电科院”）出台了《山东省直调公用煤电机组灵活性改造后最小技术出力核定管理办法》，办法包括核定程序、核定试验、跟踪管理等。

山东省开展灵活性改造相关验收和能力验证方面的工作相对较早，管理体系也较为完善。与其他省份和地区不同的是，山东省很多工作都是以山东省电力技术监督办公室的名义开展工作，尽管都是国网山东电科院实际执行落实。另外，就是对于灵活性改造后，提出的概念都是“技术出力核定”，核定概念而不是验收，“核定”更多是技术性，而“验收”更多体现行政管理与技术的融合。

(1) 各方责任

各方责任描述如下：a. 文件中对各方责任描述，与华北京津唐出台的规范性文件类似，发电企业改造的责任主体——省电力公司负责验收计划安排，负责应用验收结果；b. 山东省电力技术监督办公室负责验收申请材料的审核、验收结果的报送和跟踪管理等。

(2) 核定程序

① 发电企业提前准备验收申请材料。

② 山东省电力监督办公室审核申报材料，会同电力调度控制中心制定核定计划。

③ 发电企业委托第三方机构进行最小出力核定试验，试验完成后 15 个工作日将试验报告报送省电力技术监督办公室。

④ 省电力技术监督办公室将核定结果报送上级部门及省能源局。

与其他省份不同的是，山东电力技术监督办公室统筹管理验收核定程序。

2021 年 11 月 9 日，在出台《山东省直调公用煤电机组灵活性改造后最小技术出力核定管理办法》的同时，同步出台了《山东省直调公用煤电机组灵活性改造后最小技术出力核定试验技术规范》，规范明确了核定试验技术要求和方法。

(3) 主要项目

① 最小技术出力试验。

② 机组负荷响应时间。

③ 一次调频性能要求。

④ 机组 AGC 要求。

⑤ 其他涉网要求。

(4) 验收后的机组后期持续管理

① 山东电力技术监督办公室对通过出力核定的机组进行监督管理。在网运行过程中，如果出力达不到核定的出力，需要重新核定。

② 机组进行设备升级改造，需要重新核定。

③ 日常定期检查监督管理。

1.2.3.3 新疆维吾尔自治区灵活性改造验收流程

新疆发展改革委于2022年6月13日印发了《新疆维吾尔自治区煤电机组灵活性改造验收工作规范》(以下简称《规范》),《规范》包括总则、验收的组织与程序、动态管理、附则等4章共计15条。验收工作按照企业自行组织机组试运行、电力调度机构安排机组试验时间、企业委托第三方机构开展机组性能试验、国网新疆公司开展效果验收、验收认定未达效果及时整改、验收效果公示等程序开展。自治区电力管理部门、电力调度机构对灵活性改造煤电机组实行动态管理。

(1) 各方责任

各方责任描述如下：文件中对各方责任描述，与华北京津唐、山东省出台的规范文件类似，发电企业改造的责任主体——省电力公司负责验收计划安排、审核公示、应用验收结果等。

(2) 验收程序

① 发电企业提前准备验收申请材料。

② 发电企业委托三方机构进行验收试验，试验完成后将试验报告报送电力公司。

③ 电力公司将评审结果报送发展改革委。

2022年新疆印发新发改规〔2022〕9号文件共有两个附件，附件一为《新疆维吾尔自治区煤电机组灵活性改造验收工作规范》，附件二为《新疆维吾尔自治区煤电机组灵活性改造效果验收技术规范》。附件二中给出了试验项目和技术指标。

(3) 主要项目

① 机组最小技术出力要求。

② 一次调频性能要求。

③ 机组AGC、AVC性能要求。

④ 机组进相性能要求。

(4) 验收后的机组后期持续管理

① 对调度赋予相应权责，一年内调用时长原则上不低于同期煤电机组平均水平。

② 电力调度机组如实记录改后机组调峰运行能力情况，每年对调峰运行情况进行一次综合评价，报上级主管部门(发展改革委)。

③ 改造后机组每年出现3次未达到深度调峰要求，应及时整改，整改后无法达到要求，取消灵活性改造机组项目资格。

1.2.3.4 山西省灵活性改造验收流程

山西省能源局于2019年3月8日出台了《山西火电机组灵活性改造技术路线及验收规范》，明确了灵活性改造验收相关规定。

(1) 各方责任

各方责任描述如下：文件中对各方责任描述，与华北京津唐、山东省出台的规范性文件类似，发电企业改造的责任主体——省电力公司负责验收计划安排，负责应用验收结果；山西能源局负责对验收工作监督。

（2）验收程序

① 发电企业提前准备验收申请材料。

② 发电企业委托第三方机构进行验证试验，发电企业验证试验完成后将试验报告报送省电力调度中心。

其验收程序与华北京津唐以及山东类似。

（3）主要项目

① 机组环保排放达标。

② 机组要满足供热要求。

③ 深度调峰要求：出力要求、负荷升降速率要求。

④ 一次调频性能要求。

⑤ 机组 AGC 要求。

⑥ 其他涉网要求。

1.2.3.5 西北地区灵活性改造验收流程

国家能源局西北监管局（陕西、青海、宁夏）于 2020 年 10 月印发《陕西省火力发电机组深度调峰能力认定及管理办法（试行）》（征求意见稿）（西北能监市场〔2020〕96 号），于 2021 年 8 月 17 日印发了《宁夏火力发电机组深度调峰能力认定及管理办法（试行）》（西北监能市场〔2021〕15 号），分别对相关省区的机组深度调峰能力认定出台文件。在 2016～2017 年间，国家能源局西北监管局也出台过类似的热电联产机组发电调峰能力核定办法，如《宁夏电网热电联产机组发电调峰能力核定管理办法（试行）》（西北监能市场〔2016〕30 号）。其各省（自治区）的有关要求，具有相同性。

国家能源局西北监管局与各省电力主管部门联合管理，以“认定工作组”方式开展工作，以“能力验证＋机组认定”方式进行机组程序认定，文件强调“认定”而非“验收”，突显了国家能源机构对机组的技术性把控管理。认定的项目也比较全面，站在了“安全、稳定、能力”的角度加以落实。同时，对后续管理进行了持续跟踪。

（1）各方责任描述

① 国家能源局西北监管局会同省级电力主管部门，成立该省机组深度调峰能力认定及管理工作组，负责工作的技术管理、论证等相关工作。

② 文件中明确工作组委托省电力科学研究院作为技术支持单位，负责提供技术咨询、认定评价等工作。

③ 调度机构负责计划安排、调峰市场应用。

④ 发电企业是改造主体，负责试验组织与协调。

（2）认定程序

整体的程序是“能力验证＋机组认定”的程序，具体认定程序如下：

① 发电企业提交验证试验方案。

② 工作组审核验证方案与试验单位资格。

③ 发电企业组织验证试验及第三方评价，技术支持单位现场见证。

④ 发电企业向技术支持单位提交验证试验报告及材料。

⑤ 工作组召开能力认定技术论证会，给出认定意见。

⑥ 国家能源局西北监管局和省电力主管部门印发认定结果文件。

(3) 验证与认定项目

在《陕西省火力发电机组深度调峰能力认定及管理办法（试行）》（征求意见稿）附录中给出了发电机组深度调峰能力验证试验及第三方评价范围。

1）凝汽式发电机组

① 最小技术出力工况锅炉受热面、汽水、烟风温度测试与评价。

② 最小技术出力工况锅炉燃烧稳定性试验与评价。

③ 最小技术出力工况锅炉 2 种常用磨煤机组合试验。

④ 最小技术出力工况锅炉水动力评价。

⑤ 最小技术出力工况锅炉烟气脱硝、污染物排放测试与评价。

⑥ 最小技术出力工况锅炉尾部烟道低温腐蚀的评价。

⑦ 最小技术出力工况汽轮发电机组轴系振动测试与评价。

⑧ 最小技术出力工况发电机组（厂）经济性评价。

⑨ 汽轮机最小排汽流量试验。

⑩ 最小技术出力工况主要辅助设备运行评价。

⑪ 热工控制逻辑检查及热工自动性能评价。

⑫ 深度调峰运行发电机组一次调频试验。

⑬ 深度调峰运行发电机组 AGC 试验。

2）热电联产发电机组（增加项目）

适用于低压缸零功率方式，其他方式根据具体技术方案确定验证项目。

① 低压缸零功率工况汽轮发电机组轴系振动测试与评价。

② 冷端设备防冻检查评价。

③ 低压缸零功率工况汽轮机中压末级、低压级动叶片安全评价。

④ 低压缸零功率工况供热抽汽压力测试与评价。

⑤ 低压缸零功率工况热力负荷与发电功率关系试验。

⑥ 低压缸零功率工况发电机组一次调频试验。

3）认定后的机组后期持续管理

① 通过认定的机组，再次改造，改变了出力，要重新验证与认定。

② 一年一台机组因深度调峰原因非计划停运 2 次及以上，或发生严重设备故障 2 次及以上，或发电涉网性能严重不合格等情况，调度向国家能源局西北监管局和省主管部门报告，工作组开展专题调查。

③ 对深度调峰机组运行情况，每年开展一次运行情况评价，报国家能源局西北监管局和省主管部门。

④ 将深度调峰安全纳入年度发电涉网检查或技术监督范围。

各地灵活性改造验收要点综合对比分析见表1-1。

表1-1 各地灵活性改造验收要点综合对比分析表

	相关文件	各方责任	验收程序	验收项目	后续管理
华北京津唐	2021年由华北能监局出台文件《京津唐电网燃煤发电机组灵活性改造能力验收监管暂行办法》	(1)发电企业是主体 (2)国网各省级电力公司负责火电灵活性改造验收计划安排,负责应用验收结果 (3)国家能源局华北监管局监督、指导	(1)发电企业提申请 (2)第三方机构做试验,并出具试验报告 (3)发电企业编制验收报告,上报	节能、环保、能力+涉网共计11大项	变动改造后,重新验收
山东	(1)山东能源局等印发《关于做好全省直调公用煤电机组灵活性改造的通知》 (2)山东电力监督办公室出台《山东省直调公用煤电机组灵活性改造后最小技术出力核定管理办法》	(1)与华北京津唐类似 (2)增加了山东电力技术监督办公室,负责审核、验收、跟踪	(1)与华北京津唐类似 (2)增加山东省电力监督办公室审核申报材料的环节	(1)额定容量核定、煤耗核定、稳燃性能 (2)核定、最小出力等4项涉网项目	(1)在网运行出力达不到要求,重新核定 (2)机组升级改造,需要重新核定 (3)日常定期检查监督管理
新疆	发展改革委出台《新疆维吾尔自治区煤电机组灵活性改造验收工作规范》	与华北地区京津唐的要求类似	与华北地区京津唐的要求类似	满足设备安全稳定运行、能耗指标、环保排放达标、供热量要求、涉网要求5项试验	(1)一年内调用时长低于同期煤电机组平均水平 (2)每年对调峰情况一次综合评价 (3)改后机组每年出现3次未达到深度调峰要求,整改或取消资格
山西	山西省能源局印发《山西火电机组灵活性改造技术路线及验收规范》	与华北地区京津唐的要求类似	与华北地区京津唐的要求类似	(1)机组环保排放达标 (2)机组要满足供热要求 (3)深度调峰要求:出力要求、负荷升降速率要求 (4)一次调频性能要求 (5)机组AGC要求	描述偏少

续表

	相关文件	各方责任	验收程序	验收项目	后续管理
西北地区	国家能源局西北监管局印发《陕西省火力发电机组深度调峰能力认定及管理办法(试行)》(征求意见稿)、《宁夏火力发电机组深度调峰能力认定及管理办法(试行)》	(1)成立能力认定工作组,明确电力科学研究院作为技术支持单位 (2)其他与华北地区京津唐的要求类似	"能力验证+机组认定"的程序。发电企业提交试验方案、组织试验及第三方评价,技术支持单位现场见证;提交验证试验报告及材料,工作组认定	13+6项,详细的技术参数认定试验	(1)机组改变了出力,重新认定 (2)一年一台机组非停2次及以上,或严重设备故障2次及以上,或发电涉网性能严重不合格等情况,工作组开展专题调查 (3)每年开展一次运行情况评价 (4)将深度调峰安全纳入年度发电涉网检查或技术监督范围

1.2.4 燃煤电厂深度调峰政策未来发展的建议展望

(1) 提高燃煤电厂调峰效率

燃煤电厂深度调峰的核心是提高燃煤电厂的调峰效率。为此，需要采取一系列措施，包括：加强燃煤电厂的自动化水平，提高燃煤电厂的调峰速度和精度；建立燃煤电厂的智能化调度系统，实现燃煤电厂的有序、高效、低碳运行。

(2) 加强燃煤电厂环保治理

燃煤电厂深度调峰政策的实施，需要燃煤电厂本身加强环保治理，减少污染排放。未来，需要采取更加严格的环保标准，包括燃煤电厂的污染物排放量、排放浓度、排放时间等。同时，还需要加强燃煤电厂的废弃物处理和利用，实现燃煤电厂的环保可持续发展。

(3) 促进清洁能源发展

燃煤电厂深度调峰政策的实施，还需要促进清洁能源的发展。未来，需要加大对清洁能源的投入和政策支持力度，鼓励民间投资，提高清洁能源在能源结构中的比重，实现能源结构的优化升级。

(4) 加强燃煤电厂人员培训

燃煤电厂深度调峰政策的实施，需要加强对燃煤电厂人员的专业培训，提高调峰技能。未来，需要加强对燃煤电厂燃煤发电技术人员的培训，让他们掌握燃煤电厂深度调峰技术，为燃煤电厂深度调峰政策的实施提供技术支持。

1.3 深度调峰技术在燃煤电厂的应用现状及关键问题

1.3.1 国际概况

深度调峰技术在国际上已经取得了显著的成效，其成熟度已经达到了商业化的水平。以美国为例，美国能源部在2018年发布了一份关于深度调峰技术的研究报告，指出美国深度调峰技术的实施，已经使得美国能源市场的峰谷差缩小了约15%，电力系统的运行效率提高了10%。此外，德国、英国、法国等欧洲国家也都在积极推广深度调峰技术。这一技术的发展，将为能源行业带来巨大的变革，提高能源利用效率，减少能源消耗，从而减轻环境压力。

国际上深度调峰技术主要包括两种类型：一种是基于市场的调峰；另一种是基于电源侧的调峰。基于市场的调峰是指通过电力市场机制，对用户进行需求侧管理，引导用户在低谷时段增加用电，以平衡电网峰谷差。基于电源侧的调峰是指通过优化发电机组的运行方式，使得发电量能够在低谷时段充分满足市场需求，同时提高发电效率。

1.3.1.1 政策比较

燃煤电厂深度调峰政策的实施情况是实现能源转型的关键。在全球范围内，许多国家和地区已经实施了燃煤电厂深度调峰政策，以减少煤炭消耗和碳排放。

（1）英国

英国是燃煤电厂深度调峰政策的典型代表。自2008年以来，英国政府一直在推行燃煤电厂深度调峰政策，旨在通过削减煤炭使用量来降低碳排放。燃煤电厂的深度调峰政策主要由发电厂自行决定，政府只提供市场指导。发电厂根据自身的情况，结合市场情况和政策要求，合理确定燃煤发电的出力。经过多年的政策实施，英国燃煤电厂的深度调峰政策取得了显著成效。根据英国能源部门的数据，英国燃煤电厂的煤炭使用量已经从2008年的1.426GW·h下降到2019年的1.056GW·h，降幅达到了26%。

（2）德国

德国政府也一直在努力减少煤炭消耗和碳排放，并实施了多项燃煤电厂深度调峰政策。其中最主要的手段包括鼓励燃煤发电厂进行能源效率改进、限制燃煤发电厂的发电量、加强对燃煤发电厂的监管等。经过多年的政策实施，德国燃煤电厂的深度调峰政策也取得了显著成效。根据德国能源部门的数据，德国燃煤电厂的煤炭使用量已经从2008年的11.564GW·h下降到2019年的1.219GW·h，降幅达到了22%。

（3）美国

在美国，燃煤电厂的深度调峰政策主要分为市场机制和政府干预两种。市场机制方面，美国通过供需关系调节燃煤电厂的出力，鼓励发电厂在市场竞争中降低出力，提高系统调峰能力。政府干预方面，美国政府通过能源政策和税收等手段鼓励燃煤电厂采用清洁燃料、提高能源利用效率等手段，限制燃煤电厂的出力。经过多年的政策实施，美国燃煤电厂的深度调峰政策也取得了显著成效。根据美国能源部门的数据，美国燃煤电厂的煤炭使用量已经从2008年的11.492GW·h下降到2019年的1.239GW·h，降幅达到了17%。

（4）日本

在日本，燃煤电厂的深度调峰政策主要依靠市场竞争和政府干预相结合的方式。政府通过设定燃煤电厂的发电目标和价格，鼓励发电厂采用清洁燃料和提高能源利用效率等手段，限制燃煤电厂的出力。同时，市场竞争也促使发电厂提高调峰能力。

(5) 韩国

在韩国，燃煤电厂的深度调峰政策主要由发电厂和政府协商确定，遵循市场机制和政策指导相结合的原则。发电厂根据自身情况，结合市场情况和政策要求，合理确定燃煤电厂的出力。政府通过设定发电目标和价格，鼓励发电厂采用清洁燃料和提高能源利用效率等手段，限制燃煤电厂的出力。

以上5个国家的燃煤电厂深度调峰政策不尽相同，但都取得了一定的成效。燃煤电厂深度调峰政策是能源转型的关键，各国应根据自身情况，采取恰当的政策措施，以促进燃煤电厂的深度调峰，实现能源可持续发展。

1.3.1.2 关键技术

(1) 深度调峰技术的国际应用

在国际上，深度调峰技术得到了广泛关注，各国纷纷加大对深度调峰技术的研发和应用。美国作为全球最具创新能力的国家之一，在深度调峰领域取得了显著的成就。美国能源部制定了《深度调峰与能源效率计划》(Deep Diversificationand Energy Efficiency, DDE)，旨在促进国内能源市场的深度调峰和提高能源效率。

英国是深度调峰技术的另一个重要应用国家。英国能源公司BP与苏格兰电力公司SP合作，开发了一套用于深度调峰的智能电网系统。该系统可以实时监测和分析能源需求、发电量、储能容量等信息，以实现对电力市场的实时调整。

德国在深度调峰技术方面也取得了显著成果。德国能源转型部(Energy and Energy Transition)制定了《2030年能源转型战略》(Energy and Energy Transformation to 2030)，其中包括加强深度调峰技术的研发和应用。法国能源公司ENGIE与法国能源公司AC合作，开发了一套分布式能源市场解决方案，旨在提高能源利用效率和深度调峰能力。

法国电力集团EDF与意大利能源公司Enel合作，共同开发了一种基于储能的深度调峰技术。这种技术通过将储能设备集成到分布式电网中，实现对电力市场的实时调整，从而提高能源利用效率和深度调峰能力。

然而，深度调峰技术在实际应用中也存在一些问题。例如，各国能源结构、市场环境、政策法规等方面的差异，导致深度调峰技术在不同国家间的应用效果存在较大差距。此外，一些技术难题，如高成本的储能设备、复杂的系统控制等，也制约了深度调峰技术的广泛应用。

(2) 欧洲煤电机组深度调峰改造主要技术

国外对火电机组灵活性改造主要采用热电解耦技术，其中以储热装置的研究与应用较为广泛，主要方法是运用储热技术开发和利用储热锅炉及储热式设备，建立灵活机动的中小型储热电站点。目前常见的储能蓄热技术主要有蒸汽蓄热技术、熔盐蓄热技术、相变材料蓄热技术及固体材料蓄热技术等。

德国、丹麦等北欧国家供暖周期长，是欧洲火电灵活性改造并利用火电参与调峰的主要国家，结合其本国能源结构，较早开展低负荷调峰机组的系统设计与优化控制技术的研究。目前在德国、丹麦两国，硬煤火电机组最小出力可达25%～30%，褐煤火电机组最小出力可达40%～50%，爬坡速率可分别达到4%/min～6%/min和2.5%/min～4%/min。主要改造技术包括生物质掺烧、热水储热技术、汽轮机旁路供热、褐煤干燥技术、宽负荷脱硝技术、动态分离器改造、加装稳燃环和运行优化调整等。

以丹麦为例，近20年来丹麦火电机组灵活性改造典型措施分3个阶段：1995～1999年为拓展运行范围热电解耦；2000～2009年为低负荷效率优化、提高出力调节速率、增加汽轮机旁路等；2010年至今为启动时间优化、汽轮机全部旁路、电锅炉及供热系统集成等。而德国煤电机组改造集中于机组的深度调峰和快速启停能力，采用热电解耦、燃烧器与制粉系统改造、多个锅炉联合单台汽轮机运行等技术措施，可以使机组负荷降低至20%～40%范围内。丹麦和德国的改造经验也被推荐到西班牙等其他欧洲国家，调峰能力达80%。总之，欧洲煤电机组的深度调峰改造主要依赖于热电联产机组的热电解耦以及储能系统的应用。此外，从它们在风能、太阳能、生物质能、二氧化碳的捕获和储存等增加新能源占比和新能源领域技术发展的经验来看，通过开展火电机组灵活性改造可以消纳更多的新能源。

总之，国外深度调峰发展现状表明其在技术成熟、性能稳定、政策支持、市场驱动、国际合作等方面发挥着重要作用。然而，面对未来全球能源转型的挑战，全球深度调峰发展仍需不断优化完善，以期为推动全球能源转型贡献更多力量。

1.3.2 国内概况

1.3.2.1 深度调峰技术的作用

我国二氧化碳排放力争于2030年前达到峰值，并开始逐步减少。燃煤电厂作为碳排放的主要贡献者之一，必须采取有效的调峰措施，以满足国家对碳减排的要求。因此，燃煤电厂深度调峰技术对于“双碳”目标的实现至关重要。

燃煤电厂深度调峰技术是指通过调整燃煤电厂的出力和发电量，以匹配系统负荷和电力需求，以达到深度调峰的目的。在“双碳”目标下，燃煤电厂深度调峰技术的作用主要体现在以下几个方面。

(1) 提高电力系统的灵活性和可靠性

燃煤电厂深度调峰技术可以提高电力系统的灵活性和可靠性。由于燃煤电厂的出力和发电量具有一定的可调节性，可以根据电力需求的变化，及时调整燃煤电厂的出力和发电量，以达到深度调峰的目的。这种技术还可以提高电力系统的应急能力，保证系统在突发事件发生时能够快速响应，避免系统崩溃和停电。

(2) 降低燃煤电厂的碳排放

燃煤电厂深度调峰技术可以降低燃煤电厂的碳排放。燃煤电厂的碳排放主要来自燃煤的燃烧过程，通过燃煤电厂深度调峰技术，可以减少燃煤的燃烧量，从而降低燃煤电厂的碳排放。这种技术还可以通过优化燃煤电厂的燃料使用，降低煤炭的利用率，减少煤炭的浪费，进一步降低燃煤电厂的碳排放。

（3）促进新能源的发展和整合

燃煤电厂深度调峰技术可以促进新能源的发展和整合。燃煤电厂深度调峰技术可以通过优化燃煤电厂的出力和发电量，为新能源的发电提供更多的机会。例如，当电力需求增加时可以通过燃煤电厂深度调峰技术，利用新能源发电，减少燃煤电厂的出力和发电量，从而降低煤炭的消耗。同时，燃煤电厂深度调峰技术还可以促进新能源的整合，提高新能源发电的效率和经济性。

燃煤电厂深度调峰技术对“双碳”目标的实现十分重要。它可以提高电力系统的灵活性和可靠性，降低燃煤电厂的碳排放，促进新能源的发展和整合。因此，应该加强对燃煤电厂深度调峰技术的研究和推广，以推动实现“双碳”目标。

1.3.2.2 燃煤电厂深度调峰方式分类

燃煤电厂深度调峰技术是指通过调整燃煤电厂出力和负荷，以达到平衡系统供需、改善系统稳定性和提高系统效率的目的。根据燃煤电厂深度调峰方式的不同可将其划分为以下几种。

（1）基于负荷侧负荷控制

基于负荷侧负荷控制是指通过对燃煤电厂的负荷进行调整，实现对燃煤电厂出力的控制。具体来说就是根据系统负荷情况对燃煤电厂的出力进行调整，以达到平衡系统供需、改善系统稳定性的目的。这种方法适用于对燃煤电厂出力变化较小、系统负荷变化较大的情况。

（2）基于电源侧调峰

基于电源侧调峰是指通过对燃煤电厂的电源侧进行调整，实现对燃煤电厂出力的控制。具体来说就是根据系统电源状况对燃煤电厂的出力进行调整，以达到平衡系统供需、改善系统稳定性的目的。这种方法适用于燃煤电厂出力变化较大、系统电源状况复杂的情况。

（3）基于系统动态性能优化

基于系统动态性能优化是指通过对燃煤电厂的动态性能进行优化，实现对燃煤电厂出力的控制。具体来说就是根据燃煤电厂的运行情况对其进行性能优化，以达到平衡系统供需、改善系统稳定性的目的。这种方法适用于对燃煤电厂出力、系统稳定性要求较高的情况。

火电机组的调峰能力主要取决于对高低负荷的适应能力，其调峰幅度定义为机组的最小出力与最大出力之比。煤电机组调峰可分为基本调峰、深度调峰和启停调峰。深度调峰是受电网负荷峰谷差较大影响，而导致各火电厂降出力，发电机组超过基本调峰范围进行调峰的一种运行方式，一般深度调峰的负荷率多为30％～40％。在规定时间内，火电机组能够安全、平稳、高效地升降负荷，降至的负荷越低，机组的深度调峰能力越强。

1.3.2.3 国内煤电深度调峰发展现状

多年来，我国火电机组深度调峰技术获得长足发展。2011年，内蒙古自治区某发电公司对两台600MW火电机组进行深度调峰试验，单机负荷能够在210MW（额定负荷的35%）下实现稳定燃烧；2012年，东北某电厂对600MW火电锅炉机组进行低负荷运行试验研究，机组负荷最低可以降到209MW（额定负荷的34.83%）；2016年以来，在国家政策大力支持下，火电机组灵活性改造迈上新台阶。2016年，华能某电厂对300MW亚临界机组进行深度调峰试验，实现了机组在30%负荷下的安全稳定运行；2017年3月，内蒙古自治区某发电公司1号机组实现国内首次热电解耦切除低压缸进汽试验。2017年11月，辽宁省某发电公司1号机组采用低压缸零出力灵活性改造方案，实现机组负荷在26%～100%范围内灵活调节；2021年11月，河南省某发电公司2号机组深度调峰最低负荷降至52.5MW，负荷率低至15%；2022年3月信阳某发电公司3号机组降负荷至9%额定负荷（60MW），并稳定运行6.5h，创下同类型机组调峰运行的最低纪录；河北省某发电公司2号机组纯凝工况不投油深度调峰至额定负荷10%（35MW）稳定运行，试验期间最低下探至27MW，刷新了华能河北分公司机组深度调峰纪录；截至2022年5月，西北地区统调火电机组平均深度调峰能力达到39.6%，其中秦岭电厂（660MW机组）可深度调峰至10%，达到国内领先水平。

针对不同类型的煤电机组，相应的灵活性改造技术路线有所不同。对于纯凝机组，负荷调节能力较强，需要解决锅炉系统的低负荷稳燃问题和污染物达标排放问题，进行燃料制备、锅炉稳燃、脱硝、汽轮机辅机和控制等系统的技术调整或改造。对于供热机组，需要解决热电解耦问题，供热机组灵活性改造的技术路线主要分为两类：一类是以高背压光轴改造和低压缸零出力为代表的汽轮机本体改造；另一类是增加电极锅炉、储热罐等热电解耦设备改善热电机组调峰能力的改造。煤电机组灵活性改造调峰容量成本在500～1500元/kW之间，低于储能电站、抽水蓄能和气电等其他调节手段的成本。燃煤电厂深度调峰政策实施和深度调峰实行以来，我国的电力系统运行效率明显提高，燃煤电厂的发电量波动幅度明显减小，电力系统的稳定性和可靠性明显提升。政策的实施也促进了我国能源结构的转型，使得电力系统对于清洁能源的需求量进一步增加，我国能源结构的转型得到了进一步的推动。

但是在深度调峰技术层面，煤电机组深度调峰存在的问题也逐渐暴露，主要表现在以下几个方面。

（1）炉侧运行安全问题

锅炉深度调峰运行安全问题突出体现在低负荷工况下锅炉稳燃难、水冷壁水动力特性差、局部受热面超温、辅机可靠性下降、烟道积灰以及脱硝系统效率低甚至存在切出风险等方面。

1）稳燃难度大的问题

煤电机组进行深度调峰时，锅炉总给煤量降低，炉膛温度下降，燃烧状况逐渐恶化，带来燃烧稳定性变差的问题。受限于风机最低出力，以及为了保证粉管最低风速，防止堵粉，存在最低一次风量，使得低负荷下粉管煤粉浓度下降，进一步加剧了燃烧状况的恶化。

2）水动力安全特性差的问题

深度调峰期间，当机组负荷降低于30%额定功率时，锅炉炉膛水冷壁流量接近最低流量，水动力循环会出现恶化，管内工质流量偏差增大，且低负荷下炉膛火焰充满度较差、二次风压力较低、射流刚性差，使得烟气侧燃烧热负荷均匀性差，水冷壁吸热和冷却不平衡，易造成局部水冷壁超温或水冷壁壁温偏差增大，热应力增大，进而导致水冷壁拉裂。尾部受热面同样存在类似问题，尾部受热面通常不安装壁温测点，无法监测壁温偏差。汽包锅炉一般不存在水动力的安全性问题。对于超临界机组，深度调峰时还存在锅炉干湿态转换的问题。通常机组的干湿态转换点在负荷30%左右，当机组深度调峰至负荷30%以下时，锅炉可能已转入湿态运行。频繁的干湿态转换会造成水冷壁交变应力增加，缩短受热面使用寿命，爆管风险增加，同时主蒸汽和再热蒸汽温度失调。另外，对于直流锅炉低负荷下干湿态转换，还存在水和热量的回收问题。

3）磨煤机、风机等辅机运行安全问题

深度调峰下，磨煤机爆磨、风机喘振风险增加。机组低负荷运行时，给煤量低，受最低一次风量的限制，磨煤机中煤粉浓度降低，浓度值可能落入爆炸极限范围内，显著增加了磨煤机爆磨风险。与此同时，电厂一般选用着火特性好的优质煤作为调峰煤种，进一步增加了爆磨的风险。由于深度调峰过程中所需一次风量较低，一次风机运行在小流量、高压力工作区域，增加了风机失速、喘振引起的机组跳机风险。

4）脱硝系统运行安全问题

机组低负荷运行时，炉膛烟温下降，尾部烟温也随之降低。当选择性催化还原（SCR）脱硝入口烟气温度过低时（低于300℃），催化剂活性会大幅下降，脱硝反应效率也会随之降低，从而导致氨逃逸增加，造成空气预热器堵塞的运行问题。由于脱硝效率低，且低负荷下SCR脱硝入口流场均匀性差，易导致氮氧化物排放超标，带来环境风险。对于循环流化床锅炉来说，则存在低负荷运行条件下分离器入口烟气温度低于脱硝反应窗口温度、脱硝装置效率低这一问题。

5）尾部烟道积灰与设备腐蚀问题

低负荷下烟气流场均匀性差，氨逃逸率高，空气预热器冷端综合温度低，易造成空气预热器堵塞。锅炉低负荷运行时，过量空气系数大，会生成更多的SO_3，且排烟温度低，易加剧空气预热器腐蚀和堵塞。长期低负荷运行烟道积灰后烟道载荷增加，加剧了烟气流场的不通畅。

（2）机侧安全运行问题

汽轮机侧在机组深度调峰时主要存在给水泵再循环投运方式、给水泵汽轮机汽源切换、低压缸末级叶片水蚀、轴封汽源调整、高低加（高压加热器和低压加热器）正常疏水不畅和汽轮机调门（调节门）单顺阀切换机组振动等影响设备安全运行的问题。

1）机组振动大的问题

在低负荷时部分机组会出现低压转子振动大的问题，主要表现为动静碰摩，主要原因是机组真空度过高，引起低压缸弹性形变量过大。

2）低压缸末级叶片水蚀的问题

部分机组在低负荷时末级叶片可能出现大范围的冲蚀损伤，甚至使叶片产生喘振，严重的甚至造成叶片断裂、飞脱，缩短叶片的使用寿命，降低末级叶片效率。

3）汽轮机进汽参数波动大的问题

当机组低负荷运行时，部分机组由于主控调节特性难以适应低负荷运行调节的要求，可能会造成主蒸汽、再热蒸汽温度的频繁波动，进而造成汽轮机内外缸温差、转子内外温差反复波动，金属疲劳应力增加。

4）给水泵再循环阀投运操作风险增大的问题

机组负荷降低、给水流量降低至接近再循环阀保护或自动开启值，易造成给水流量波动，引起机组跳闸。

5）给水泵汽轮机汽源切换的问题

给水泵汽轮机的汽源一般选择四段抽汽，同时设置冷段再热蒸汽和辅汽作为备用汽源。深度调峰时四段抽汽压力较低，无法满足小机进汽需要，如果备用汽源管路不充分，进汽温度突降容易导致小机进冷汽或水击。

6）高低加正常疏水不畅的问题

低负荷时，由于汽轮机各段抽汽压力较低且与相邻段蒸汽压差减小，使得相邻高低压加热器间疏水差压同步减小，正常疏水动力不足，容易造成加热器水位波动，危急疏水阀动作或加热器解列。

（3）热控系统问题

控制系统的设计未考虑深度调峰工况，适应性有待改善，主要存在监控不足、预警能力较差、基础逻辑限制、自动控制难以有效投入和功率振荡风险增加等问题。

1）工况不稳定引发保护误动作的问题

深度调峰工况下，大量设备接近极限工况运行，辅机跳闸、主燃料跳闸（MFT）等保护和自动切除功能回路如有误动作或切手动都极易威胁机组的深度调峰运行安全。由于超低负荷下投运磨煤机台数少，因此灭火保护与点火助燃逻辑在深度调峰时也变得十分关键，但火检信号质量及动作逻辑往往都不满足要求。

2）测点精度和自动调节品质差的问题

集散式控制系统（DCS）控制逻辑未在50%额定负荷以下进行连续运行调试，给水流量等重要测点在低负荷时精度差、波动大，严重影响相关回路的稳定性；配风、给水、燃料、减温水、协调、一次调频等回路由于调节对象特性相比中高负荷工况差异明显，控制品质一般都不能满足自动连续运行要求。

3）变负荷速率与主要运行参数失配的问题

机组在低负荷运行时，许多调节系统已趋近运行下限，一方面执行机构的调节特性变差，响应速度降低；另一方面风、水以及燃料的快速变化更易引起炉膛稳燃能力降低、锅炉受热面温度分布不均。

4）燃烧实时监控不足的问题

当前燃烧监控的主要手段是火检信号和火焰电视，而火检信号是主保护和重要辅机保护动作的主要逻辑依据。在低负荷工况下火焰闪烁是较为常见的现象，很容易触发磨煤机保护误动作而造成锅炉灭火。

5）辅机设备运行状态预警不足的问题

一般辅机仅设置报警和跳机两个阶段的定值，当运行参数变化至相应定值时，触发相关报警和保护动作。低负荷工况下辅机设备运行进入高风险区，易在毫无征兆的情况下发生如风机失速、喘振问题，因抢救时间不足而引起设备跳机。

6）功率振荡风险增加的问题

汽轮机阀门流量特性曲线在低负荷工况下验证较少，机组功率振荡风险增加。由于低负荷工况下各系统的调节裕量和精度均受限，功率振荡不仅引起主蒸汽压力的大幅波动，很容易拉垮炉膛燃烧并危及设备安全，为机组本身的运行安全带来了较大隐患，还存在引发电网低频振荡的风险。

针对以上各类问题，下面章节中将分别做详细介绍。

第2章 锅炉系统深度调峰技术

2.1 深度调峰对锅炉系统的要求和影响

2.1.1 概述

锅炉设计的稳燃最低出力一般为30% BMCR（锅炉最大连续出力或锅炉最大连续蒸发量），部分机组由于设计因素，稳燃最低出力达到40%～50% BMCR，当机组深度调峰到低于设计值或据相关要求调至20%～25%甚至更低，锅炉的现有系统就无法满足安全稳定运行的要求，因此对于NO_x排放的控制、脱硝催化剂的反应温度、燃烧系统的适应性、水动力循环和受热面应力等，都应该纳入深度调峰考虑的范围。

2.1.2 燃料对深度调峰的影响

2.1.2.1 煤的成分

(1) 挥发分

挥发分在较低温度下能够析出和燃烧，随着燃烧放热，焦炭粒的温度迅速提高，为其着火和燃烧提供了有利的条件，另外挥发分的析出又增加了焦炭内部空隙和外部反应面积，有利于提高焦炭的燃烧速度。因此，挥发分含量越大，煤中难燃的固定碳成分越少，煤粉越容易燃尽，挥发分析出越多，空隙越多，会增大反应表面积，使燃烧反应加快。挥发分含量降低时，煤粉气流着火温度显著升高，着火热随之增大，着火困难，达到着火所需的时间变长，燃烧稳定性降低，火焰中心上移，炉膛辐射受热面吸收的热量减少，对流受热面吸收的热量增加，尾部排烟温度升高，排烟损失增大。

(2) 水分

煤的含水量在一定的含量限度内与挥发分对燃煤的着火特性影响一致，少量水分对着火有利。从燃烧动力学角度看，在变温条件下，水蒸气可以与烃类或其他含碳物质发生重整反应，可以加速煤粉焦炭的燃烧，提高火焰黑度，加强燃烧室炉壁的辐射换热。另外，水蒸气分解时产生的氢离子和氢氧根离子可以提高火焰的热导率。但是当水分含量过大时，着火热也随之增大，同时由于一部分燃烧热用来加热水分并使其汽化，降低了炉内烟气温度，导致炉膛内的温度下降，使煤粉气流吸卷的烟气温度以及火焰对煤粉的辐射热都降低，这对着火不利。水分的增加，燃烧效率下降，为了维持负荷，煤量增加，烟气量上升，排烟损失和厂用电率升高，同时易引起输煤系统的堵塞，锅炉的安全性受到影响。水分含量高，烟气中的水蒸气含量升高，与烟气中的三氧化硫很快形成硫酸蒸气且水分越高酸露点也越高，加剧了空气预热器和烟囱的腐蚀，同时结合脱硝过量的氨生成硫酸氢铵，会导致空气预热器与下游设备的堵塞。一般情况下水分含量在8%以下的煤是比较安全的，然而水分含量超过8%的时候会造成一定的影响，当含水量在12%以上就可能会造成严重影响并危及燃烧安全运行。

(3) 灰分

煤燃烧过程中所产生的灰分，会吸收热量，从而影响锅炉的燃烧，灰分含量越高，煤炭的发热量则会越低，易导致着火困难和着火延迟，火焰中心上移，炉膛温度降低，煤的燃尽程度下降，造成飞灰可燃物含量高。在锅炉燃烧过程中，随着灰分含量的增加，灰层会包裹住碳粒，影响碳粒表面的燃烧速度，导致火焰传播速度降低，造成燃烧不良。灰量含量大，意味着飞灰浓度增高，使锅炉受热面特别是省煤器、空气预热器等处的磨损加剧，除尘量增加，锅炉飞灰和炉渣物理热损失增大，降低了锅炉的热效率。有关资料显示，平均灰分含量从13%上升到18%，锅炉的强迫停运率将从1.3%上升到7.54%。

煤质（发热量、可磨性系数、水分和黏度等）发生变化时，磨煤机出力、煤粉细度、磨煤功耗、磨煤机磨损件寿命、石子煤量等也将相应发生变化，当发热量降低（可磨性系数不变）时，为保证锅炉出力不变，磨煤机出力就要相应增加，此时煤粉细度就会变粗。而当可磨性系数降低时，要使磨煤机及煤粉细度保持不变，此时磨煤电耗势必增加，磨煤机磨损件寿命将缩短。

2.1.2.2 煤的燃烧特性

(1) 发热量

单位质量的煤经过完全燃烧所释放出来的热量就是煤的发热量。当煤所释放的热量比较高时，煤的碳含量也会相对较高，使煤着火比较困难，并且导致烟气中可燃物飞灰含碳量也很高。尤其在低负荷时炉温下降，着火相对困难。

(2) 煤粉着火分析

煤的着火分为均相着火、异相着火和联合着火三种方式。均相着火是气相的挥发分先着火，释放热量，再点燃固定碳；异相着火是煤颗粒表面先着火，释放的热量再引燃挥发分和内部的固定碳；联合着火是挥发分和焦炭同时着火。在其他条件相同时，均相着火时间要比异相着火时间短，而且均相着火温度要远低于异相着火温度。

上面的试验是在 O_2 体积分数为21%绝热情况下进行的，图2-1（书后另见彩图）为均相着火，粒径为250μm，图2-2（书后另见彩图）和图2-3（书后另见彩图）分别为异相着火和联合着火，粒径为100μm，由图可以看出，粒径较小时更容易发生异相着火，粒径较大时更容易发生均相着火，而加热速率较高时，煤粒更容易发生联合着

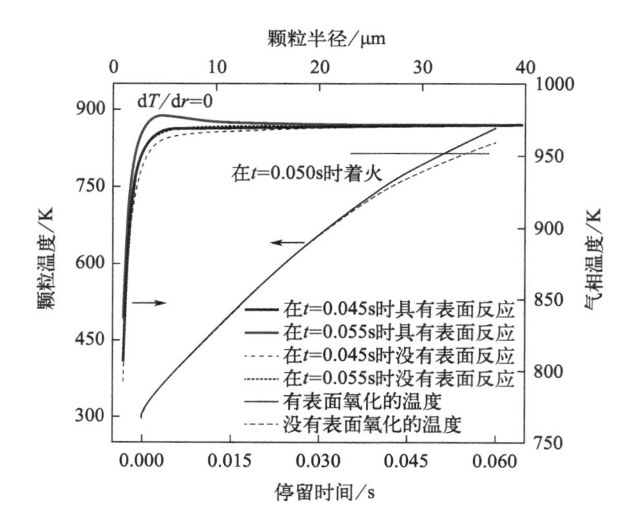

图 2-1　均相着火（$T_w=1023K$，$d_p=250\mu m$）

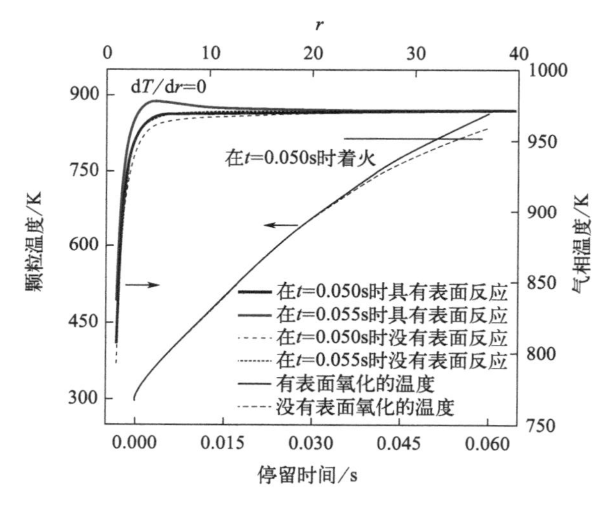

图 2-2　异相着火（$T_w=973K$，$d_p=100\mu m$）

火。此外，异相着火与联合着火的转变粒径随着炉温升高而逐渐减小；联合着火与均相着火的转变粒径随着炉温升高而逐渐增大；发生异相着火与均相着火的转变粒径随着炉温升高逐渐减小。

直径很小的单颗粒煤粉挥发分析出量很小，挥发分无法在煤粒周围着火形成包围火焰，因此一般为异相着火；相反，若煤粉处于气流中，煤粉与析出的挥发分一起随气流运动，析出的挥发分在气流中湍流扩散与混合，煤粉周围的挥发分浓度变高，往往发生均相着火。高浓度煤粉易发生均相着火，低浓度煤粉易发生多相着火，当加热速度很高时，不论粒径大小都会发生均相与多相联合着火。可见，煤粒周围挥发分浓度有利于均相着火的发生，挥发分浓度越高的煤越易着火，所以挥发分对煤粉锅炉的着火、稳燃十分重要。

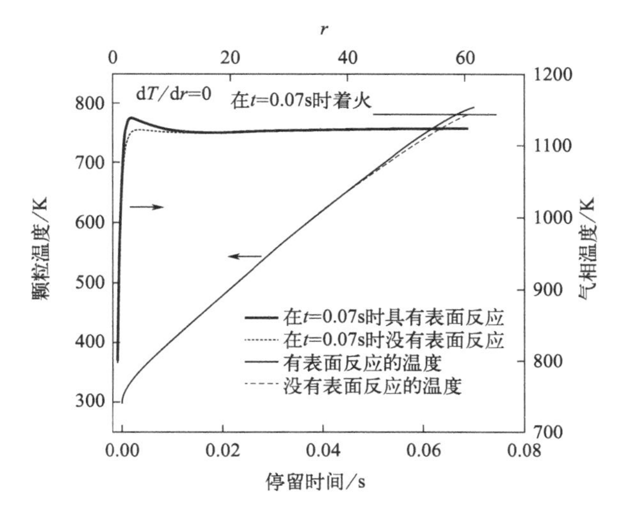

图 2-3 联合着火（$T_w=1123\text{K}$，$d_p=100\mu\text{m}$）

2.1.2.3 影响着火的主要因素

在燃烧过程中，将一次风及燃煤从初温加热到着火所需的温度为着火温度，加热到着火温度所需的热量为着火热 Q_{zh}；炉内高温烟气实际传递给一次风及燃煤的热量为着火供热 Q_{gr}。

若要使燃煤着火：

$$m=Q_{gr}/Q_{zh}\geqslant 1$$

式中 m——稳燃指数，m 值越大，则着火越稳定。

分析可知，若要提高煤粉气流的着火稳定性，一方面应该尽量降低着火热 Q_{zh}；另一方面，应加强着火供热 Q_{gr}的供应。

稳燃与燃尽的充分必要条件：虽然挥发分对煤的稳燃至关重要，但是挥发分的着火有时并不一定能导致煤焦的着火，因此从燃烧学的角度来看，挥发分的着火只是一个必要条件，但煤焦的着火是充分必要条件，煤焦的着火与否对锅炉的稳定燃烧是至关重要的。

煤粉的燃尽性能取决于碳粒的反应速度，主要受灰分、氧浓度、温度以及煤粉颗粒粒径等因素的影响。国内外学者的研究都表明，温度越高、在高温区停留时间越长时，煤燃尽率越高。

为了保证煤种的着火必须提高燃烧温度、增加空气量、提高炉内火焰充满度、增加煤粉在炉内的停留时间等，但这些措施都会引起 NO_x 浓度的增加。合理地选择燃烧条件对减少 NO_x 排放具有重要意义。

煤粉炉着火稳燃技术：提前入炉煤的着火可以使煤快速加热甚至着火释放热量，为后续煤粉提供有利的燃烧条件，实现自稳燃。

可以促进煤粉锅炉着火的主要措施有：提高煤粉浓度、降低着火温度、提高一次风温、提高着火区温度、降低一次风率、强化对流传热等。有研究提出“三高一强”原则，即提供高的着火区温度、高的煤粉浓度、高的热烟气回流量，并强化燃烧的初始阶段。煤粉炉中高效稳燃可以通过燃烧器和燃烧方式两个方面来实现。

煤粉气流着火存在最佳煤粉浓度，通过热平衡分析，燃料的燃烧过程必然存在两个最基本的阶段，即稳定着火点与稳定燃烧阶段。

从化学动力学的角度来看，燃料的着火方式可分为点燃和自燃。煤粉空气混合气流的着火属于点燃，煤粉空气混合物的燃烧速度较慢，不仅难以点燃，而且更难以维持连续稳定着火。由于火焰峰面较厚，温度梯度较小，导热和辐射传递的热量所占比例较小。主要依靠一次风与高温烟气间的湍动混合来卷吸高温烟气使之达到着火温度。这时对应的热量通常称为着火热。为使煤粉空气混合气流能连续稳定地着火与燃烧，必须有不小于着火热的外来热源连续供给，这就是供给热。显然在组织煤粉燃烧时应设法尽量减少着火热，而加大供给热。要减少着火吸热量，必须掌握好一次风、二次风的混合时间，适当提高一次风温度与煤粉浓度，提高煤粉浓度可使挥发分释放的热量相对集中，有利于着火。但当煤粉浓度过高时，吸热量增大加之供氧的不足，反而对着火不利。只有当挥发分释放量与局部供氧量符合化学当量比时，着火与燃烧的稳定性最好，此时对应的煤粉浓度为最佳。通常烟煤的最佳煤粉浓度（C/A）是0.5～0.6kg/kg。

综上所述，煤粉锅炉稳燃能力主要受到煤种、煤粉特性、煤粉浓度、风粉混合物温度、燃烧器类型、燃烧配风量、燃烧器布置和锅炉炉膛等因素的影响。燃烧器着火依赖燃烧器区域炉膛的温度高低，炉膛温度越高，着火也就越容易，稳燃负荷也就越低。

2.1.2.4 煤的燃烧产物

煤的燃烧产物主要有以下几种：

（1）二氧化碳

煤的主要成分是碳，在燃烧过程中，大量的碳与氧气结合形成二氧化碳。由于二氧化碳是一种温室气体，过量排放会导致全球气候变暖。这是我们实施深度调峰的最主要原因。

（2）二氧化硫

煤中含有少量的硫，燃烧时硫与氧气结合形成二氧化硫。二氧化硫是一种有害气体，容易与水蒸气形成硫酸，导致酸雨的产生。同时 SO_2 存在导致产生一定量的 SO_3，不仅腐蚀设备，而且结合氨逃逸生成硫酸氢铵，引起空气预热器等下游设备堵灰和腐蚀。深度调峰会使堵灰更加凸显，影响机组的正常运行。

（3）氮氧化物

在燃烧过程中，煤炭中的氮和氧气结合形成氮氧化物。氮氧化物是空气污染的主要来源之一，对大气环境和人体健康有害。深度调峰增加了 NO_x 的控制难度，低负荷时锅炉都因烟气温度低使得 NO_x 不易控制，脱硝系统必须进行改造使系统变得越来越复杂，检修维护量大、检修费用高。

此外，煤的燃烧还会产生烟尘等其他物质。

2.1.3 深度调峰对空气预热器的影响

空气预热器作为火电机组重要的辅机设备，其运行质量直接关系到锅炉燃烧系统、制粉系统及烟风系统的安全稳定运行，同时对下游设备（系统）的运行质量及安全性产生较大影响，主要有以下几个方面。

2.1.3.1 堵灰加剧问题

目前国内燃煤机组已实现百分之百脱硝运行，预热器同时面临三种堵灰，分别是硫酸盐在元件底部的酸腐蚀堵灰，硫酸氢铵的堵灰，大颗粒飞灰的堵灰。其中，前两种最为普遍。在实际运行时，需要注意分析，预热器堵灰的主要原因是以硫酸盐堵灰为主还是以硫酸氢铵堵灰为主，因为不同的堵灰，其设备选型、堵灰处理及预防措施是不同的。

(1) 以硫酸盐堵灰（图 2-4）为主的情况

对于硫酸盐堵灰，国内电厂对其危害及处理应对均非常熟悉，一般情况下，只需要注意控制好运行氧量、预热器冷端综合温度，配合上蒸汽吹灰，即可解决或有效控制硫酸盐堵灰导致的阻力上升。

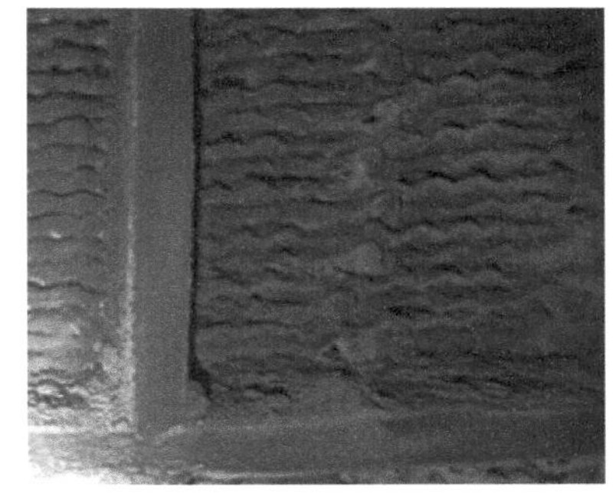

图 2-4 冷端硫酸盐低温腐蚀堵塞

(2) 以硫酸氢铵堵灰为主的情况

目前这种情况在国内燃煤火力发电机组中普遍存在，也是电厂感到应对吃力的难题，虽然电厂普遍了解硫酸氢铵的堵灰机理，但是因为煤质变化、负荷不稳定等因素影响，以及对硫酸氢铵在预热器内的生成特点与预热器换热元件的特性的联系理解不足，导致因硫酸氢铵堵灰造成的阻力问题得不到有效控制或解决。

2.1.3.2 预热器换热元件选择不合理问题

目前对于换热元件的选型，普遍认为热端元件的热效率应该较高，冷端元件应该注重通透性而不注重其热效率，导致预热器换热元件金属壁温分布不合理，硫酸氢铵的液相沉积区位置不仅偏高甚至跨层，而且硫酸氢铵液相沉积区范围也较宽，硫酸氢铵沉积速度过快，最终导致阻力快速上升（图 2-5，书后另见彩图），可见存在硫酸氢铵(ABS) 跨层（沉积带在 1117～190.6mm 之间）；灵活性调节下预热器的金属壁温分布与波形高度的匹配设计较传统运行方式下的设计有较大差别。灵活性工况下预热器能否稳定运行取决于波形与金属壁温的适应性。

2.1.3.3 设备选型问题

在改造前选型计算时，对煤种适应性及负荷适应性考虑不足，甚至没有考虑（仅仅考虑满负荷甚至是 100% BMCR 工况），造成改造设备选型不合理（图 2-6、图 2-7，书后另见彩图），一方面是设备厂家技术能力不足或人为不进行恶劣工况计算分析导致的，另一方面则是电厂对此不重视，不进行实际运行时的试验测试，不能提供相应的参数导

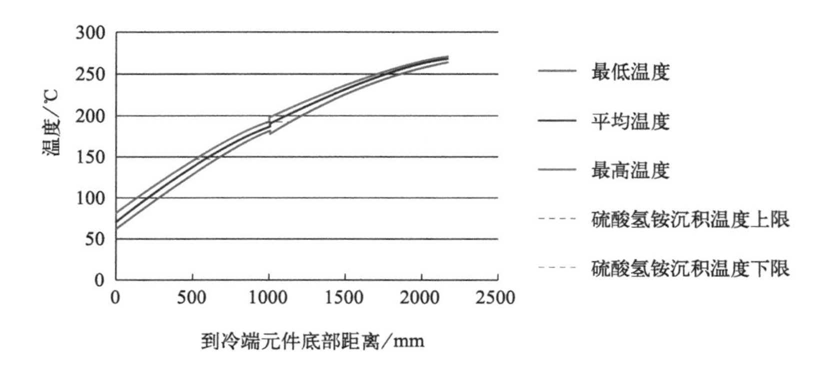

图 2-5　容克式空气预热器金属壁温曲线（35%BMCR 工况）

致的。由图 2-6 可见 ABS 沉积带不跨层，图 2-7 显示 ABS 沉积带局部跨层，如果负荷进一步降低跨层则会加剧。

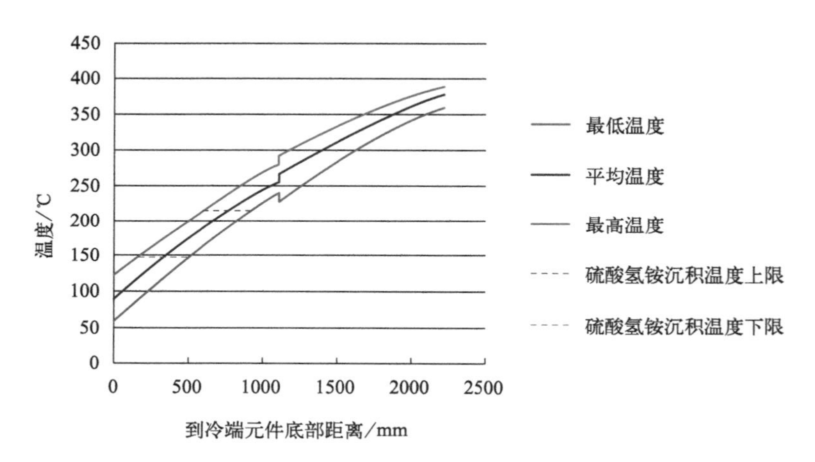

图 2-6　容克式空气预热器金属壁温曲线（100%BMCR 工况）

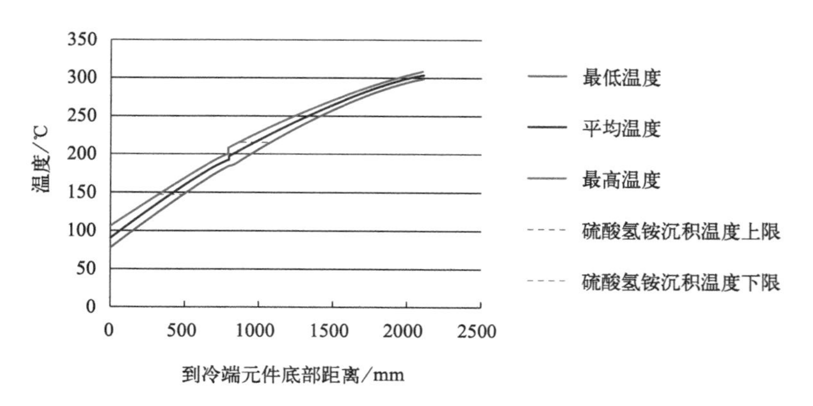

图 2-7　容克式空气预热器金属壁温曲线（40%BMCR 工况）

2.1.3.4 漏风问题

预热器在深度调峰工况运行时，低负荷条件下的漏风率控制是预热器漏风控制的重点，传统预热器漏风控制一般注重高负荷运行，很多密封控制技术也往往只对高负荷运行时的漏风率能够有效控制。其实负荷不同，预热器主要漏风通道也是不同的，灵活性改造需要综合考虑选择密封控制技术，不能顾此失彼；同时需要注意，预热器扇形板等静态件是密封控制的重要组成部分，任何漏风控制技术都需要考虑扇形板等部件的使用寿命，不能以严重磨损扇形板为代价降低漏风率，这样，不仅会降低经济性还会带来严重的安全隐患。

2.1.3.5 吹灰问题

预热器吹灰系统是重要的控制运行阻力的设备，也是在运行期间，运行人员可以使用的为数不多的手段。吹灰系统的安全有效运行，对于稳定预热器阻力非常重要，使用不当不仅会加剧堵灰还会造成换热元件快速损坏。

2.1.3.6 脱硝问题

低负荷条件下脱硝反应系统的运行会对预热器产生重大影响，因此脱硝反应器的运行管理及调整非常重要，否则会导致逃逸氨大幅增加和局部逃逸氨过量等问题。对于喷氨管路/喷嘴堵塞等情况及稀释风过滤器的运行情况往往被忽略，这在相当一部分电厂中存在。

2.1.3.7 运行问题

在连续高负荷运行时，预热器状态是相对稳定的，而灵活运行时，特别是低负荷运行时预热器各部位受负荷波动频繁的影响，各部位不稳定因素增加，因此在灵活性改造时需要注意这些辅助设备的结构设计是否稳固、合理，视情况需要，采取加固甚至结构改造，以保证运行安全。灵活运行时，锅炉机组的运行条件相比满负荷运行条件是整体恶化的，制粉系统、燃烧系统、省煤器等预热器的上游系统，很容易造成预热器入口氧量偏高，飞灰量及飞灰粒径增加，需要根据实际运行情况及时进行调整；尤其在燃用褐煤/准东煤地区的电厂，受上游设备/相关设备系统影响导致的预热器堵灰较为常见。

2.2 锅炉系统深度调峰关键技术

2.2.1 锅炉深度调峰下的安全性评价

深度调峰往往触及了锅炉最低负荷设计和实际运行的底线，在满足锅炉安全运行的基础上，依据锅炉原理，挖掘锅炉运行潜质，通过科学可行的改造或者燃烧优化方案，使得锅炉能够在低负荷长周期稳定运行成为可能，分析和评估影响锅炉低负荷运行安全的因素显得尤为重要，影响锅炉低负荷安全运行的因素成为目前考量的重要因素，包括：锅炉燃烧、水动力、受热面应力、蒸汽温度和氧化皮。

(1) 锅炉燃烧

包括循环流化床锅炉和煤粉锅炉燃烧。

① 循环流化床锅炉一般在20%或者更低负荷不存在稳燃问题，但是负荷太低，长时间运行会导致流化不良，导致结焦引起排渣不畅，引发燃烧恶化；在低负荷时，燃烧的不均匀性也较为突出，燃烧良好的区域，产生的氮氧化物相对较多，控制 NO_x 的生成变得较为困难；炉膛火焰充满度不够，热量不均表现较为突出，传热恶化，易引起受热面发生爆管；床温较低，热量不能满足蒸汽温度正常运行要求，且蒸汽温度会发生波动，影响汽轮机安全。

② 煤粉锅炉在20%或者更低负荷下运行，稳燃成为最为关心的问题，低负荷时炉膛温度较低，不管是直流燃烧器和旋流燃烧器，引燃和燃尽都变得相对困难；火焰充满度不够，热量不均匀，燃烧出现脉动现象，负压波动大，火检信号频闪，易灭火。

(2) 锅炉水动力

包括汽包锅炉和直流锅炉。

汽包锅炉相对直流锅炉水动力循环优越一些，但是在负荷较低的情况下，联箱和管屏之间的分配特性随着流量的减小而显得越来越不平衡，主要是由于流量小比流量大阻力特性更为明显，流量不均成为主导，引起水冷壁个别管组超温，如果叠加燃烧引发的热量不均会危及水冷壁的运行安全。一般锅炉厂会对锅炉最小出力做出明确规定，循环流化床锅炉提供了给水流量随床温变化的曲线，加入了锅炉热工保护；煤粉炉是按30%BMCR给定，稍有裕量，但是很难把控，极易越线，长时间会导致管壁超温引起安全事故。

汽包锅炉相对直流锅炉水动力循环优越一些，但是负荷太低也会出现类似直流锅炉的情况，只不过汽包锅炉有很好的自补偿能力，较好地缓解了水动力不足的问题。汽包锅炉也没有对最小流量规定，是根据汽包安全水位而定。

受热面应力问题是深度调峰的最大隐患，在深度调峰过程中，为了满足电网的要求，负荷升降超出了金属应力允许的范围，使得金属热应力较为集中，出现了联箱与导管之间的裂纹，焊接、制造缺陷（如微裂纹等）、异种钢连接处、穿墙管等易出现应力集中，发生泄漏，影响锅炉安全运行。

(3) 氧化皮

包括直流炉和汽包炉。

氧化皮不仅超临界和超超临界锅炉有，亚临界锅炉也出现，相对而言，超临界和超超临界锅炉出现的概率较大，主要与管材材料、运行温度和蒸汽参数等有关。但是随着深度调峰的深入，超临界、超超临界和亚临界锅炉都因负荷变动率大，导致烟温和烟气量大幅度变化，随之蒸汽温度、蒸汽压力和蒸汽量也发生较大的变化，最终氧化膜内部以及氧化膜和合金基体之间产生内外应力，累积运行时间达到一定程度，氧化膜失效，最终从基体剥落，如果少量剥落，还可以正常运行，但会使流量减小，长期运行由于受热面局部过热发生四管泄漏，如果大面积剥落，很快发生爆管，紧急停机，所以氧化皮的存在严重影响锅炉的安全经济运行。

(4) 直流锅炉的转态问题

超临界锅炉干湿态转换是深度调峰中一个极为关键的过程，若转态参数控制不当，容易发生锅炉干湿态频繁转换，引起分离器储水箱水位波动大，主再热蒸汽温度波动大，造成锅炉蒸汽温度、壁温超温或过热器进水等不安全事件，严重影响锅炉的安全运行。负荷低于或者接近30%BMCR工况时，接近锅炉转态的临界值，易发生频繁转态，引起不安全事故发生，所以深度调峰时应该予以高度重视。

2.2.2 煤粉炉

煤粉锅炉一般分为直流燃烧炉、旋流燃烧炉和平流燃烧炉，前两种燃烧器的燃料为油和煤，平流燃烧器燃料为油和气。我国绝大多数的锅炉以煤为燃料，所以本书只研究前两种燃烧器。

燃烧器结构形式不一样，导致空气动力特性不一样。从着火机理看：旋流燃烧器的二次风强烈旋转，射流中央出现回流区，起稳燃作用，射流扩展角大、射程短，早期混合强烈，后期混合衰弱，布置位置为前、后墙或者两侧墙；直流燃烧器一次风和二次风均为直流，各角喷出的射流相互引燃，射程长，后期混合较强，布置位置为四角或各墙。

根据燃烧的机理，制定深度调峰时的燃烧策略、方案要经过认真研讨，结合锅炉的实际运行情况，同时兼顾煤种，决定是否需要燃烧器的改造或者实施燃烧调整。因为当锅炉低于最小出力，炉内的热容量和火焰充满度都会下降，会引起燃烧不稳和蒸汽温度波动，这是深度调峰必须予以高度重视的因素。

2.2.2.1 直流燃烧器

(1) 直流燃烧器对深度调峰的影响

切圆燃烧的锅炉一般在设计范围内不存在燃烧问题，但是为了消纳新能源，深度调峰成为必然，锅炉负荷越低越好，某种程度突破了设计范围，锅炉燃烧安全成为深度调峰最为突出的问题，机组在低负荷下运行会出现燃烧条件恶化的情况，主要表现在：

① 锅炉负荷降低，炉膛温度降低，一次风辐射加热能力降低，着火能力下降。

② 火焰相对支持性减弱，着火组织能力下降；容积热负荷和断面热负荷大幅度下降，引发燃烧器稳燃问题。

③ 空预器入口烟温降低，磨煤机干燥出力下降，二次风温下降。

④ 受磨煤机最小通风能力限制，风煤比升高，煤粉浓度降低，着火稳定性下降。

⑤ 炉膛火焰充满度不好，易引起燃烧不稳，负压波动大。

⑥ 过量空气系数增大，炉膛火焰温度下降，燃尽变差。

⑦ 燃烧不稳定易引发锅炉MFT动作；也易受外部条件干扰，造成燃烧不稳定。

针对以上问题，对于机组现有点火系统稳燃装置需要大量燃油且煤种情况变差，原点火稳燃系统可靠性变差，必须考虑点火稳燃系统改造。

燃烧器改造的同时必须注意节能，节能降耗是我国经济发展的国策，也是长远战略方针。降低机组的最低稳燃能力有助于降低投油助燃的负荷，减少机组启动耗油量；同时，有助于减少机组的启停次数，进一步减少燃油的使用量，节约化石能源。

（2）直流燃烧器改造技术

1）采用浓相大反吹燃烧技术（上海交通大学）

浓相大反吹燃烧技术炉内切圆组织示意见图 2-8。

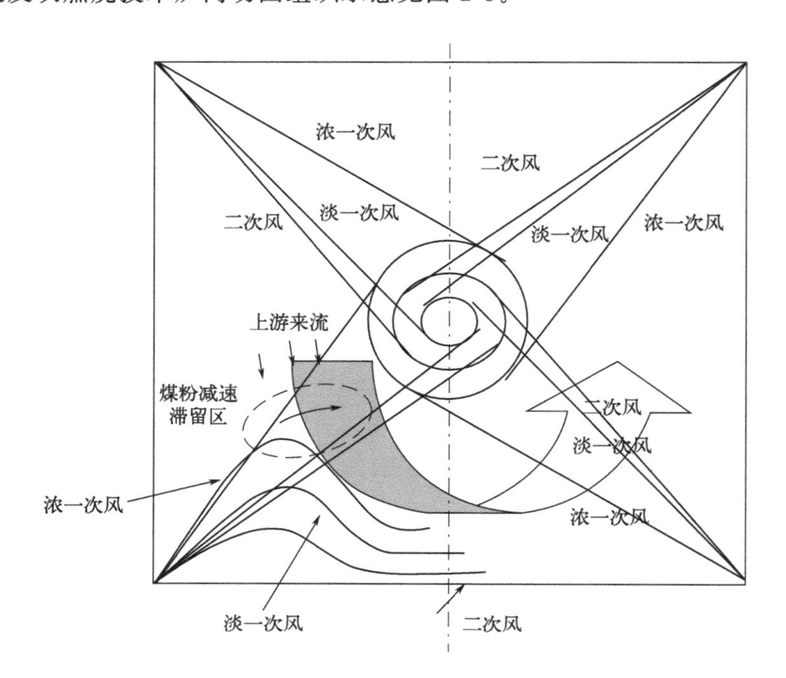

图 2-8　浓相大反吹燃烧技术炉内切圆组织示意

由图 2-8 可知，一次风分成水平方向的浓淡两股，浓一次风（大角度）反切射入炉膛向火侧（反切入炉内一定距离后受主气流推动，逆转为正转），而二次风正切入炉膛，和淡一次风共同组织炉内稳定正旋的空气动力场。这一技术是把一次风中大部分煤粉引到炉膛中央区域，最终在炉内形成淡一次风包裹浓一次风，二次风包裹淡一次风的风包粉态势；这样二次风和淡一次风在水冷壁近壁面区域形成氧化性气氛，提高了灰熔点，煤粉在远离水冷壁的区域燃烧，近壁区烟温保持在较低水平，以达到防止结渣和高温腐蚀目的。此外，反吹入炉内一定距离后，浓一次风受主气流推动而折转时，煤粉颗粒会先减速，似被气流“系”到了高温区，这样煤粉颗粒在高温区的停留时间会延长，大大提高煤粉着火的稳定性和降低飞灰含碳量，由此增强燃烧器低负荷稳燃能力（经研究，浓一次风折转滞止区使煤粉在射流所在炉膛截面平均停留时间从 0.27s 延长到了 0.9s）。同时由于煤粉颗粒集中于高温折转区域，着火和初期燃烧是在缺氧状态进行的，因此利于减小烟气污染物——氮氧化物生成量。

2）外置分离煤粉浓缩燃烧器技术

下两层燃烧器采用外置分离装置。在低负荷运行的情况下，燃烧器入口风煤比较大，会影响煤粉的着火和稳燃，而外置分离装置可以解决一次风风煤比较大的问题。

如图 2-9 所示，外置分离是将一次风在煤粉燃烧器外进行浓淡预分离，低负荷燃烧状态下，一次风在进入煤粉燃烧器之前通过外置式分离装置分离一部分乏气出来，浓煤粉通过煤粉燃烧器送入炉膛，而乏气从煤粉燃烧器的上部送入炉膛，从而达到降低煤粉燃烧器送入炉膛的一次风率，减小煤粉气流风煤比，极大地改善煤粉气流风煤比较大情况时影响煤粉燃烧安全性和稳定性的问题。

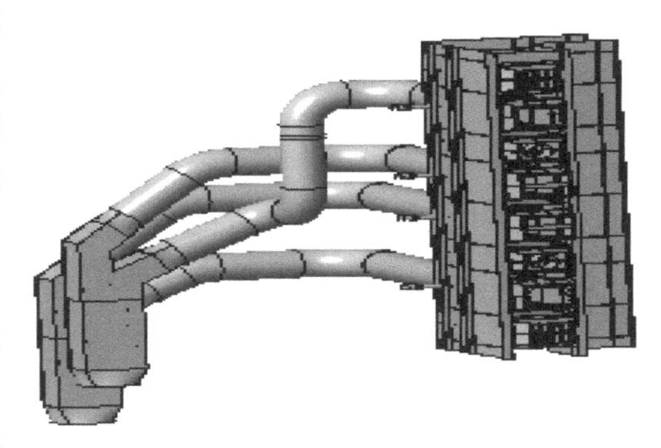

图 2-9　四角切圆外置分离煤粉燃烧示意

3）采用深度浓淡煤粉浓缩分离型低 NO_x 燃烧器技术

深度浓淡煤粉浓缩分离型低 NO_x 燃烧器技术在一次风管内布置有大尺度的楔形煤粉浓缩块，煤粉流过大尺度煤粉浓缩块后形成浓淡两股煤粉气流，在一次风喷口内设置有强化浓淡分离块，将浓淡煤粉进一步分离，从不同角度进入炉内燃烧，如图 2-10 所示。

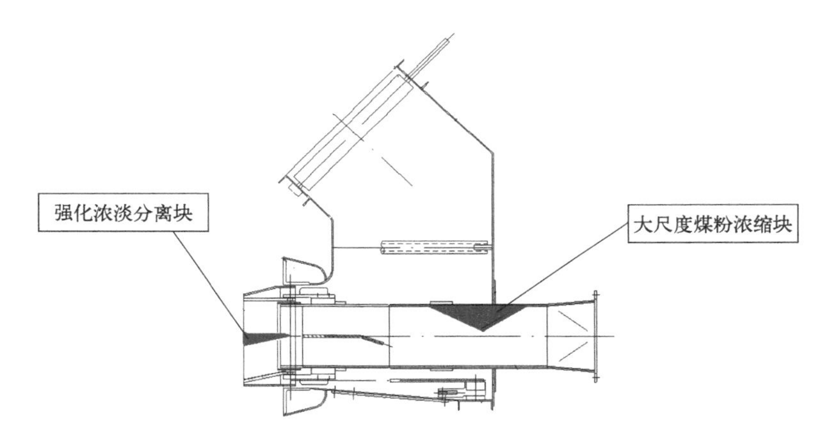

图 2-10　深度浓淡煤粉浓缩分离技术结构示意

浓淡分离型低 NO_x 燃烧器技术是一种单喷口分级燃烧技术，一般称为浓淡燃烧技术或偏离燃烧技术。浓淡煤粉气流各自远离燃料的化学当量比燃烧，浓煤粉气流是富燃料燃烧，由于着火稳定性得到改善，使挥发分析出速度加快，造成挥发分析出区域缺氧，从而达到低 NO_x 排放的目的。

4）采用稳燃锥体技术

在煤粉喷口中布置稳燃锥体，能在着火区形成稳定的烟气回流区，并增加煤粉气流与高温烟气的接触面积，这对提高煤粉的着火稳定性及燃烧器在低负荷下的稳燃能力也是很有利的。

5）采用周界风可调节技术

周界风由单独的风门控制，可以根据煤质及负荷情况调节周界风风门，低负荷时周界风可以全关，以达到低负荷稳燃的目的。

6）选取适中的假想切圆直径

切向燃烧在炉内形成强烈旋转上升的气流，气流最大切向速度的连线构成炉内实际切圆，炉膛中心是速度很慢的微风区，这就是切向燃烧锅炉炉膛空气动力场的特点。假想切圆直径是切向燃烧的一个重要参数，它对炉膛结渣、高温腐蚀都有重要的影响。假想切圆直径偏大则易引起结渣、高温腐蚀，假想切圆直径偏小则影响燃烧稳定性。

7）采用宝塔型二次风配风设计技术

燃烧器区域二次风喷口的设计风量从下到上逐级递减，此种技术优势如下：

① 下部的二次风量大，可以更好地形成“托粉”状态，减少煤粉掉落到渣斗中，不让火焰冲刷冷灰斗。

② 增加下部二次风量，可以使前期的燃烧更加剧烈，有利于保证燃烧的稳定性。差异化配风，使燃烧区域水冷壁热负荷更加均匀。

③ 增加下部二次风量，可在燃烧初期产生更多的烟气，这样就使得有更多的烟气在炉内的停留时间得以增加，能有效提高燃尽率。

8）四角燃烧器采用大切角、小切圆的布置方式（上锅）

如图 2-11 所示，炉膛的炉墙角区域采用较宽的炉墙角切角面，如图中Ⅰ部分所示，炉墙角切角面与相邻两个炉墙面相交的交线至两个炉墙面相交的交线的距离分别为各自墙面长度的 10%～35%。

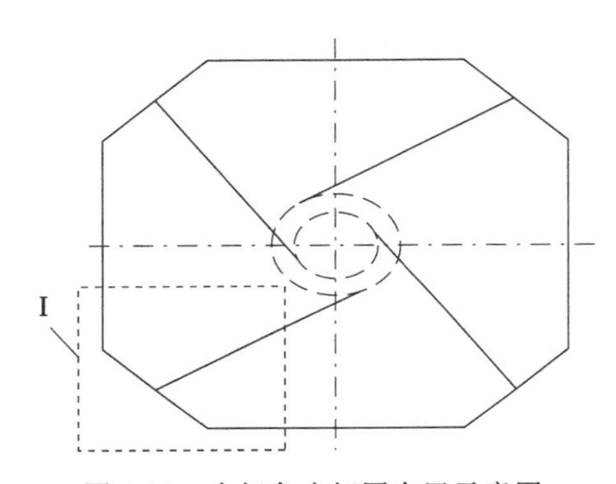

图 2-11　大切角小切圆布置示意图

传统的采用四角切圆燃烧技术的锅炉炉膛截面大多为矩形，且炉膛的宽度和深度差别通常不大。四个燃烧器分别布置在炉膛矩形截面的四个拐角处。为了方便燃烧器的放置，一般将炉膛矩形截面的拐角处设计为很小的切角或平面。这种燃烧方式由于四角射流着火后相交，相互引燃，有利于着火的稳定。四股射流相切于假想圆后，气流在炉膛内强烈旋转，非常有利于空气和燃料的相互混合，而且火焰在炉内的充满度也较好。但由众多学者的理论分析、数值分析的研究结论以及采用四角切圆燃烧方式的锅炉的实际运行情况来看，这种燃烧方式在炉膛宽度或深度方向上仍然具有较大的热负荷不均匀程度。固态排渣的四角切圆锅炉，在沿炉膛宽度或深度方向上，处于炉墙中线附近的水冷壁能够获得最大的热负荷，最大热负荷约为平均热负荷（燃烧器区在某一高度某一宽度或深度炉墙处的热负荷的平均值）的 1.2 倍，而最小热负荷则处于炉墙角附近的区域，且只有平均热负荷的约 50%。对于液态排渣炉这一差别更加明显。造成这一现象的主要原因则是炉墙沿宽度或深度方向某一位置距离燃烧火焰的位置差别较大。从实际运行情况来看，炉膛中间燃烧的火焰可以看作是具有较大直径的发热火焰圆柱体，距离这一圆柱体很近的炉墙中部区域接受了很高的热负荷，而对于炉墙角区域，由于距离火焰表面较远，辐射能量在到达炉墙角之前已经被具有辐射特性的 CO_2、H_2O、灰粒等介质吸收，到达炉墙角时在很大程度上已经减弱了。这一特点将使得水冷壁管屏的布置难度加大。而对于 600MW 及其以上容量的锅炉，由于炉膛本身具有更大的宽度和深度，这一困难将尤为突出。因此，如何通过改变、调整燃烧方式或水冷壁布置方式来减轻炉膛受热不均匀带来的影响是发展更大容量锅炉必须面对的问题。

采用锅炉大切角四角切圆燃烧技术的炉膛布置方法来减轻炉膛受热不均匀带来的影响，结合小切圆稳燃，在一定程度上满足了深度调峰的要求。当然这种技术一般用在新设计的锅炉上，对于正在运行的锅炉改造难度较大。

9）垂直浓淡燃烧器（HPAB）

垂直浓淡燃烧器如图 2-12 所示。D、E 两层燃烧器经过改造后，煤粉经过布置在煤粉管道上的煤粉分离器后，分成了浓淡两相煤粉，浓相煤粉经过两台浓相煤粉燃烧器直接入炉膛燃烧，淡相煤粉气流引到燃烧器附近水冷壁处合理位置进入炉膛，从而避免了高水分褐煤应用高一次风率的制粉系统时，一次风与相邻二次风风量不匹配的问题。在浓煤粉燃烧器喷嘴体内设导向板，用以均匀煤粉颗粒在喷嘴体内的浓度分布；在燃烧器喷口处设置有波形钝体，在钝体处形成一个稳定的回流区，回流区中的高温烟气保证每只燃烧器初期所需的着火热，使火焰稳定在一个较宽的负荷变化范围内，有利于保证及时着火及低负荷稳定燃烧；同时，浓淡两相喷口均偏离了化学当量，能有效抑制 NO_x 排放，由单独的一个喷口变成两浓一淡的两相喷口降低了单只喷口的热负荷，也能抑制 NO_x 排放和降低结渣的可能性。

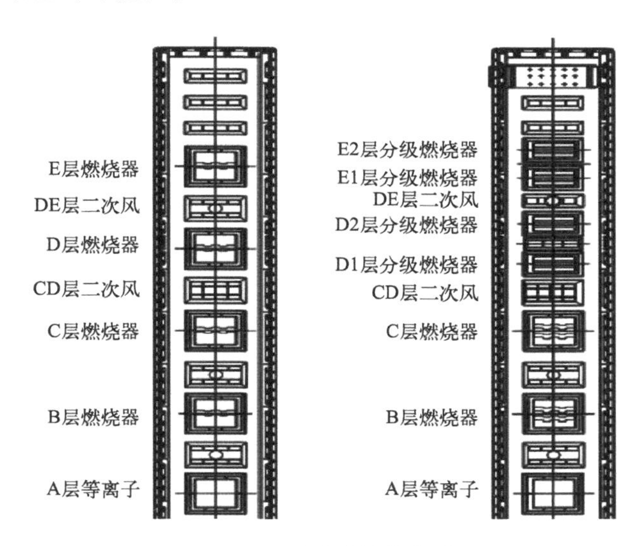

图 2-12　垂直浓淡燃烧器

同时该种燃烧器的设计已考虑耐磨、耐高温，并且机械结构上较为简单、可靠，以提供较长的使用寿命和长期连续运行的能力，简化燃烧调整和运行操作，一旦试运行期间的燃烧调整工作结束，即使运行煤质在一个较宽的范围内波动，燃烧器的设置也不需要进行任何调整，同样能获得最佳的运行性能。

10）中心富燃料燃烧器

中心富燃料燃烧器是哈尔滨锅炉厂针对深度调峰研制的新型燃烧器，并在重点实验室 30MW 锅炉进行了运行，取得了不错的效果。

通过大量的研究发现，对于高挥发分煤质，煤粉气流的最佳着火浓度普遍维持在

0.8～1.1kg/kg 之间。而锅炉在低负荷情况下，受限于制粉系统的出力及运行安全性考虑，需要多台磨运行，最少为两台磨，而单磨的出力约为最大出力的 54%，受中速磨最小通风量的限制，此时的煤粉浓度仅为 0.3kg/kg 左右。较低的煤粉浓度再加上较低的炉膛温度，将造成煤粉气流难以稳定燃烧的局面。依托哈尔滨锅炉厂特殊设计的煤粉浓缩器，保证其浓缩倍率在 2.5～4 之间可调。在低负荷工况下，80%左右的煤粉被浓缩到约 30%的风中，保证了燃烧器的中间区域煤粉浓度处于最佳的着火浓度范围内，大大提升了煤粉气流的着火及稳燃能力。大量的煤粉浓缩到中心处后，保证了煤粉稳定燃烧的热量释放量，进而能够很好地维持火焰的燃烧。此外，通过燃烧器出口处钝体的合理设计，在燃烧器的喷口中心处形成了稳定的回流区，进一步强化了煤粉气流的着火稳定性。

中心富燃料燃烧器可将煤粉浓度浓缩至最佳着火区间，配合独特设计的中心钝体结构，可以有效地强化煤粉初期着火，确保燃烧器在锅炉 20%～25%BMCR 低负荷工况的燃烧稳定。

为了验证中心富燃料的最低稳燃性能，哈尔滨锅炉厂使用本地烟煤进行试验。从燃烧器 60%负荷开始试验，逐渐降低燃烧器负荷率，直至燃烧器不能稳燃，认为该工况即为燃烧器的最低稳燃负荷。降负荷过程中保证一次风量不变。为了便于对比，试验过程中尽量保证相同负荷下两种燃烧器风量配比一致，炉膛出口烟气温度接近。以试验过程中炉膛压力波动情况和火焰电视检测画面的稳定情况作为燃烧器是否稳燃的判定依据，同时测量着火距离、炉膛烟气温度、壁面温度、尾部烟气成分以及飞灰情况，以对两种燃烧器在低负荷时的性能进行全面对比。

常规直流燃烧器依据某工程实际应用燃烧器，按实物与模型几何比例为 2∶1（热功率比例为 4∶1，模型热功率为 14MW）进行设计并制造，安装在燃烧技术中心 30MW 验证试验台上。

中心富燃料直流燃烧器按与常规直流燃烧器热功率相同进行设计并制造。试验选用着火特性优的准东煤和本地烟煤，对两种燃烧器的着火、稳燃、NO_x 排放以及飞灰等指标进行比较，试验共进行了 4 次，每种燃烧器各进行 2 次热态试验。由图 2-13 可知，相同燃料的前提下，中心富燃料燃烧器比普通燃烧器烟气温度高，表明燃烧良好；通过烟温探针测试的温度也可以看出，中心富燃料燃烧器着火特性比普通燃烧器要好。

对中心富燃料燃烧器进行数值模拟，研究数值模拟和实际运行状况的拟合，数值模拟的三维模型如图 2-14 所示（书后另见彩图）。

由模拟的速度云图与试验得到的速度云图可知，在每组对应的截取平面中，回流区的形状基本一致，所呈现的规律也基本相同。唯一的差别在于 A 平面，数值模拟结果中静止区域面积较小，试验结果中静止区域面积较大，这是由于数值模拟的结果是在同样的条件下进行的。由此可见，数值模拟结果与试验结果较为接近，数值模拟可以为燃烧器的开发提供便捷的指导工作。

中心富燃料燃烧器实际布置情况如图 2-15 所示，经过浓淡分离后，煤粉浓度得到有效提高，有利于煤粉燃烧，提高了低负荷稳燃特性。

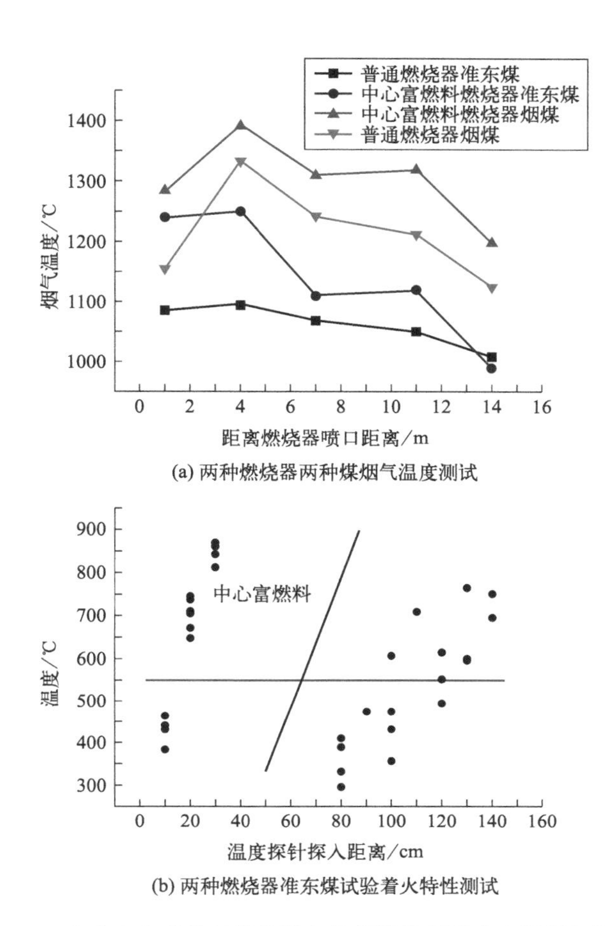

(a) 两种燃烧器两种煤烟气温度测试

(b) 两种燃烧器准东煤试验着火特性测试

图 2-13 30MW 实验中心富燃料燃烧器与常规燃烧器着火点及烟气温度测量对比

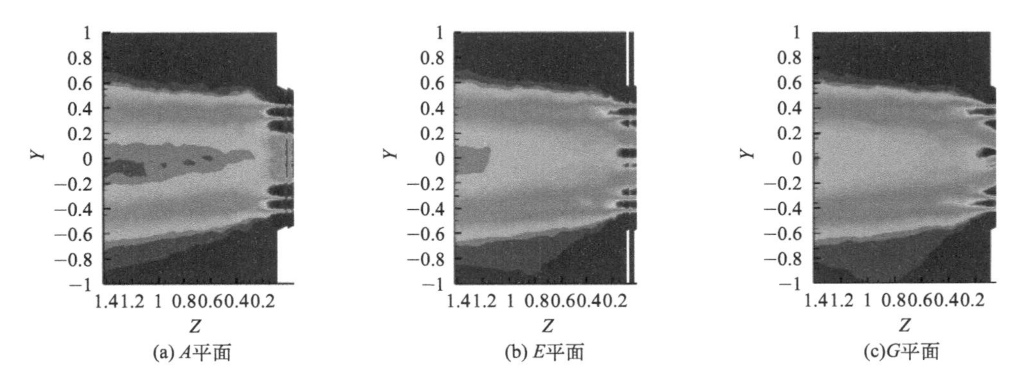

(a) A平面　(b) E平面　(c)G平面

图 2-14 中心富燃料数值模拟

11）等离子稳燃技术

等离子发生器原理如图 2-16 所示，其利用直流电将以载体风为介质、气压为 0.01～0.03MPa 的气体电离，产生功率稳定、定向流动的直流空气等离子体，该等离子体在燃烧器的一级燃烧筒中形成温度高于 5000K、梯度极大的局部高温区，煤粉颗粒通过等离子火核受到高温作用，能在 10^{-3}s 内迅速释放出大量挥发分，同时也使煤粉颗粒破裂

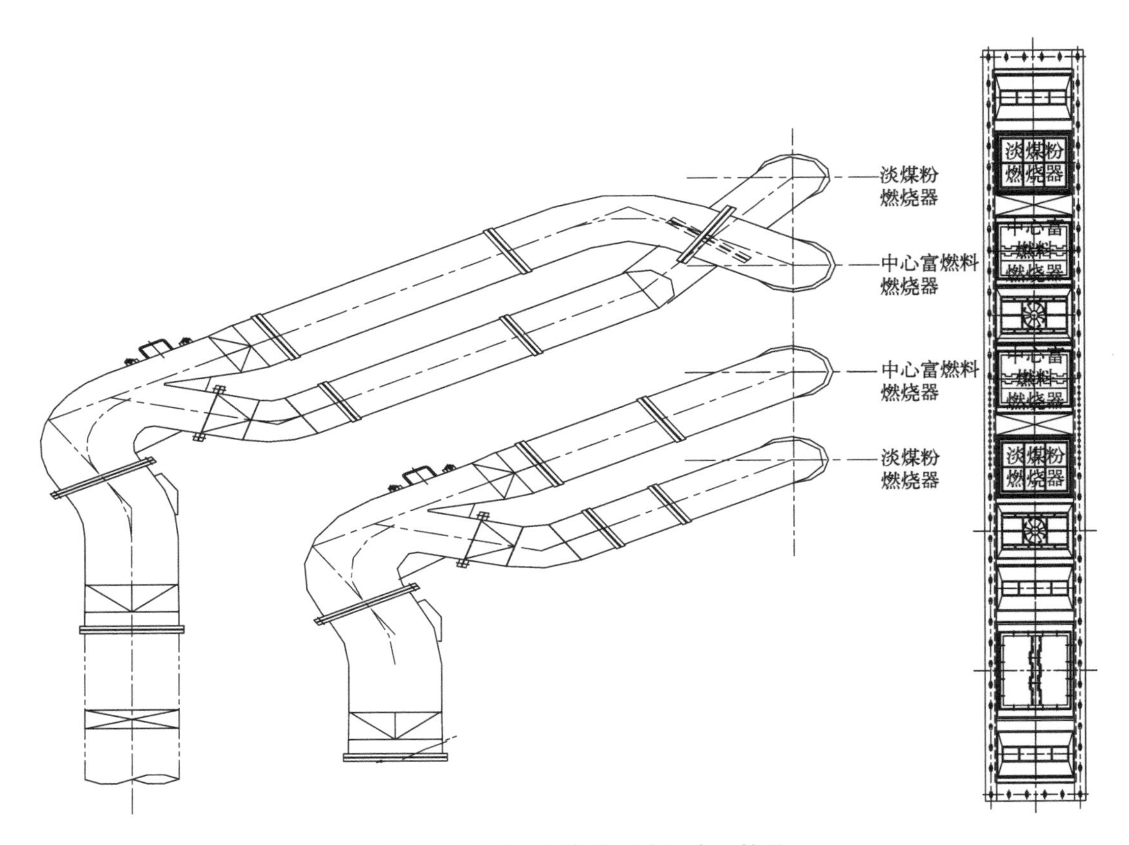

图 2-15　中心富燃料燃烧器实际布置情况

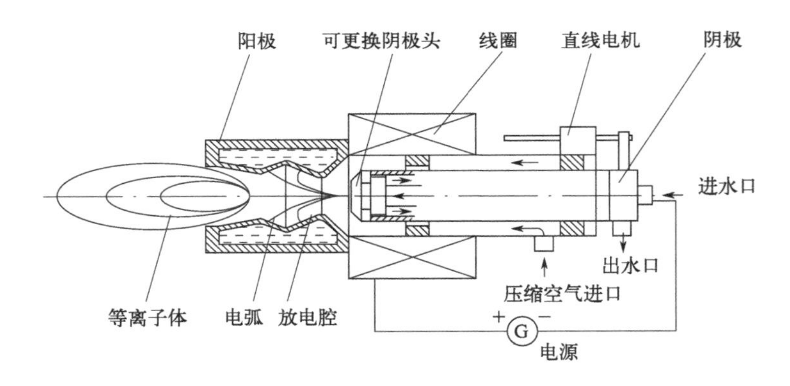

图 2-16　等离子发生器原理图

粉碎。挥发分迅速燃烧释放热量，从而使煤粉颗粒着火燃烧。

与传统的煤粉燃烧器不同，等离子点火系统借助等离子发生器产生的高温等离子体点燃煤粉，属于内燃型燃烧器。在煤粉进入燃烧器的初始阶段用高温等离子将煤粉点燃；在建立一级点火燃烧过程中，将经过浓缩的煤粉送入等离子体高温火核中心区域，高温等离子同煤粉混合，伴随热化学反应过程，提高煤粉释放的挥发分含量，强化燃烧过程；后续的煤粉在燃烧器内分级被点燃，火焰逐级放大，可在燃烧器喷嘴出形成 3～5m 长的火焰。

12）富氧燃烧技术

① 富氧微油燃烧器。该技术方案主要改造核心部件为富氧微油煤粉燃烧器，富氧点火及稳燃煤粉燃烧技术原理示意见图 2-17。

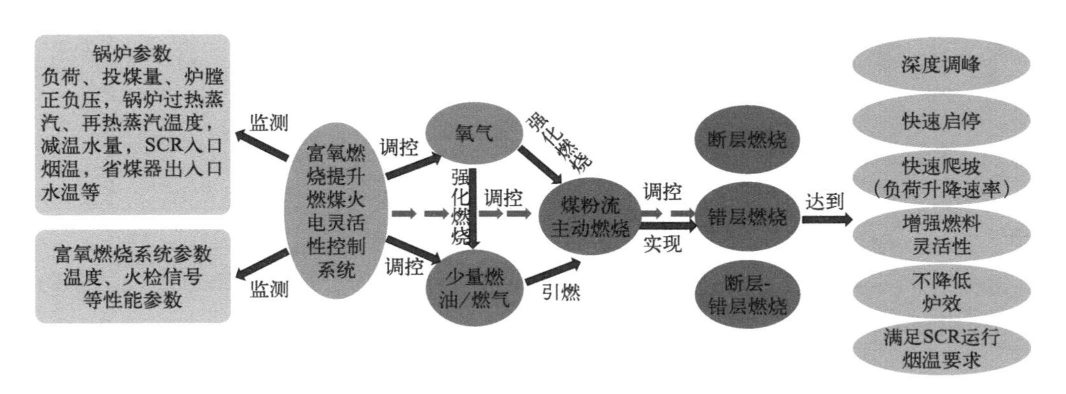

图 2-17　富氧点火及稳燃煤粉燃烧技术原理示意

该燃烧器主要是利用小空间主动控制燃烧原理，利用高纯氧气与燃油充分预混，燃烧产生高温火核，破碎并点燃小空间内的富氧煤粉流，在引燃挥发分的同时，还引燃煤质中的固定碳（在整个过程中，燃料风中的 N_2 不参与燃烧，吸收大量热量，降低了燃烧区域的温度），然后分级点燃整个一次风粉流。依托现有的微油点火技术，将富氧引入油枪雾化区、火焰燃烧区、燃烧器中心煤粉浓缩区，提高点火热源温度，改善煤粉着火及燃尽效果。

根据下层富氧微油燃烧系统参数和锅炉部分参数，主动控制燃烧，最终实现整个一次风粉流以稳定着火燃烧状态进入炉膛，不会因为炉膛热负荷过低燃烧不稳而熄火，在确保锅炉整体安全、稳定运行的前提下，实现机组深度调峰（≤30%额定负荷）功能；在启动、调试以及深度调峰过程中，根据锅炉相关参数，自动调控上层富氧微油煤粉燃烧装置相关参数。

通过灵活性一体化系统智能调节氧量、油量等运行参数，整体运行安全，控制简单易行，煤种适应性强（可适应褐煤、烟煤、贫煤、无烟煤、煤矸石等），达到燃煤火电机组灵活性技术要求。

② 富氧燃烧技术安全性评估。主要内容包括：a. 富氧燃烧系统使一次风煤粉以着火态、主动燃烧进入炉膛，确保不会因为炉膛热负荷过低导致燃烧不稳或熄火，保证锅炉运行稳定；b. 富氧燃烧技术可适应任何工况，且能保证 24h 备用；c. 富氧燃烧器采用耐高温、耐磨材质，可抵抗 900～1200℃高温；d. 液氧技术成熟，氧气系统为低压设备，低压运行，不属于重大危险源。

③ 主要技术性能。

ⅰ. 实现低负荷调峰：煤粉以提前主动燃烧状态进入炉膛，让整个锅炉煤粉不会因为炉膛热负荷过低燃烧不稳而熄火，可实现 20%负荷下燃烧器的稳定燃烧。

ⅱ. 实现快速爬坡：一次风煤粉流以多层（点）投运，可实现增加单位时间内的入炉煤量，确保机组快速提升负荷。

ⅲ. 实现 2～4h 快速启停：一次风煤粉流多层（点）投运，根据工况需求灵活调整入炉煤量，从而达到缩短锅炉启/停时间的目的。

ⅳ. 煤种适应性广泛：利用纯氧气强化煤粉中固定碳的燃烧，对煤粉挥发分含量不做要求，有效提高锅炉煤种适应性。

ⅴ. 保证 SCR 装置的高效投运：利用多层（点）的燃烧，抬高火焰中心，使烟气温度满足 SCR 投运要求（≥320℃）。

ⅵ. 能降低锅炉飞灰含碳量。

ⅶ. 同比工况不会增加 NO_x 排放：一次风粉在富氧燃烧器内提前主动着火燃烧，产生大量 CO 强还原剂，抑制并还原 NO_x，保证同比工况下不增加 NO_x 排放。

根据运行实际需求，需要论证富氧燃烧器具体的布置方位 ABCDE 或者 ABCDEF（依据机组的容量而定），布置的要求是低负荷时要考虑再热蒸汽温度和炉膛燃烧的稳定性。

布置富氧燃烧器时对应的一次风喷口要适当改造，拆除原层共 4 个燃烧器，将原燃烧器更换为富氧微油点火燃烧器，每只角配微油点火高能油枪、辅助油枪、氧气供给枪各一支。富氧微油点火燃烧器兼有主燃烧器的功能，该层原送粉系统维持不变。改造后燃烧器的平面布置见图 2-18。

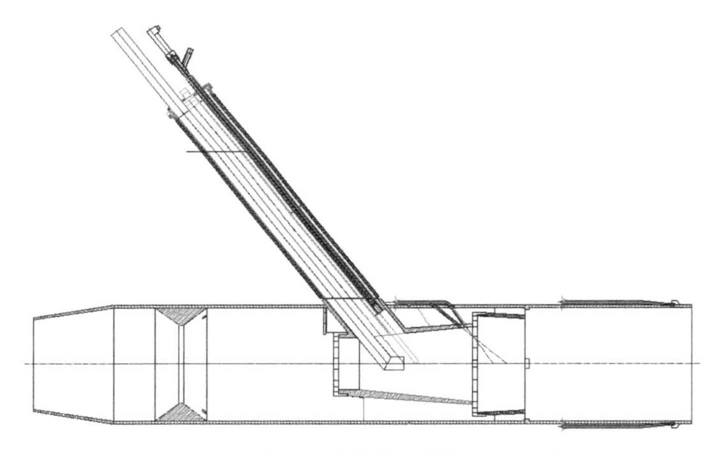

图 2-18　富氧点火及稳燃煤粉燃烧器平面布置图

富氧煤粉燃烧器三维图如图 2-19 所示。富氧煤粉燃烧器技术参数见表 2-1。

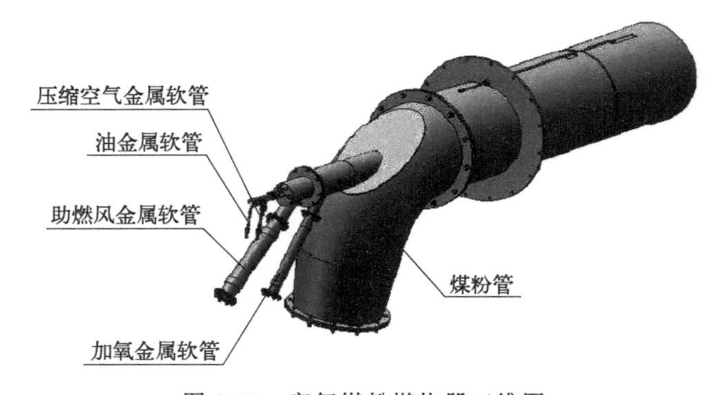

图 2-19　富氧煤粉燃烧器三维图

表 2-1　富氧煤粉燃烧器技术参数表

序号	名称		单位	数值
1	富氧微油点火及稳燃系统	煤粉浓度(煤/风)	kg/kg	0.16～0.8
		单个燃烧器燃油出力(启停)	kg/h	≤40
		单个燃烧器燃油出力(调峰)	kg/h	≤20
		煤种适应性		所有煤种
		单个燃烧器氧气出力(启停)	m^3/h	≤300
		单个燃烧器氧气出力(调峰)	m^3/h	≤150
2	燃烧器阻力		Pa	<80
3	燃烧器喷口壁温		℃	≤550
4	压缩空气出力		m^3/h	5
5	高压风(火检风或冷一次风)出力		m^3/h	50
6	调控反应时间		s	≤3
7	高能点火器	功率	W	20
		最大连续点火时间	s	30
8	内窥火检	火检检测时间	s	≤1
		反馈方式		开关量+模拟量
9	控制方式		一键启动、自动智能控制	

在富氧微油煤粉燃烧器的结构设计中，要保证其产生的气阻<80Pa，不会影响一次风送粉能力，内部材质采用耐高温、耐磨的特殊材质，短时可抵抗高温1200℃，长时间可承受高温900℃，有效避免燃烧器超温烧损；一次风粉经过燃烧器内特殊结构后，在煤粉火焰外侧形成气膜冷却风，气膜冷却风主要用于保护燃烧器壁面，防止发生燃烧器结焦以及燃烧器壁面超温烧损；采用了复合型富氧微油枪特有燃烧方式，使一次风煤粉燃烧产生的热量由中心向外扩散，能消除燃烧所产生的气障，不会影响一次风动力，且保证燃烧火焰对称、不偏移，无壁温偏差；可根据炉内燃烧工况实时自动调整燃油量、供氧量，控制喷口温度（<550℃）；在燃烧器喷口壁上对称布置两个温度监测点，采用一备一用二者取高值的方式对温度实时监测，保证燃烧器安全、稳定工作，从而防止富氧燃烧提升燃煤火电灵活性装置的磨损、烧损、结焦、超温。

④ 供氧系统设计及改造。供氧系统的设置，需要根据容量来确定，比如300MW的机组设置1台30m^3超低温真空智能储罐，该超低温真空智能储罐的作用在于储存液氧，为富氧微油煤粉燃烧器提供所需的氧气。经初步计算，超低温真空智能储罐占地面积约120m^2，其主要技术参数见表2-2。

表 2-2　超低温真空智能储罐技术参数

序号	项目	单位	数值
1	规模		公用系统
2	有效容积	m^3	30
3	换算为气态氧气最大储量	m^3	24000
4	设计压力	MPa	0.824
5	设计温度	℃	−196～60

供氧系统还需要安装氧气控制器，氧气控制器的作用在于将液氧转化为气态氧气，可根据富氧微油煤粉燃烧器系统实时耗氧量将超低温真空智能储罐内的液态氧气进行汽化，对供氧进行智能控制，保证氧气供给的“及时性、大量性、稳定性”，保证系统的安全、可控，其供氧系统结构如图 2-20 所示。氧气控制器技术参数见表 2-3。

图 2-20　供氧系统结构示意

表 2-3　氧气控制器技术参数表

序号	项目	单位	数值
1	规模		公用系统
2	氧气最大处理量	m^3/h	≤3000
3	设计压力	MPa	0.8
4	换热器设计温度	℃	−196～60
5	稳压罐设计压力	MPa	0.8
6	安全阀整定压力	MPa	0.785
7	反应时间	s	<5
8	压力波动范围	MPa	−0.05～0.05
9	控制方式	PLC 系统自动智能控制	

目前成熟的制氧工艺主要有深冷空分制氧、变压吸附制氧。其中深冷空分制氧工艺成熟，氧气纯度高，主要以液态储存，应用范围广泛，但系统复杂造价高。近些年成熟起来的变压吸附（VPSA）制氧技术利用分子筛对氧气和氮气的不同吸附能力，在两个吸附塔轮流工作下，使氧气达到吸附—解吸—存储的效果而氮气通过吸附塔后排放回大气。VPSA 制氧系统在常压下工作，设备少，系统简单，其缺点为制氧纯度最高只达 93%，但此纯度已满足电站锅炉启动点火与低负荷稳燃要求。目前 VPSA 制氧的最大

产量可达 10000m³h，制氧单耗低于 0.2 元/m³。工业变压吸附制氧工艺系统见图 2-21。

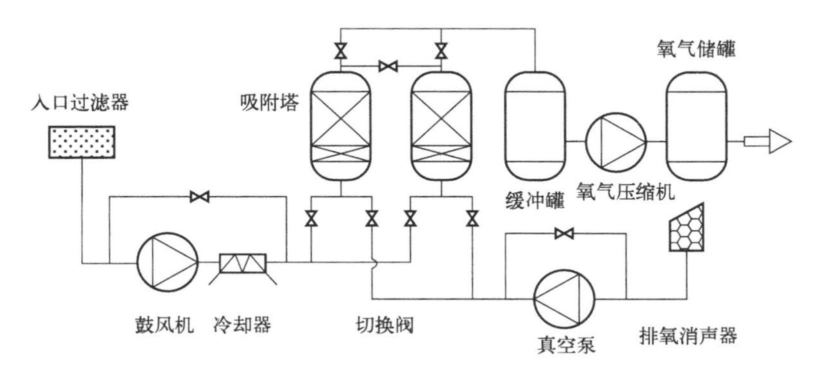

图 2-21 工业变压吸附制氧工艺系统

VPSA 制氧系统与超低温真空智能储罐系统相比，占地面积更大，但运行费用更低，便利性更优。

⑤ 燃油系统。燃油系统由微油汽化油枪、输油管路、过滤器和油角阀等组成。

富氧微油点火油系统改造过程中，对原有油系统不做任何改动，只需在原有油系统的供油母管上接出本系统即可。为了保证油质的清洁，防止堵塞，采用两级高性能的过滤器，一级过滤器采用并联可切换方式布置，过滤器的滤网可以更换。燃油系统全部采用不锈钢管，采用氩弧焊焊接工艺，系统完成后利用压缩空气进行吹扫，燃油管道与汽化油枪之间采用软管连接。燃油系统见图 2-22。

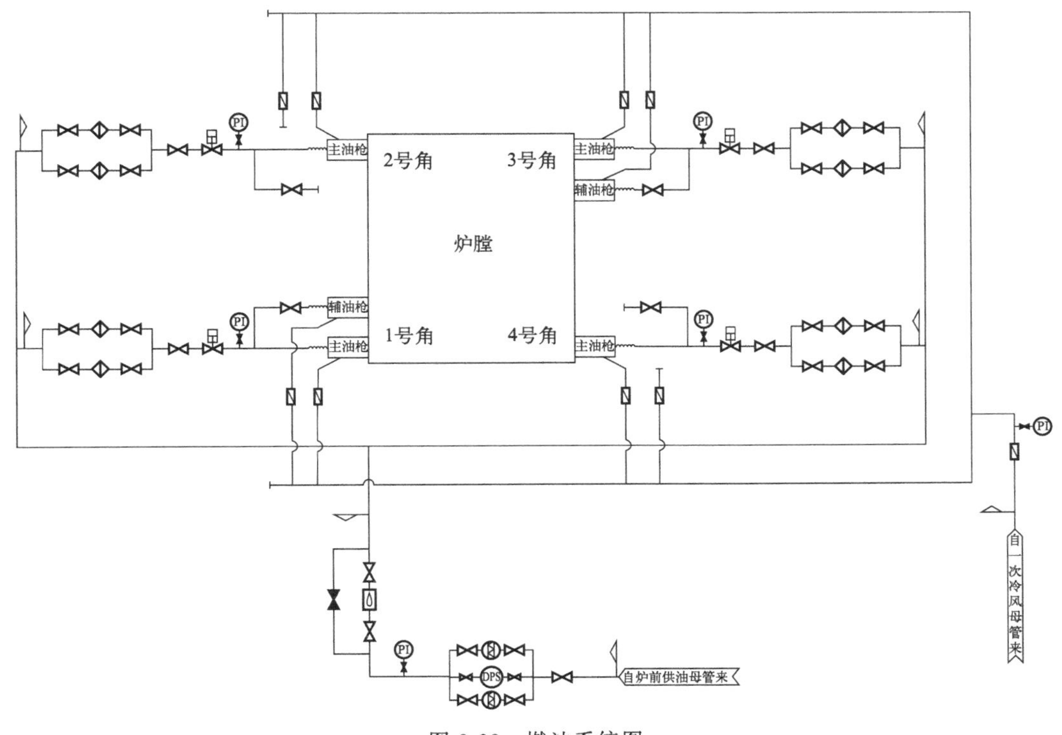

图 2-22 燃油系统图

(3) 微油点火稳燃技术

锅炉汽化小油枪点火是利用气泡雾化方式将燃油雾化成超细油滴进行燃烧，同时用燃烧产生的热量对燃油进行初期加热、扩容、后期加热，在极短的时间内完成油滴的蒸发汽化，使油枪在正常燃烧过程中直接燃烧气态燃料，从而极大提高了燃油的燃烧效率及火焰温度。火焰以超声速传播，刚性极强，呈完全透明状，中心温度高达1500℃以上。汽化小油枪燃烧形成的高温火焰和进入燃烧器的煤粉颗粒直接接触，使煤粉颗粒的特性发生变化，极高的加热速率使挥发分析出速度大大加快。煤粉颗粒温度急剧升高，发生爆裂粉碎和剧烈燃烧。然后与剩余的煤粉颗粒接触并点燃煤粉，实现了煤粉的分级燃烧。燃烧能量逐级放大，达到点火并加速煤粉燃烧的目的，大大减少了煤粉燃烧所需引燃能量，满足了锅炉启停及低负荷稳燃的需求。微油点火时煤粉燃尽率高、油枪油量小且汽化燃烧安全，锅炉启动初期即可投入电除尘设备，解决了投大油枪时烟囱“冒黑烟”的问题，有效地降低了锅炉启动中污染物排放，避免了对环境的污染。

图2-23是汽化小油枪示意图。

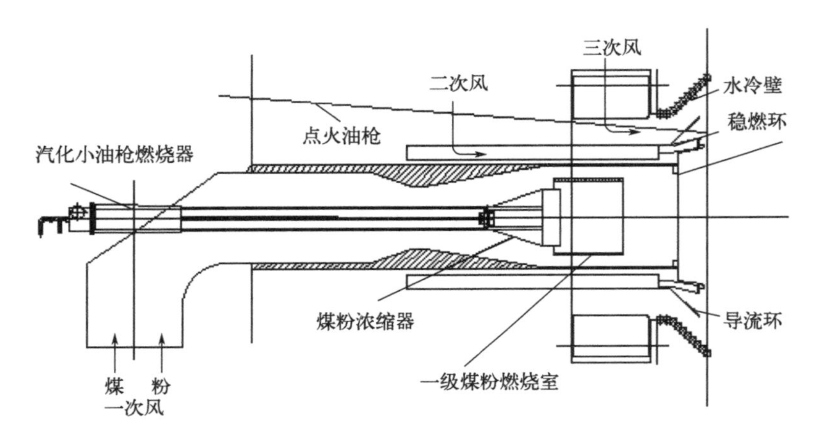

图2-23 汽化小油枪示意图

微油量汽化燃烧直接点煤粉燃烧系统由微油量点火系统、控制系统、辅助系统三部分组成。微油量点火系统由微油量汽化油枪、燃油系统、压缩空气系统、高压风系统等组成；控制系统由DCS系统和就地控制箱、火检保护系统等组成，对点火系统和送粉系统进行控制，保证锅炉安全、稳定、可靠运行；辅助系统由壁温监测系统及火焰电视系统组成。

① 微油量汽化油枪。由进油管、蒸发管、多级扩容器、喷嘴、进气管及点火装置（高压自动点火）等组成，油压0.6～0.8MPa；出力60～100kg/h。

② 压缩空气系统。主要用于点火时实现燃油雾化、正常燃烧时加速燃油汽化及补充前期燃烧需要的氧量。强化助燃风主要用于增加燃油前期燃烧所需的氧量。

③ 高压风系统。主要用于补充后期加速燃烧所需的氧量，一般为2～3kPa。

④ 壁温在线监测系统。为防止燃烧器因超温而烧损，便于运行人员进行风粉参数调整，煤粉燃烧器在一级燃烧室和二级燃烧室出口部位外壁各安装了1只热电偶，经补偿导线进入控制系统后显示在DCS画面上。壁温＞800℃时油枪跳闸。

⑤ 图像火焰监视系统。用于监视微油点火点燃的煤粉火焰。运行人员可以很直观地监视每台燃烧器的燃烧情况。为防止监视探头因炉膛高温损坏，从锅炉火检冷却风管道上引出冷却风接到探头上，如图 2-24 所示。

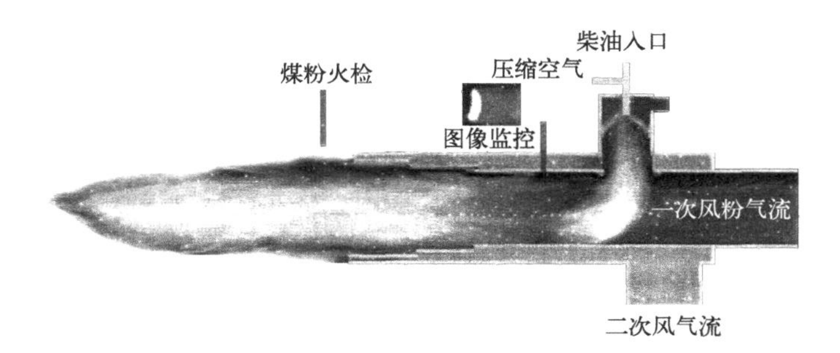

图 2-24 小油枪燃烧器示意图

以上是各种稳燃技术，它们往往相互结合、互相促进，电厂要依据现场实际情况和煤质选取适当的燃烧方式，以提高锅炉的稳燃水平。目前市场上流行的技术分为等离子燃烧、微油燃烧、富氧燃烧、富氧等离子燃烧、新型燃烧器燃烧，发电企业选择时必须认真考虑它们的优缺点，兼顾燃烧器在高、低负荷时的适应性，以及其他影响正常生产的因素，因为它们会影响今后的深度调峰是否能够安全稳定运行。各种稳燃技术对比见表 2-4。

表 2-4 各种稳燃技术对比表

项目	等离子点火技术	微油点火稳燃技术	富氧少油点火技术	富氧等离子点火技术	新型燃烧器技术
适用煤种	$V_{daf}\geqslant 25\%$	几乎所有煤种	几乎所有煤种	$A_{ad}\leqslant 40\%$，$V_{daf}\geqslant 18\%$	煤种适应因有待验证
优点	安全、环保	运行维护方便，燃尽率高，较环保	运行维护方便，燃尽率高，较环保	较安全、环保	系统简单，不借助辅助燃烧手段，实现锅炉最低负荷稳定燃烧
缺点	电极寿命较短，阴极大约200h，阳极大约500h；后期维护量大，费用较高	对控制响应速度要求高；易发生二次再燃烧；易引起脱硫浆液中毒，降低除尘效率	对控制响应速度要求高，初期投资较高	电极寿命较短，系统较复杂，初期投资大，后期维护量大，费用较高	对煤粉细度、浓度、均匀性、磨煤机运行灵活性要求高，安全性不高，后期维护量小，费用低
静态投资/万元	500	250	400	800	700

2.2.2.2 旋流燃烧器

(1) 旋流燃烧器对深度调峰的影响

机组深度调峰致使燃烧器区域壁面热负荷、炉膛容积热负荷减低，火焰冲刷水冷壁、墙壁结焦及高温腐蚀增强。

(2) 旋流燃烧器改造技术

1）适当改造燃烧器层间距

改造燃烧器的层间距，要经过多方论证，建立合适的数学模型，借助数值模拟，结合热力计算，尽量减小高低负荷之间的运行差异，防止热力太过集中，导致结焦和烧毁喷口等现象发生。

2）在顶层燃烧器上适当增加 OFA 喷口

OFA 喷口利用分级送风的方式，将主燃烧器的一部分燃烧空气分流至 OFA 喷口，可进一步降低 NO_x 的排放。通过计算机模型确定 OFA 喷口的数量、标高、尺寸，以保证分级风与上部炉膛内烟气的最佳混合。每只 OFA 喷口装有一个风量控制调风套筒，在盖板上装有传动装置，通过调节传动装置改变调风套筒的位置，以调节和均衡进入各 OFA 喷口的风量。为了控制 NO_x 排放，在锅炉满负荷时，进入 OFA 喷口的二次风量应保持最大，随着锅炉负荷降低，风量应减小，供给每只 OFA 喷口的风量应均匀，在锅炉投运初期，通过风量测量装置对每只 NO_x 喷口进行风量调平。OFA 喷口示意如图 2-25 所示。

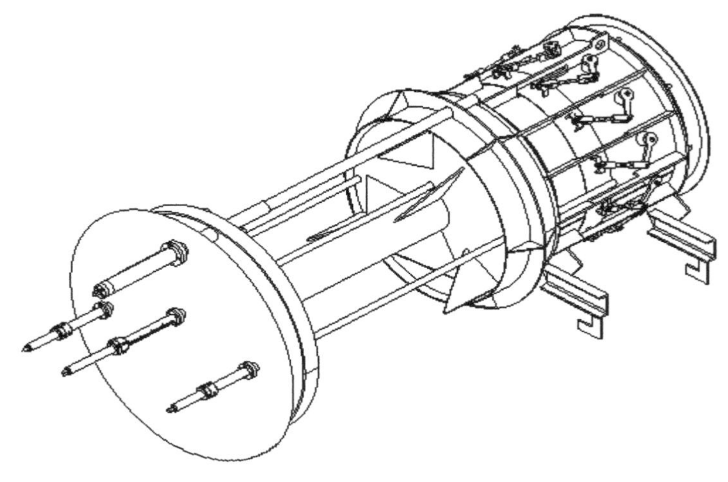

图 2-25　OFA 喷口示意图

3）采用性能优良的超低 NO_x 双调风旋流燃烧器

图 2-26 为双调风旋流燃烧器示意图，双调风旋流燃烧器内外二次风旋转气流的调节可形成满足燃烧综合要求的火焰形状和质量，有良好的着火和稳燃特性，能够保证均匀的流场和温度场，具备独特的抗结焦和抗高温腐蚀特性，有较强的煤种适应性和燃烧经济性，能够降低 NO_x 排放。

4）在燃烧器布置上适当加大外侧燃烧器与水冷壁侧墙的间距

适当加大外侧燃烧器与水冷壁的距离，有利于防止水冷壁侧墙结焦和高硫腐蚀，同时有利于集中燃烧，但是必须经过严格的论证，防止炉膛充满度不够，受热不均匀而导致受热面泄漏。

5）采用先进的燃烧系统

东方锅炉厂开发的先进的燃烧系统，采用新型环形浓淡强化分级技术，低负荷稳燃能力强，燃烧稳定高效，NO_x 排放低，煤种适应广泛。先进的高效燃尽风系统：前后

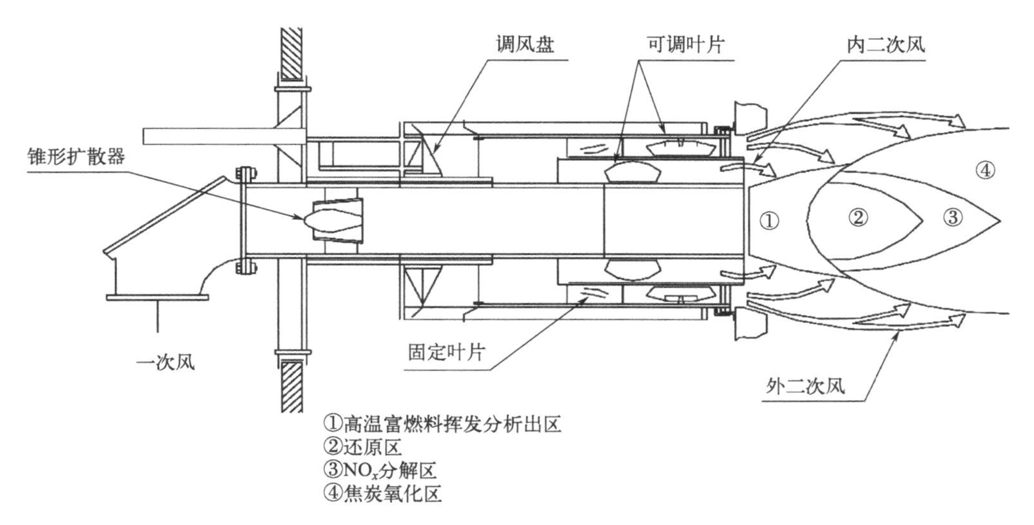

图 2-26 双调风旋流燃烧器示意图

墙高速差设计，还原区旋转气流强化 NO_x 还原和煤粉燃尽。差异化燃烧热负荷技术：延长煤粉停留时间，提高燃尽度，增强主燃区 NO_x 还原效果，降低屏底烟温防止超温。图 2-27(a) 为新型燃烧器系统实物图（书后另见彩图），图 2-27(b) 为先进的燃尽风系统示意图（书后另见彩图），图 2-27(c) 为差异化燃烧热负荷示意图（书后另见彩图）。

(a) 新型燃烧器系统实物图

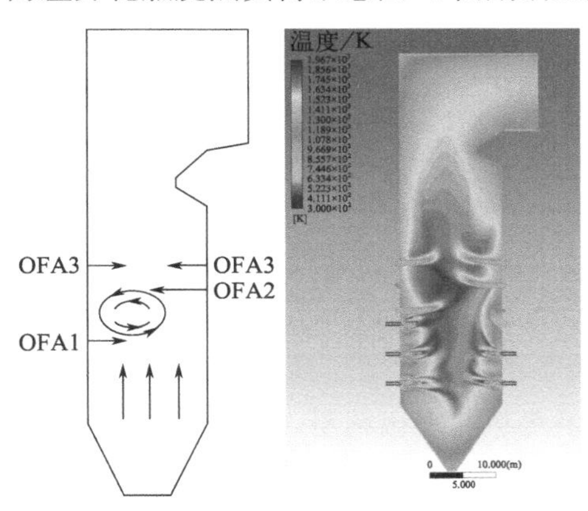

(b) 先进的燃尽风系统

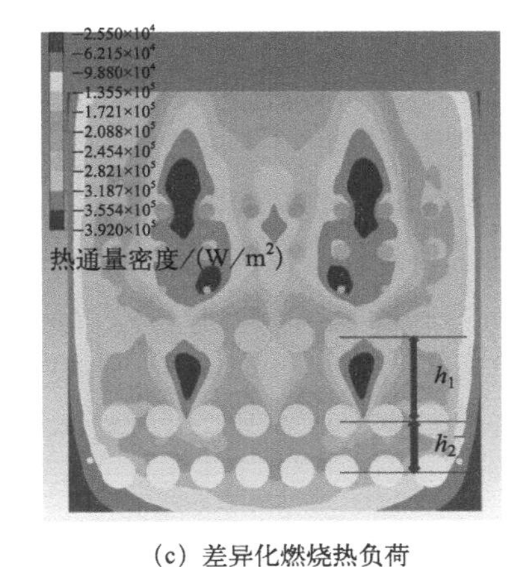

(c) 差异化燃烧热负荷

图 2-27 新型燃烧器系统

(3) 旋流燃烧器改造技术的优缺点

1) 优点

① 有效地防止炉膛结渣和降低 NO_x 排放。

② 低负荷稳燃效果增强。

③ 降低火焰冲刷墙壁引起结渣和高温腐蚀概率，保护锅炉水冷壁。

④ 锅炉安全可靠和经济高效。

2) 缺点

改造设备成本提高。

(4) 煤粉锅炉深度调峰下的锅炉燃烧优化

1) 制粉系统优化

根据运行规程，磨煤机投运不得少于2～3层。为了保证磨煤机的最小通风量，此时制粉系统的均衡性已经存在较大的差异。因此，进行制粉系统调整，确定低负荷下的经济煤粉细度、最佳风煤比及磨煤机出口温度等，优化煤粉细度和一次风配粉控制。

煤粉细度的降低对提高锅炉低负荷稳燃性能及燃烧效率非常有利，但过度降低必然导致制粉单耗的增加。煤粉经济细度是锅炉稳燃性能及热效率最高时的煤粉细度，是综合多种影响因素所确定的控制指标。针对常用煤质，在低负荷下开展煤粉经济细度的试验分析，对制粉系统进行优化运行。

制粉系统的优化分为静态分离器和动态分离器。对于静态分离器的优化稍显困难，因为在低负荷要求煤粉细度细一些，分离器挡板随煤粉细度变细而关小，分离器挡板如超出一定范围会限制制粉系统的出力，当高负荷来临时，不能满足带负荷的需求，所以静态分离器的调整要兼顾高、中、低负荷的需求。

① 磨煤机风煤比调整。低负荷风煤比过大，会导致风煤混合不良，影响煤粉的正常燃烧，使燃烧延迟，排烟温度升高；同时会增加燃料型 NO_x 的生成，给脱硝系统带来不利。低负荷时过大的一次风会稀释煤粉浓度，吹散火焰，造成燃烧不稳，风煤比更不宜控制过大。

② 磨煤机出口风温调整。低负荷磨出口风温过高会造成着火提前，燃烧器喷口结焦甚至烧损；磨煤机出口风温过低会导致屏式过热器超温，同时燃烧不完全，影响锅炉效率。通过调整磨煤机冷、热风门开度，改变磨出口风温，改善低负荷时易出现燃烧器结焦及受热面壁温超温的情况。

③ 磨组投运方式调整。针对锅炉低负荷运行，磨组的投运方式主要考虑燃烧稳定外，最大影响因素为锅炉壁温、汽温偏差、SCR入口烟温及再热蒸汽温度；低负荷下更推荐三套制粉系统运行（下层两套制粉及中层一套制粉）。

2) 燃烧优化

通过精细化燃烧调整来挖掘稳燃潜力，合理降低锅炉最低稳燃负荷，提高锅炉稳燃性能。这有利于锅炉满足低负荷生产需要，确保锅炉安全、稳定运行。

锅炉燃烧工况的好坏直接影响着锅炉稳燃性能、NO_x 排放浓度及热效率。因此，必须通过试验对氧量、燃烧器二次风配风方式、一次风量、磨组合方式、煤粉细度、煤质情况等影响锅炉经济性的主要因素进行调整、确定，以保证合适的一次风温、一次风速、一次风量、煤粉浓度、煤粉细度、氧量、配风、制粉系统运行方式以及减少炉膛尤其是空预器的漏风、消除烟道/空预器积灰等，达到既安全又经济的目的。具体步骤如下：

① 一次风优化。在不堵磨的前提下，适当降低一次风压力，调整折向挡板开度使煤粉细度变细等运行优化措施理论上可在一定程度上优化炉膛稳燃情况，具体情况应在燃烧优化过程中细化。

② 磨组优化。在确保设备可靠性的基础上，比较 3 台磨和 2 台磨运行对锅炉稳燃性能的影响，在 3 台磨能够保证机组安全低负荷运行的条件下，逐步开展双磨运行优化调整，提高机组的稳燃性能。此外，优化辅机运行方式，充分挖掘机组低负荷运行过程时辅机的节能潜力，确定辅机经济调度、合理启停，降低厂用电率。

③ 运行氧量调整。过量空气系数过小，可能会导致燃烧不充分，飞灰含碳量升高，未完全燃烧损失增大；过量空气系数过大，会导致烟气量增加，排烟损失增大。过量空气系数的调整即氧量的调整，主要是通过二次总风量的改变来实现，各燃烧器二次风门手动调节开度作为辅助调节手段。

④ 锅炉配风调整。基于低负荷稳燃的情况，尽可能地降低一次风量，在保证风速不低于燃烧器最低风速且磨煤机进出口差压不大的情况下，减小煤粉进入炉膛的刚性，保证煤粉浓度，以稳定主燃区的燃烧。通过降低一次风，增加二次风，保证合适的氧量。

⑤ 燃尽风门调整。二次风门根据煤量进行调整，燃尽风门根据负荷进行调整。低负荷下锅炉风量较大，氧量偏高，燃烧区域富氧，为降低炉膛出口 NO_x 浓度，可依据实际适当开大燃尽风门。

对于采用燃烧器对冲布置的锅炉而言，低负荷运行下容易出现炉内火焰不对称分布现象，造成炉膛出口烟温偏差及热负荷分布不均等问题，通过优化燃烧器运行位置及数量，以缓解该问题。应用某种旋流煤粉燃烧器锅炉的研究表明，增大旋流叶片角度能够强化回流区卷吸高温烟气的效果，使燃烧器出口区域温度达到 1200℃以上，火检信号稳定，炉内负压波动降低（±100Pa 内），有利于提升机组的低负荷稳燃性能。在挖掘机组调峰性能方面，结合减小一次风速、增大旋流强度、提高二次风速及降低煤粉细度，能够实现 30%负荷下的稳定燃烧。

综上所述，调整中的一个重要核心内容是对风煤比的调节，适当的风煤比，不仅可以促进煤粉燃尽提高锅炉效率，还可以降低 NO_x 生成，以及根据负荷情况，调整炉内火焰中心位置、着火点远近等。

从目前国内同类型机组的改造运行业绩来看，国电投清河电厂、国电庄河电厂、华能营口电厂、江苏利港电厂、华能秦岭电厂等机组在深度调峰过程中均对燃烧进行了精细化优化调整，提高低负荷稳燃性能，从优化调整后的效果来看，稳燃性能明显提升。此外，考虑到煤质以及运行负荷的波动性，该方案在安全可靠性上相对较差，国内大多数同类型机组都采取了增设稳燃装置等措施。

2.2.3 循环流化床锅炉

2.2.3.1 风帽的改造技术

风帽是循环流化床锅炉实现均匀布风及维持炉内合理气固两相流动和锅炉安全经济运行的关键部件。随着流化床锅炉技术的不断发展，流化床经历了从鼓泡床到流化床、从小型化到大型化、从低参数到高参数的发展过程，具体从风帽的发展来讲，风帽的形式主要有猪尾巴风帽、定向风帽、剑形风帽、钟罩形风帽四种类型，如图 2-28 所示，随着科技的发展和技术不断更新，目前市场上使用的风帽主要有剑形风帽和钟罩形风帽居多。

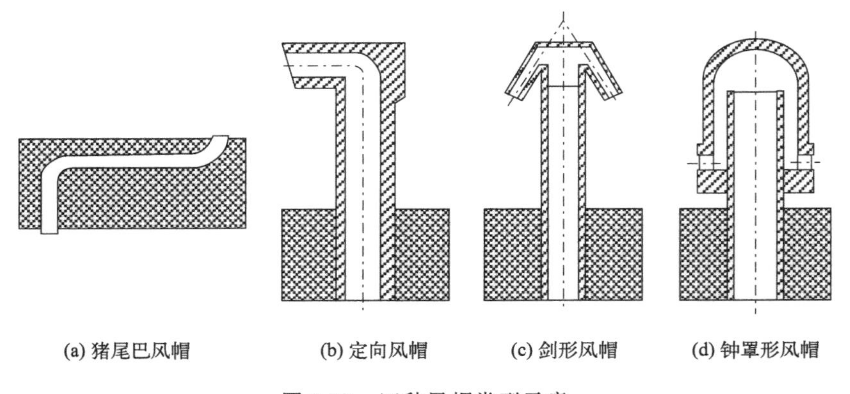

图 2-28　四种风帽类型示意

目前大型流化床锅炉主要使用钟罩形风帽，就以钟罩形风帽为例，介绍风帽改造的一些理念。

随着深度调峰的深入，风帽的问题会更加凸显，在大负荷时表现不太突出，在小负荷时风量下降，阻力特性变得不均匀，本身风帽由于安装、运行、检修、工作环境等原因影响，存在外罩小孔磨损和堵塞、外罩破裂、内芯管断裂和脱落错位等问题，尤其磨损发生后产生布风板阻力分区，即某些区域阻力小、风量大，风帽磨损加重；某些区域阻力大、风量小，出现流化死区甚至结焦，为了避免发生结焦，运行人员往往采用大风量运行，又加剧了其他区域风帽的磨损。

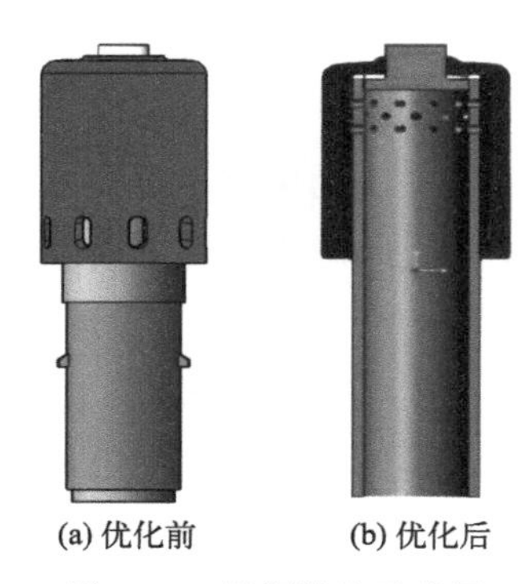

图 2-29　风帽结构示意图

优化风帽设计，使布风更为均匀，减少局部的高温区，可有效降低 NO_x 原始排放，减少脱硝用的氨耗量。布风板四周风帽采用大风量风帽，加大对贴壁下降流的扰动，利于提高流化质量，提高床温均匀性。风帽使用无缝钢管式芯管，在钟罩顶部焊接固定的最新风帽结构，不但能增加风帽芯管的韧性，防止断裂，还方便钟罩的检修更换。具体布置如图 2-29 所示。

该型风帽具有以下优势：

① 外部结构与原风帽类似，更换后炉内流场更接近设

计值。

② 取消套管，风帽检修更加方便。

③ 钟罩采用顶部周焊，相对原钟罩更加牢固，钟罩可自由向下膨胀，能有效防止破裂、脱落。

④ 钟罩单独更换时较原风帽更方便，焊口在上，更易于施焊。

⑤ 风帽采用精密铸件，确保了风帽尺寸满足设计要求，以达到设计使用效果。

更换风帽后，四周风帽比炉膛中间风帽阻力进一步优化，布风板总阻力略有调整，不影响一次风机的电耗。更换风帽部分的布风板耐火耐磨材料需拆除，待新风帽安装上后重新敷设。

2.2.3.2 布风板进风方式

一次风进风系统、布风板和风帽是循环流化床锅炉的重要组成部分，影响着锅炉燃烧和污染物的排放，尤其低负荷时阻力特性的优劣会直接决定锅炉是否能够安全稳定运行，阻力均匀分布显得尤为重要，其实影响阻力的因素很多，最为主要的是布风板和风帽的结构、返料和布煤的结构和运行特性、炉膛结构和边壁流等。其中进风方式是最为直接的影响因素，如果进风较为均匀会使得锅炉流化更趋均匀，燃烧更趋优化，安全性和经济性得以提高。

目前循环流化床锅炉一次风主流进风方式分为底部进风、后墙进风和侧面进风。为了探讨进风方式对流化均匀性的影响，研究者通过数值模拟的形式对三种不同进风方式进行了数学建模以及分析计算。得出了三种进风方式模拟结果，如图 2-30～图 2-32 所示。

图 2-30 给出了底部进风方式下速度、压力和动能分布。在布风板底部、主进风口附近形成较大的回流区，导致此区域压力降低。

图 2-31 给出了侧面进风方式下系统内部流动特性分布。在这种进风方式下，一次风进入风箱后，以很高的速度同另一侧的一次风在对称面附近对吹形成很高的速度和压力区域，而在其他区域为低压和低速区域。湍动能分布的不均匀性要大于底部进风方式，因此其流化均匀性要比底部进风方式差。

图 2-32 为后侧进风方式下速度、压力和动能分布。可以看到后侧进风方式下，压力在布风板下的分布要比前两者均匀，但仍然存在一定的分布不均匀性，比如在风箱前侧会形成局部高压和高速区域。降低入口一次风流速会相应地减小这种分布的不均匀性，因此采用更多的进风口方式将会缓解压力分布的不均匀性。针对后侧进风方式，中国科学院工程热物理研究所开发设计了后侧多进风口对冲布置和非对冲布置超临界循环流化床锅炉，并开展了相关研究。

图 2-33～图 2-35 综合比较了三种进风方式下，布风板上侧速度和压力分布。对于底部进风，通过速度沿炉膛纵向分布曲线可以计算出最大和最小速度差为 2.0m/s，相对应，侧面进风为 4.5m/s，后侧进风为 0.5m/s。很明显后侧进风方式下，速度分布均匀性要远远好于底部和侧面进风方式。虽然模拟带有一定的经验，但是其趋势比较好地反映了进风方式对均匀性的影响，为我们深度调峰提供了一定的技术支持。

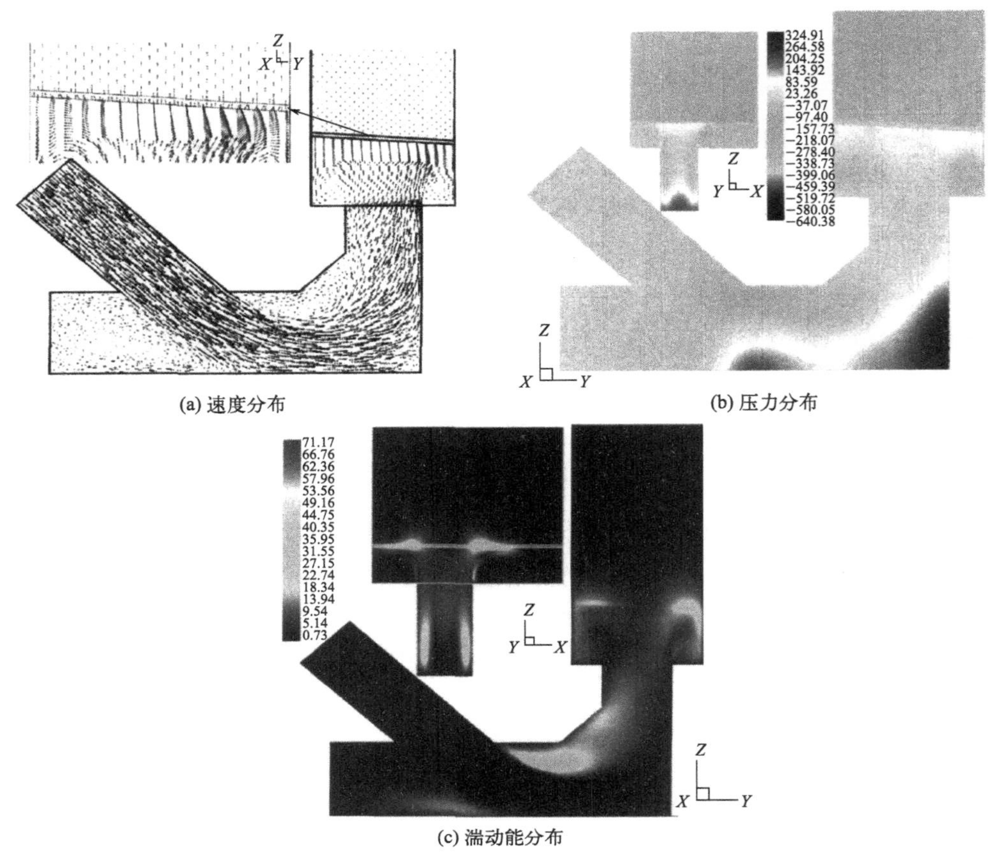

(a) 速度分布　(b) 压力分布

(c) 湍动能分布

图 2-30　底部进风结构计算结果

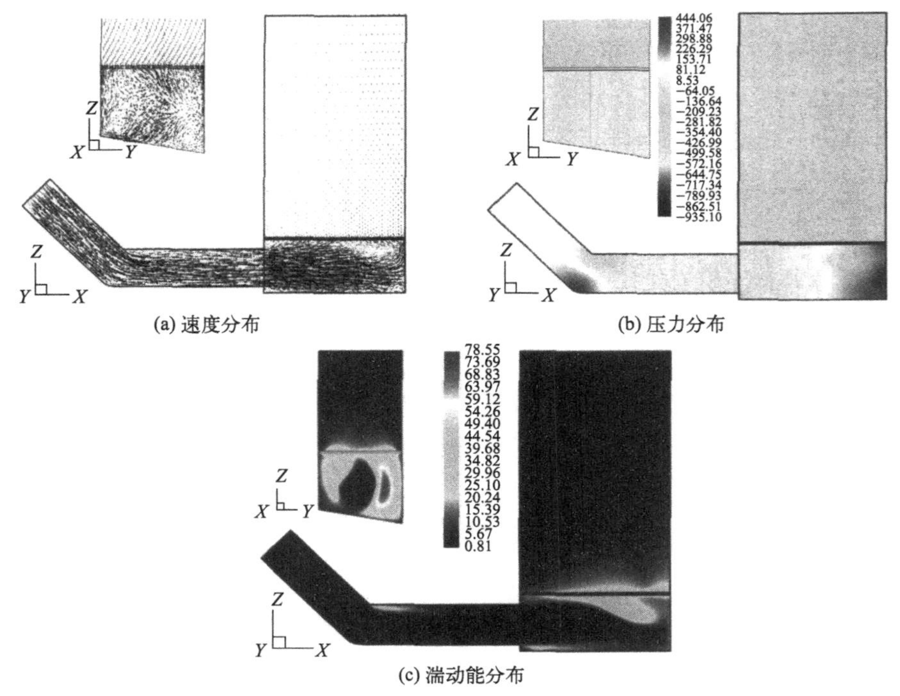

(a) 速度分布　(b) 压力分布

(c) 湍动能分布

图 2-31　侧面进风结构计算结果

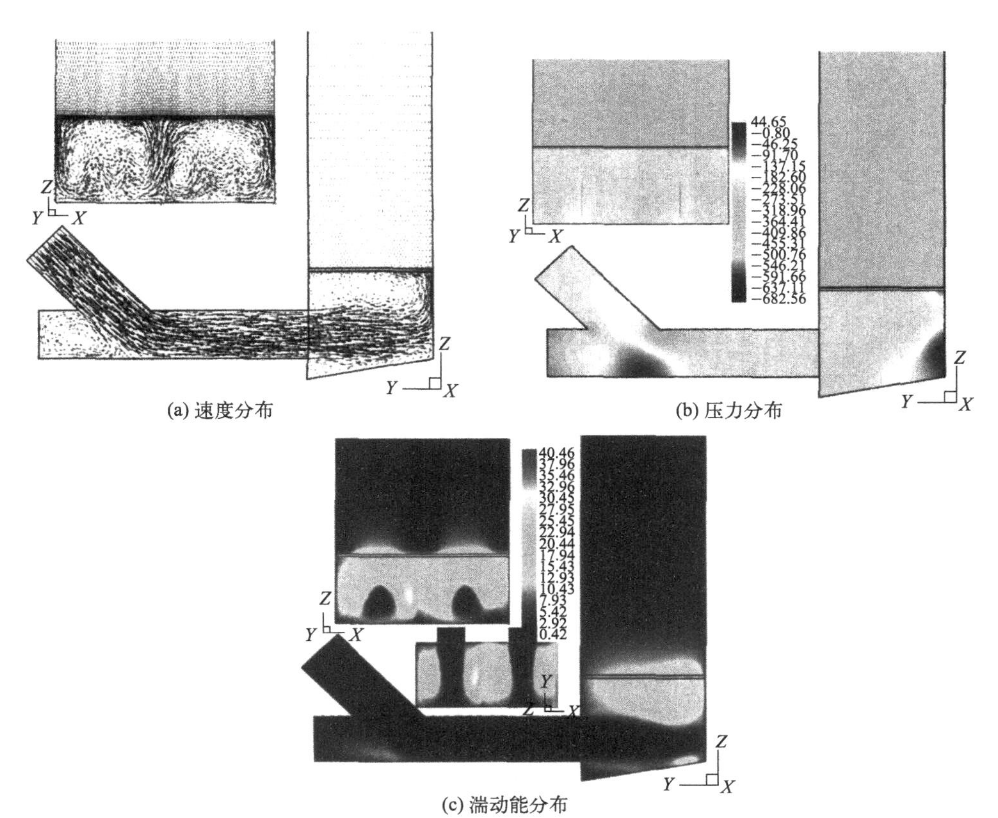

(a) 速度分布　(b) 压力分布　(c) 湍动能分布

图 2-32　后侧进风结构计算结果

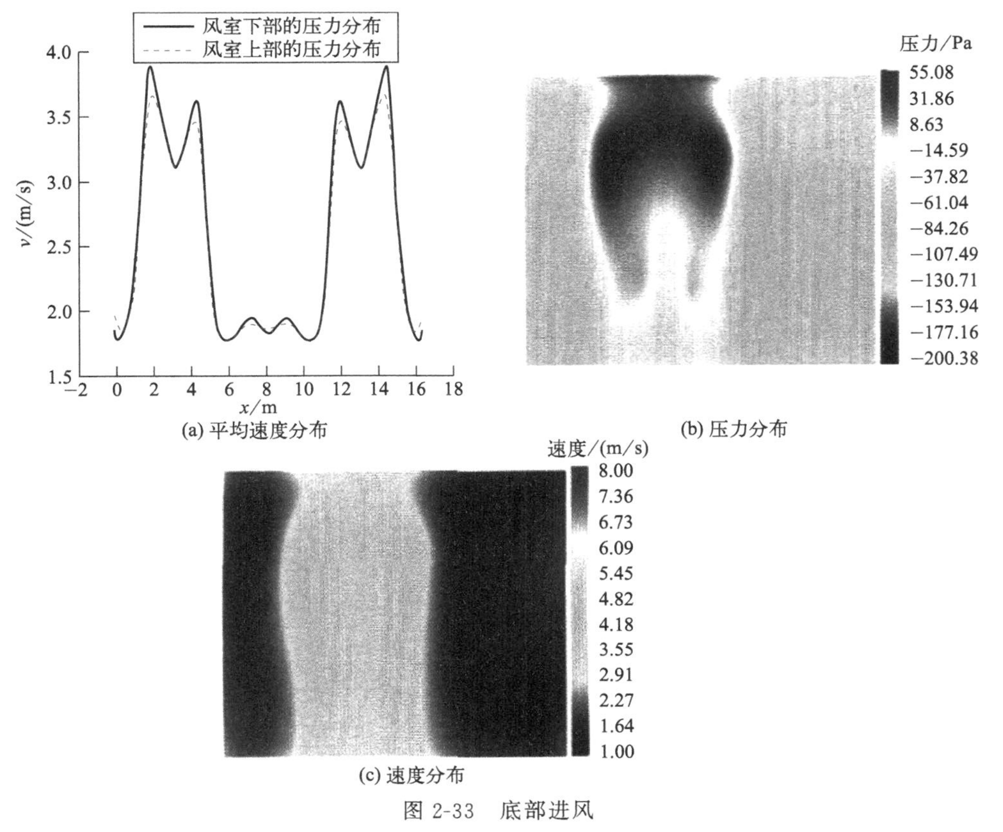

(a) 平均速度分布　(b) 压力分布　(c) 速度分布

图 2-33　底部进风

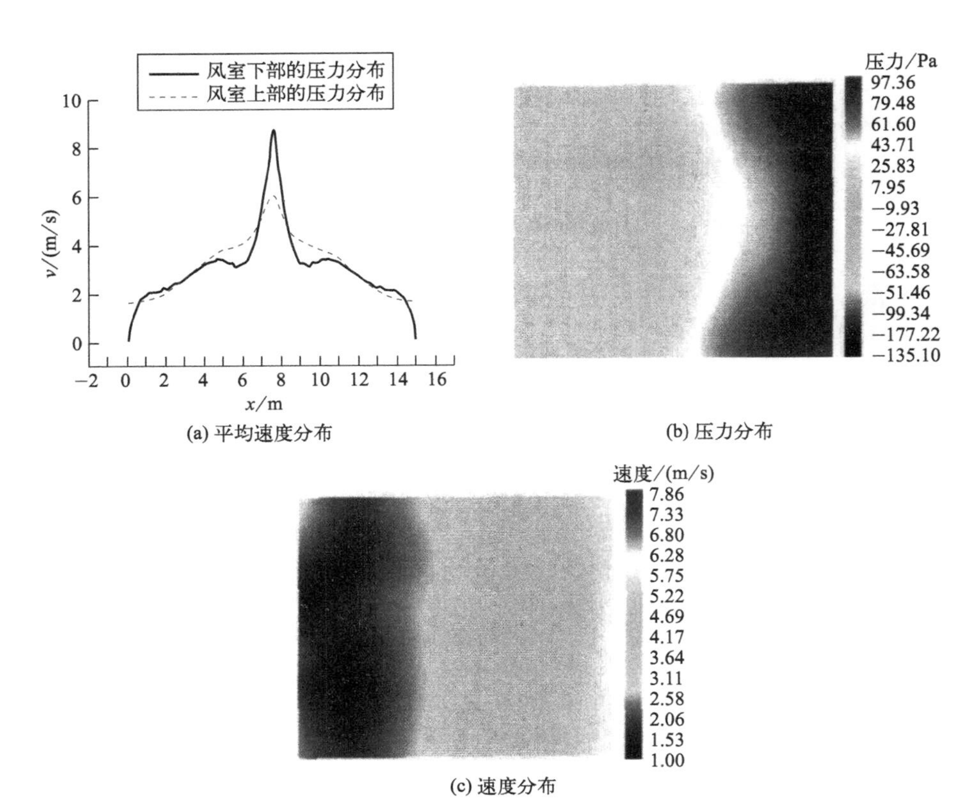

(a) 平均速度分布

(b) 压力分布

(c) 速度分布

图 2-34　侧面进风

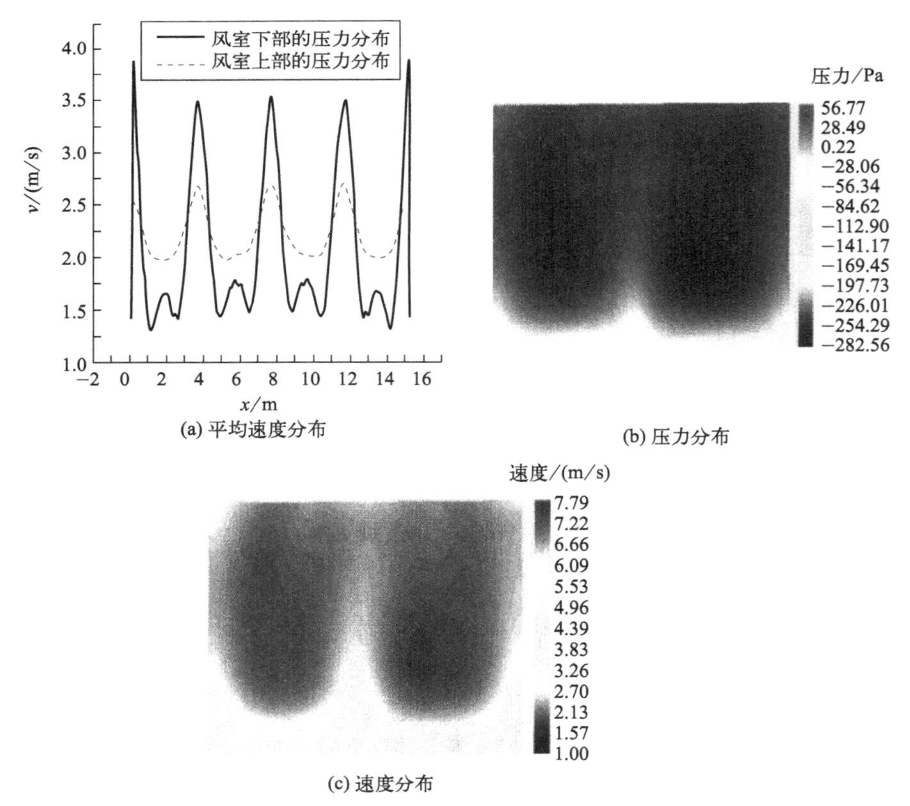

(a) 平均速度分布

(b) 压力分布

(c) 速度分布

图 2-35　后侧进风

2.2.3.3 布风板改造

在满足流化安全的前提下，为了降低锅炉负荷，需进一步降低一次流化风量，因此对布风板面积进行优化。

根据一次风、二次风配比可知，一次风占比降低 10%，则最小流化风量可降低 20%。早期 330MW 等级 CFB 机组的一次风、二次风配比多为 50%∶50%、40%∶60%，低负荷时，一次风量的占比会发生质的改变，在 30%负荷率时会反转为 70%∶30%，违反了燃烧理念，所以适当的改造是很有必要的，改造要依据现场试验，经过理论计算是否需拆除炉膛前后风帽，如要拆除，沿拆除风帽到下二次风下沿浇筑成斜坡，从而减小布风板面积，如图 2-36 所示。流化风速不变的情况下，将一次风、二次风配比调整为 40%∶60%或 30%∶70%，能有效降低流化风量，强化分级燃烧，从而降低 NO_x 原始生成。

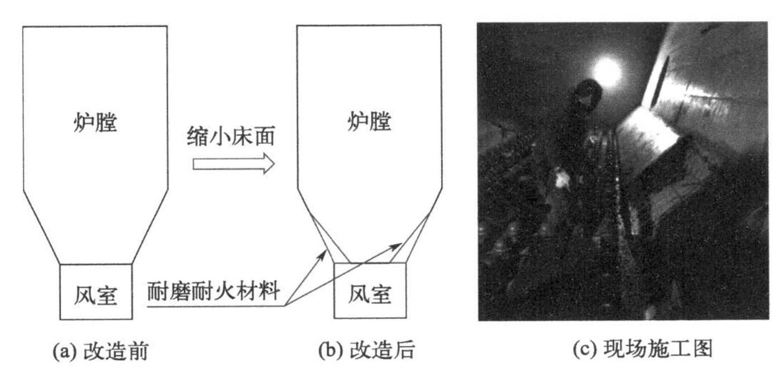

图 2-36　布风板改造示意

为了减小流化死区，对布风板四角以及返料口进行针对性调整，优化布风板阻力和流化风量，实现分区布置，有利于减少 NO_x 排放，提高了机组运行的安全性，如图 2-37 所示。

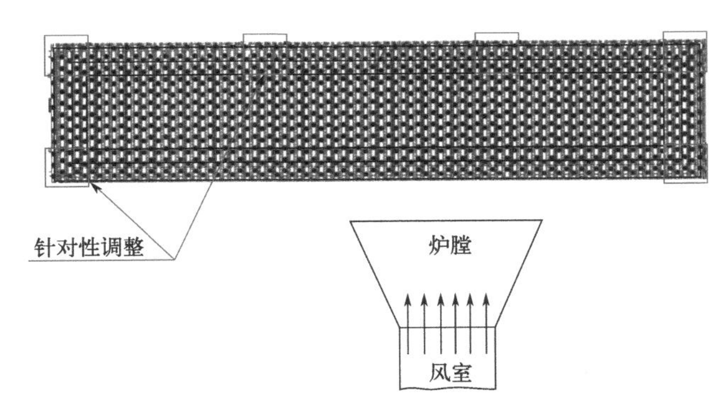

图 2-37　布风板分区布置

锅炉进料系统采用前墙给煤、后墙排渣、两侧进风的布置方式，运行中前后墙与两侧墙流化偏弱，流化床中心区域流化较强。针对此情况，将流化床分 3 个区域并选取 3 种不同规格的节流环按“回”字形布置在风帽进风口处，如图 2-38 所示为某 300MW 机组布风板布置图（书后另见彩图），由中心至四周安装的节流环流通直径逐渐增大，按 3 个区域布置以平衡布风板的风量保持一致，从而提高布风板阻力并达到平衡布风板阻力效果，使布风更均匀。锅炉机组改造后，一次流化风量 380km^3/h 对应的热一次风温 245℃时的布风板阻力提高了 2231Pa（原为 4184Pa）。锅炉在 50%负荷下运行时，流化床前后平均温差由 126.8℃降至 27.2℃，锅炉流化更均匀。

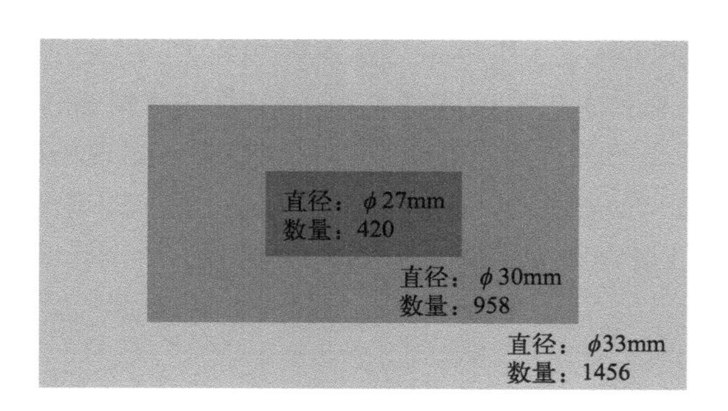

图 2-38　某 300MW 机组布风板布置图

2.2.3.4　增加烟气再循环系统

低负荷时为了保证炉膛床料的良好流化，炉底一次风不能低于流化所需最小风量，这就导致低负荷时炉底一次风量远大于燃烧所需的一次风量，难以实现降低 NO_x 排放要求的低氧燃烧。另外，低负荷下炉膛出口烟温偏低，SNCR 脱硝效率低，NO_x 原始排放高，难以达到 NO_x 超低排放要求。

烟气再循环技术也是一种适合 CFB 锅炉低负荷运行的 NO_x 控制技术。将引风机出口的洁净烟气引回，经过增压后作为炉底一次风用，在不降低流化质量的情况下，可以有效降低入炉氧量，实现低氧燃烧，降低 NO_x 的生成，减小低负荷下脱硝系统的压力。CFB 低负荷运行阶段，由于存在最低流化风量、二次风口防烧损等基本要求，使密相区氧量有较大富余，通过烟气再循环可获得低负荷下低氮燃烧氧量的理想匹配，料层以欠氧模式充分流化。同时，烟气再循环的欠氧缓燃能力适度推迟了燃尽，上部烟温有一定提高，可解决低负荷时 SNCR 区域烟温不足的问题。高负荷下，烟气再循环系统根据实际情况切除或者投入。若不切除须适当减小再循环烟气量，同时适当减小运行氧量，以减小锅炉烟气量，降低受热面磨损，同时也降低烟气阻力和排烟温度。

烟气再循环只在低负荷下运行，而且只是替代空气作为流化风用，所以它不会带来烟气量的增加，对炉内烟气流速不产生影响，也就不会带来额外磨损问题。

再循环烟气有两种连接方案：方案一是设置再循环风机，烟气经增压后接入一次风机入口风道（图 2-39）；方案二是设置再循环风机，烟气经增压后接入一次风预热器出口风道（图 2-40）。

一般推荐采用方案一，优点如下：a. 可以利用一次风机压升降低烟气再循环风机的压头；b. 烟气再循环风机故障时可以通过调节一次风机入口风量保证进入锅炉的一次风量；c. 便于安装烟气再循环风道，避免方案二带来的不利影响，保证运行的可靠性。但由于再循环烟气中含有灰尘和酸性气体，长期运行可能会对一次风机产生磨损和

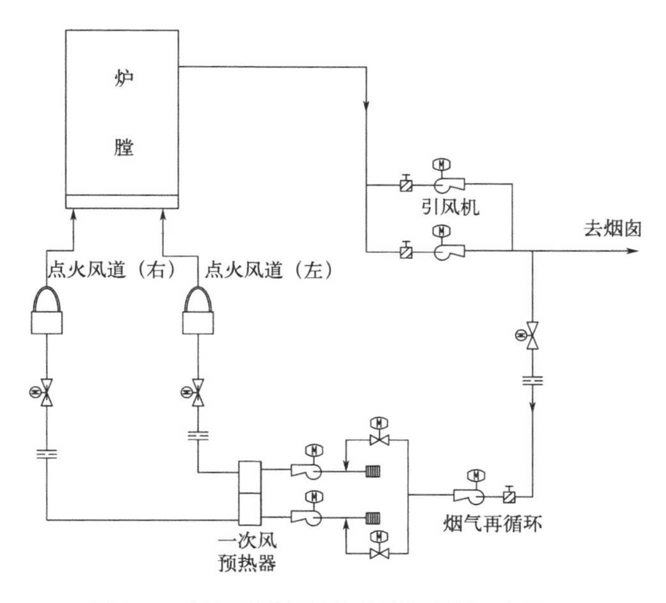

图 2-39　烟气再循环系统典型示意图（方案一）

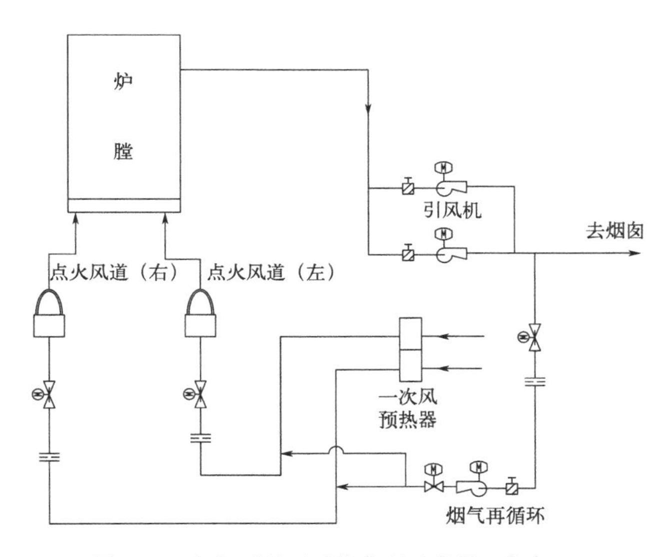

图 2-40　烟气再循环系统典型示意图（方案二）

腐蚀，故需对一次风机进行防腐及喷涂处理。

方案二从理论上讲是优于方案一的，减轻了对风机的腐蚀，但改造项目会受到空间位置影响，可能空间位置不允许；同时设置在空气预热器出口的话，对增压风机压头要求较高，又是高温烟气，对风机的选型和要求较高，尤其是风机的油封要考虑耐高温；从安全上来讲采用方案二如果增压风机跳闸会导致一次风量下降，容易引起锅炉 MFT 保护动作，而对于方案一即使增压风机跳闸对于一次风量不会有大的影响，不会影响锅炉的安全运行。

投入烟气再循环系统后，调峰深度会更加深入，某厂 300MW 机组改造后可由 30%降至 20%，运行参数见表 2-5。由表 2-5 可知，在降负荷动态工况下，一次流化风量始终控制在180km³/h以上，保证流化安全；为补充燃烧所需氧量，提高二次风量，下二次风管的最低冷却风量得到保障，避免了超温和开焊漏灰问题；低负荷流化异常时，可通过改变烟气再循环量提高一次流化风量。

表2-5　烟气再循环改造后运行参数

项目	单位	数据		
		工况一(95MW)	工况二(95MW)	工况一(69MW)
烟气再循环量	km³/h	60	101	133
一次流化风量	km³/h	200	195	182
二次风量	km³/h	30	55	6
煤量	t/h	75	74	47
主蒸汽温度	℃	521	527	503
再热蒸汽温度	℃	497	506	473
给水温度	℃	210	210	195
排烟温度	℃	116	119	128
炉膛差压	kPa	0.25	0.24	0.26

2.2.3.5　破碎筛分系统优化

大多数循环流化床锅炉燃煤粒度在10mm以下，如果破碎机入料粒度为200mm，破碎比应达到20，只采用一级破碎效率低，故燃用原煤的电厂一般设置两级破碎机。当电厂燃用商品煤或入厂煤粒度较小时，也可不设一级破碎机。循环流化床锅炉电厂输煤系统一级破碎机选用与常规电厂类似，并无特殊要求。在二级破碎机选择上，则要根据入厂煤的特性而定。燃煤含水量大是造成堵煤的主要原因，故建议有条件的电厂设置干煤棚。特别是在南方多雨地区更应增加干煤棚储量，这对电厂的运行大有好处。根据《大中型火力发电厂设计规范》(GB 50660—2011)：电厂所在地区年平均降雨量小于500mm时，可不设干煤储存设施；所在地区年平均降雨量大于或等于500mm且小于1000mm时，可按对应机组3日的耗煤量设置干煤贮存设施；所在地区年平均降雨量不小于1000mm时，可按对应5～10日的耗煤量设置干煤贮存设施，对入厂煤水分有可能较大的电厂，宜设适当的晾干场地。

破碎筛分系统应根据煤的燃烧特性、含水量、杂质含量、矿物质含量以及抗破碎性等因素，结合破碎筛分设备特性及成品煤粒度要求、锅炉结构统一考虑，还应考虑投资、电厂检修运行水平及设备配套、备品备件供应以及煤源条件，最终目的是达到系统和锅炉的合理匹配，保证机组安全经济运行。

煤制备系统的选择应避免颗粒已合格的煤过破碎，入炉煤中过多的细颗粒会使燃用难燃煤种的锅炉飞灰可燃物含量升高、燃烧效率下降。一般煤的燃烧性能可根据挥发分含量和灰分判断，在此基础上制定对成品煤的粒度分布要求，对于煤矸石、石煤、油页岩等特殊燃料的燃烧性能则需要进行燃料燃尽指数测定，甚至进行试烧试验，根据试验结果再选择合适的成品煤粒度分布及破碎筛分设备型式。

要保证锅炉入炉煤的合格稳定，应综合考虑相关设备的选型和布置，保证各设备出力匹配、效率最佳。实际运行中每一级设备的运行状况，都会对下一级设备乃至整个系统的运行造成影响，因此对破碎筛分设备的维护保养尤为重要。应经常检查筛分设备的筛孔是否堵塞并及时清理，以免影响筛分效率和设备出力，减小其对下一级设备正常运行的不利影响。可根据破碎后煤的粒度，判断分析破碎机锤头磨损情况，在设备备用时及时更换，并根据煤源及上一级来煤的粒度、水分等情况，合理调节破碎机破碎板与锤头的间隙，使之在较为理想的工况下运行，减轻锤头磨损，保证破碎机出料合格，满足锅炉运行需要。

合格的入炉煤粒度分布需要设计良好的破碎筛分系统来保证，其中，选择可靠、高效率设备十分关键。筛分设备应达到以下目的：a. 合理设计、合理选型，节约投资；b. 避免煤的过度破碎；c. 减小锤头、筛网等的磨损量；d. 降低能耗。在系统设计上，一般考虑两级筛分，必要时甚至可以设置三级筛分系统，对于无法破碎的石头等杂物，必须考虑利用筛分装置将其隔离在锅炉之外。

燃煤按照煤化程度可分为无烟煤、烟煤、贫煤、褐煤等。无烟煤煤化程度最高，抗破碎性能好，燃烧时不易着火，化学反应性弱；褐煤煤化程度最低，是最低品位的煤，含水量大，比较松散，易于破碎；烟煤的煤化程度及抗破碎性能介于无烟煤和褐煤之间。另外，燃煤中矿物含量对燃煤的物理特性也有较大影响，高岭石、水云石和蒙脱石等矿物质含量较高时，会增加燃煤的黏度，即使在含水量不大的情况下也容易产生黏结。许多机组筹建时为节省投资没有建设大型干煤棚，为降低燃煤成本很多电厂燃用带有较大水分的煤泥、洗中煤。许多循环流化床锅炉没有设置筛分设备或筛分设备易堵，原煤未经有效筛分就直接破碎，在原煤粒度较小时存在严重的过破碎现象。

2.2.3.6 筛分布料一体破碎系统优化与应用

当来料粒度适宜时，也可采用筛分布料一体破碎系统简化设计。筛分布料一体破碎机由筛分破碎机和正弦叶轮布料器两部分组成（见图 2-41），工作时对物料同时具有筛分、布料、破碎三种功能。当物料进入设备上段即正旋叶轮布料器后，在叶轮和筛子的作用下均匀布料、自动筛分，粒度合格的物料通过筛面下部和筛分布料一体破碎机的旁路直接进入成品通道，不合格的物料均匀进入设备下段筛分破碎机的破碎腔。物料在破碎腔内受到绕主轴高速旋转并同时绕锤轴自转的环锤冲击、剪切、挤压、研磨进行第一次破碎，满足粒度要求的物料通过滚动式筛环的间隙进入成品通道。不合格的物料在环锤上获得动能，高速冲向滚动式筛环，进行第二次破碎。如此反复多次，物料在筛分布料一体破碎机的破碎

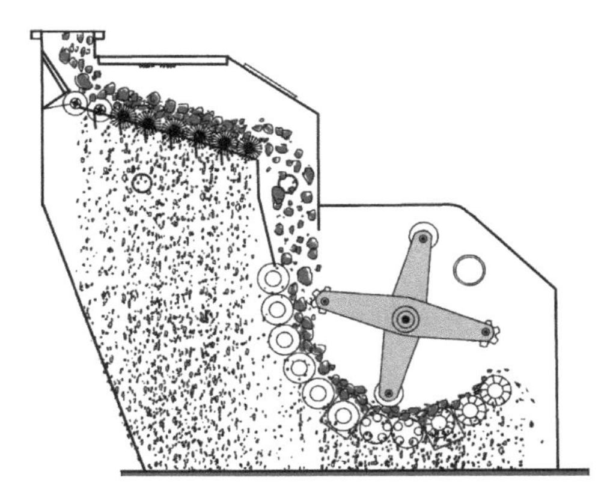

图 2-41　筛分布料一体破碎机

腔内进行逐级破碎和逐级筛分，最终将粒度满足设计要求的物料排出机外。

通过筛分布料一体破碎机与常规技术的对比，可以发现该技术具有一定的优势。具体参数见表 2-6。

表 2-6 筛分布料一体破碎机与常规技术的对比（以 400/h 出力为例）

技术参数	四齿辊式破碎机	环锤式破碎机+可逆锤头式破碎机	筛分布料一体破碎机
系统配置	先一级筛分，再四齿辊二级破碎。一级对齿辊粗碎，入料 300mm，出料 30～50mm；二级细碎，入料 30～50mm，出料 13mm 以下	两级破碎、一级筛分。一级环锤粗碎，入料 300mm，出料 30～50mm；二级细碎，入料 30～50mm，出料 13mm 以下；细筛一般位于粗碎后细碎前，入料 30～50mm，出料 10～13mm	一筛一破结合，边筛边破，30%～50%的入料煤通过筛分布料器进入破碎机逐级筛分破碎，入料 300mm，出料 13nm 以下
水分要求	有要求	有要求	无要求
堵煤情况	偶尔有堵煤	偶尔有堵煤	较少堵煤
粒度调节	可调	可调	可调
磨损方式	筛板固定硬磨	筛板固定硬磨，锤头角磨损	滚动锤头周圈磨损
主要备件	筛板、圆锤、齿锤、齿板	筛板、圆锤、齿锤、方锤头	圆锤、齿锤
备件更换便利性	更换齿板不方便，需 6 人 4 天打开机盖更换	更换锤头不方便，需 6 人 1 天打开机盖更换	不需打开机盖，3 人 6h 换完
检修难度	不方便	方便	方便
破碎楼投资	较多	多	较少
设备价格	筛子约 40 万元，四齿辊式破碎机约 160 万元	粗碎约 55 万元，细筛约 40 万元，细碎约 120 万元	约 200 万元

筛分系统是保证锅炉正常燃烧所需粒径的重要系统，其运行好坏，直接影响锅炉的安全性和经济性，所以应该引起高度重视。尤其深度调峰时，低负荷稳燃会对粒径提出更高的要求，必须依据本厂实际情况选择适当的筛分系统。

2.2.3.7 循环流化床锅炉燃烧优化

(1) 入炉煤粒度的控制

入炉燃煤粒径超标是循环流化床锅炉的常见问题，许多燃用劣质燃料的电厂更是存在入炉煤粒径严重偏离设计值的问题。劣质煤破碎后粒径大于 10mm 的份额甚至可以达到 15%以上，为防止流化不均引起结焦只得加大流化风量，进而导致电耗增大、磨损加大等一系列问题，影响锅炉的正常运行。循环流化床锅炉燃料入炉前必须破碎到合适的粒径以达到设计要求。将物料破碎到粒径 10～13mm 以下的过程统称为细碎，细碎并非要求入炉煤越细越好，相反粒径过细的煤粒在循环流化床锅炉里停留时间很短，尚未燃尽就飞离炉膛，导致锅炉燃烧效率降低。部分电厂原煤中粒径 10mm 以下份额已经占到 50%左右，这部分细煤中粒径 1mm 以下份额较大，如果不对其加以分离而是全部进入破碎机，将会导致入炉煤进一步细化，即产生过破碎。

表 2-7 列出了根据国内工程实践提出的典型成品煤粒径和煤质特性关系。

表 2-7 典型成品煤粒径和煤质特性的关系

项目	褐煤			烟煤			贫煤及无烟煤	
收到基灰分 A_{ar}/%	<10	10～20	>20	<10	10～20	>20	≤20	>20
最大粒径 d_{max}/mm	30	20	15	12	9	8	8	1
中位粒径 d_{50}/mm	8～10	5～6	1.0～1.5	1.4～1.6	1.3～1.5	1.2～1.4	1.1～1.4	1.0～1.2
小于 75μm 粒径份额 D_{75}/%	≤15	≤15	≤15	≤13	≤13	≤11	≤10	≤8

根据颗粒终端速度与烟气速度的关系，炉膛内的颗粒可以分为大于终端速度的颗粒和小于终端速度的颗粒两类。

① 大于终端速度的颗粒。这部分颗粒在炉膛的中上部区域流动，大部分参与外循环的颗粒可以被分离器回收，这些颗粒主要负责传热，保证锅炉的负荷，少部分粒径小于分离器的切割粒径的颗粒进入尾部烟道。

② 小于终端速度的颗粒。这部分颗粒存在于炉膛的下部区域，主要参与内循环，在密相区呈鼓泡状态燃烧。研究发现：稳定的燃烧和传热需要这两部分颗粒比例处于一个合适范围，大多数运行良好的循环流化床锅炉炉膛上部差压在 1.5～2.5kPa 之间，在其他参数不变的情况下主要依靠入炉煤粒径、飞灰、底渣和循环灰的组合控制来实现。

循环流化床锅炉的主要特征在于物料颗粒离开炉膛出口后，经气固分离和返送装置不断送回炉内燃烧。对于一台正常运行的循环流化床锅炉，粗颗粒趋向于聚集在密相区内，细颗粒则被气流携带离开分离装置，经过尾部受热面离开锅炉，中间尺寸的颗粒则在循环回路中往复循环。如果燃煤粒度不当，可能会破坏床内的物料平衡，从而影响锅炉的正常燃烧。

燃煤粒度分布对锅炉运行的影响具体表现如下。煤粒度过大，则离开床层的颗粒量减少。这使锅炉不能维持正常的返料量，造成锅炉出力不足，同时由于燃烧不完全，导致热效率下降。另外，大块给料还是造成结焦的重要原因。而煤粒度过小，则被气流一次带离锅炉影响燃尽。当煤质发生改变时，床内热平衡的改变将影响床温、燃烧和负荷，也会影响传热和污染物排放，不同的锅炉制造厂家，由于炉型及参数选择上的差别，都有与其相适应的燃煤粒度分布要求。循环流化床锅炉所要求的入炉煤粒度分布曲线一般由锅炉制造厂根据燃料的燃尽特性、成灰特性而确定，通常是给出一个包含上限粒径和下限粒径的带状曲线。合适的入炉煤粒度分布曲线应在这个带状曲线范围内。张广才等研究表明，煤粉平均粒径由 90μm 降至 60μm 后，着火温度由 640℃左右降至 570℃左右，因此机组处于深度调峰运行时，降低煤粉细度有利于锅炉稳燃。对于 CFB 机组，燃料粒径较大时易沉积在炉膛下部，造成循环减弱、床温过高、结焦等不良运行情况；燃料粒径过小，物料会随着气流上升而带出炉膛，增加烟尘中含尘量，因此应该控制入炉煤的粒度。

（2）床温调整

一般来讲，床温是指炉膛密相区内物料的整体温度，是关系到锅炉安全稳定运行的一个重要参数。而广义的床温是指参与循环的物料在各段循环段的温度，任何一段温度超出允许范围，都会对锅炉的正常燃烧造成极大恶劣影响，甚至可能导致停炉，运行中要加强对床温的监视，一般控制在850～950℃，严禁超过1000℃，温度过高可能造成床层结焦，温度过低则燃料燃烧不完全直至灭火，也可改变不同区域的吸热份额，达到调整床温的目的。在运行中当床温发生变化时，可通过调节一次风量、给煤量以及返料量，调整床温在控制范围之内。其中，一次风风量对床温有较大影响，可在短时间内快速提高或降低床温。

深度调峰时床温较低，几乎在700℃左右运行，很难维持正常床温，通过试验得出适合本台锅炉的一次风量和返料量，在此基础上适当减少一次风量和返料量有利于提升床温，但是调节余量不大，只有通过适当的设备改造才能提高床温，但要同时兼顾不同的负荷需求，不至于发生床温问题导致机组不能正常运行。

(3) 氧量调整

循环流化床锅炉的风量控制要求比较严格，必须保证一次风量高于临界流化风量，正常运行时应视床温调整一次风，根据氧量调整二次风。根据冷态下正常料层厚度得出临界流化风量曲线，并以该数据作为确定热态最低流化风量的依据之一。通过调节一次风量、二次风量及其配比，使煤在炉膛内充分燃烧。

一次风量是保证床料正常流化和调节炉温的最主要且非常有效的手段之一。一次风量偏低时，床料流化较差，可能造成热量无法被带走导致结焦，燃烧所需氧量不足，造成大量煤粉燃烧不充分，锅炉损失急剧增大；一次风量太高，可能造成床层被吹穿，流化状态被破坏；同时，烟气流速也较大，对受热面磨损加剧。二次风量根据负荷、炉膛内燃烧状况、来煤颗粒度、发热量等参数进行实时调整，依据负荷通过大量的试验得出适宜的氧量曲线。

(4) 床压调整

风室压力是布风板阻力与料层阻力之和，在风量不变的情况下，风室压力增大，表明料层增厚。料层差压是一个反映燃烧室料层厚度的参数。通常将所测得的风室与燃烧室上界面之间的压力差值作为料层差压的监测数值，运行中通过监视料层差压值来得到料位高低。料位越高，测得的差压值亦越高。在锅炉运行中，料位高低会直接影响锅炉的流化质量，如料位过高，有可能引起流化不好造成炉膛结焦或灭火；料位太低，由于布风阻力本身不太均匀，导致流化不均，甚至会出现局部不流化现象，从而产生勾留，一般来说料位应控制在600～800mm之间。

床压高低要根据锅炉本身的特性、负荷和煤种，设定一个科学的料位高度，以满足深度调峰的需要。

(5) 炉膛差压调整

炉膛差压是一个反映炉膛内固体物料浓度的参数。通常将所测得的燃烧室上界面与炉膛出口之间的压力差作为炉膛差压的监测数值。返料量对循环流化床锅炉的燃烧起着举足轻重的作用，因为在炉膛里，返料灰实质上是一种热载体，它将燃烧室里的热量带到炉膛上部，使炉膛内的温度场分布均匀，并通过多种传热方式与水冷壁进行换热，有较高的传热系数（其传热效率为煤粉炉的4～6倍）。炉膛差压值越大，说明整个炉膛内的物料浓度越高，炉膛的传热系数越大，则锅炉负荷可以越高，因此在锅炉运行中应根据所带负荷的要求，来调节炉膛差压。现在的大型循环流化床锅炉炉膛差压的具体调节方法是，通过控制锅炉排渣量达到控制料层差压来反作用控制炉膛差压。一般正常运行中，床压越高，炉膛差压越高。炉膛差压值控制在500～2000Pa之间较为合适。一般根据燃用煤种的灰分和粒度设定一个炉膛差压的上限和下限作为开始和终止循环物料排放的基准点。此外，炉膛差压还是监视返料器是否正常工作的一个参数。在锅炉运行中，如果物料循环停止则炉膛差压会快速降低，因此在运行中需要特别注意。料层差压较高时炉膛差压也相应偏高。

炉膛差压结合床压来调整，要满足锅炉燃烧和负荷的要求，在此基础上获得深度调峰时的炉膛差压和床压。

(6) 上、下二次风比率

一次风主要是提供流化和密相区燃烧的氧量，密相区处于欠氧状态，有利于抑制NO_x的生成，上、下二次风补充燃料后续燃烧所需的氧量，使之达到燃尽状态，但是上、下二次风的功能不止于此，上、下二次风的比率是基于负荷、抑制氮氧化物生成、燃烧效率、炉膛温度的均匀性、穿透力等综合因素考虑的一个参数，必须经过大量的试验和计算才能准确获取其规律性，深度调峰会导致一、二次风比率严重失调，上、下二次风的配比不仅要考虑上面提到的因素，而且还要考虑烧喷口等安全因素，所以要综合考虑各种因素，得出符合生产实际的上、下二次风比率。

2.3 深度调峰下锅炉系统经济性分析

一般情况下，采用中储式制粉系统的机组，80%～90%额定负荷为经济负荷区，此时锅炉效率最高，而配直吹式制粉系统的机组，经济负荷区可能略高于满负荷时。而随着负荷的降低，锅炉效率降低，机组运行经济性逐渐变差。以某330MW机组低负荷运行为例，由于偏离额定工况会引起经济性的下降，当负荷降到60%时装置效率相对降低1.3%，煤耗增加约10g/(kW·h)，并随着负荷的降低运行煤耗将进一步增加。因此，需要从包括提高煤粉燃尽率、降低主要辅机厂用电率等在内的多方面整体考虑。

炉内氧量是影响煤粉燃尽程度的重要因素。一方面，若燃烧氧量低，虽有利于着火稳燃，但燃烧后期风粉混合性差，将增加燃烧不完全损失；另一方面，若提高氧量，将使炉温降低影响燃烧稳定性，并增加排烟损失。为缓解以上矛盾，在保证挥发分完全燃烧及煤粉气力输送的前提下，可适当减小一次风量（风压）及降低煤粉细度、深化炉内空气分级燃烧、提高燃烧器入口风粉温度等，从而提高煤粉燃尽率。在发电厂电量方面，厂用电量占机组容量的5%～8%，其中主要辅机设备消耗的电能占厂用电量的70%～80%，因此，优化组合主要辅机运行方式，充分挖掘低负荷运行过程时辅机的节能潜力，是非常必要的。具体可通过减少磨煤机投运台数、风机单侧运行、降低风机能耗、受热面定期吹灰等方式降低厂用电率。其中，采用合理的轮换方式对受热面定期吹灰，不仅可以提高受热面吸热能力，还可以减小烟道阻力及风机电耗、降低尾部空气预热器堵灰可能性。此外，采用汽轮机滑压运行，降低机组调峰过程中污染物生成及相应处理费用，以及进行热电解耦，也是提高机组运行经济性的重要措施。

频繁调峰导致节能改造效果大打折扣，低负荷下机组运行能耗大幅度升高，进一步影响了机组经济性。以典型机组40%额定容量运行能耗为例，亚临界300MW、600MW等级机组与其额定容量相比，供电煤耗率升高30～50g/(kW·h)；超超临界600MW、1000MW等级机组与其额定容量相比，供电煤耗率升高可能超过50g/(kW·h)。此外，低负荷机组能耗的准确测量存在较大困难，部分试验测点偏离了测量范围，误差较大。

2.4 深度调峰下锅炉污染物排放

在低（变）负荷运行下，燃煤机组为了满足燃烧稳定性等需求，通常在较大煤粉燃烧化学当量比下运行，使 NO_x 排放浓度不降反升。同时，为了维持稳燃进行投油的方式也将产生煤油混烧条件下的 NO_x 和 SO_x 生成量增多等问题。以上问题使机组灵活调峰过程中面临着更加严峻的污染物减排需求，需要开展全负荷脱硫脱硝相关研究工作。同时，这部分与锅炉负荷不匹配的污染物排放也将增加调峰过程中的经济成本。

当前，调峰过程中的污染物排放问题，主要聚焦于 NO_x 和 SO_x 减排方面。在锅炉低负荷运行下，由于风煤比增大，锅炉运行氧量偏高，容易造成 NO_x 生成量偏高的问题。通过对比前后墙对冲锅炉和四角切圆锅炉的运行结果得到，随着锅炉负荷的降低，过量空气系数增大，燃料型 NO_x 的增加量要远高于热力型 NO_x 的减少量，使 NO_x 生成量总体上与锅炉负荷变化趋势相反。目前，聚焦于深度调峰对脱硫影响的研究报道较少。在常规低负荷运行情况下一般不采用投油稳燃措施，对脱硫的影响主要体现在由于过量空气系数增大，SO_3 生成量有所增加，将一定程度上加剧对尾部烟道的腐蚀。但在极低负荷运行时，深度调峰机组还需采取投油稳燃措施。研究表明，未完全燃尽的燃油及其产物将与脱硫浆液发生一系列物化反应，严重时将导致脱硫浆液“中毒”，影响脱硫系统的正常运行并降低脱硫效率。

污染物的减排路径可分为两方面，一方面为抑制炉内的生成，另一方面为生成后的尾部脱除。针对炉内抑制 NO_x 生成方面，常采用具有强稳燃能力的低氮燃烧器、优化炉内分级配风、烟气再循环等技术手段控制炉内 NO_x 生成。在尾部脱硝方面，面临的主要问题是低负荷下SCR入口烟温常低于催化剂的正常工作温度窗口（通常为300～400℃），容易造成SCR反应器无法正常投入，影响 NO_x 的达标排放。为缓解这一问题，可结合对分级省煤器、省煤器烟气旁路、省煤器水旁路、热水再循环等的改造以提高SCR入口烟温。研究表明，通过采用锅炉启动技术和省煤器分级技术组合方案，可实现600MW亚临界机组的超低负荷脱硝。此外，对喷氨管路进行优化布置也是降低 NO_x 排放的一项重要措施。在降低 SO_x 排放及缓解尾部脱硫设备负担方面，需要在低负荷运行下避免投油稳燃的运行方式，采用新型稳燃技术及优化尾部脱硫工艺来降低 SO_x 排放。除了 NO_x 和 SO_x 污染物外，颗粒物及重金属减排也是需要关注的重要方面，需要在未来进行持续深入的研究。

一般而言，循环流化床锅炉床温与负荷呈现正相关的变化趋势，因而随着锅炉负荷的降低，床温和炉温也同步降低。当锅炉处于较低负荷时，相应位置处的温度甚至可能低于炉内脱硫和SNCR等反应的窗口温度，使得 SO_2 和 NO_x 的排放量变得难以控制。加之低负荷时，为了保证炉内的流化质量，一次风量往往设定得偏大，使得炉内总过量空气系数偏高，烟气含氧量也相应增加，气态污染物排放量折算到标准浓度下的计算值就会更高，这无疑增加了深度调峰过程中环保控制的难度。

第3章

汽轮机深度调峰技术

3.1 深度调峰对汽轮机的要求和影响

深度调峰与常规运行状态相比，存在较高的复杂性。第一，低负荷状态下，汽轮机各参数及系统中大部分主机配套设备偏离原设计，需要采用特殊方式运行；第二，机组在小流量蒸汽状态下，高压缸、低压缸及通流叶片自身性能和状态存在较大的不确定性；第三，电网调峰指令要求严格，机、电、炉、辅系统需要快速基于电网要求调整运行状态。电厂不仅仅需要具备试验性调峰能力，更需要具备突发状态的适应能力。然而，锅炉由于自身的惯性特质，难以在突发状态下进行快速响应，使得汽轮机组不得不在更加苛刻的条件下运行。为了使深度调峰技术改造措施更有针对性，需要清晰地识别深度调峰过程中的风险。

3.1.1 频繁变负荷导致的汽轮机厚壁部件寿命损伤风险

汽轮机厚壁部件包括转子、汽缸、阀门等。疲劳与蠕变损伤是汽轮机高温厚壁部件在服役过程中的主要寿命损伤形式。疲劳损伤取决于启停或负荷变化次数及循环过程中的交变应力幅值。蠕变损伤取决于高温稳态工况下所承受的应力及运行时间。当疲劳和蠕变损伤累积达到限制值时，便意味着机组无裂纹结构寿命的终止。在机组快速启动及快速深度调峰过程中，若引起蒸汽参数在空间和时间上的剧烈变化，将导致厚壁部件内部形成显著的温度梯度及急剧的温变速率，进而导致结构中产生较大的热应力，如图3-1所示。厚壁部件产生过大的循环热应力会导致过度的疲劳寿命损伤，缩短结构寿命。恶劣操作情况下，可能导致应力集中部位快速出现裂纹，造成汽缸、阀门、转子等典型厚壁部件结构提前失效。

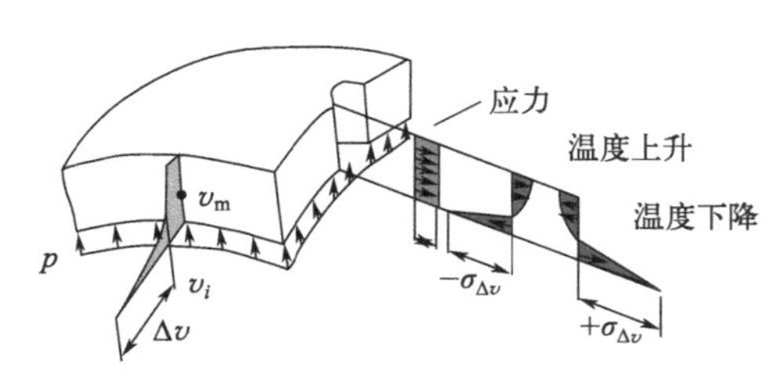

图3-1 厚壁结构热应力及承压膜应力

p—压力；Δv—形变量；v_i—瞬时形变量；v_m—平均形变量；$-\sigma_{\Delta v}$—压应力；$+\sigma_{\Delta v}$—拉应力

3.1.2 低负荷运行导致的汽轮机汽缸、叶片损伤风险

汽轮机深度调峰及低负荷运行时，低压缸尤其是末级叶片处于较恶劣的运行工况，面临叶片颤振、叶片超温及排汽超温、叶片水蚀、应力腐蚀的情况，增加了叶片损坏的风险概率。同时，在低于20%负荷时，由于投入旁路，高排压力受控等风险导致高排温度变化大，出现超温。

(1) 叶片颤振

机组以低于20%负荷深度调峰运行时，低压缸进汽量不足，在不能保证良好真空的情况下容易落在叶片的颤振区间。低负荷下流场不稳定，容易造成汽流激振力的波动，导致叶片发生颤振。

(2) 叶片超温及排汽超温

深度调峰状态下，末级、次末级甚至次次末级叶片极易处于做负功状态，鼓风发热严重。排汽端的温度上升，如超过叶片的上限温度将会损坏叶片。排汽超温则会对凝汽器和排汽装置造成损害，同时还会对机组轴系的稳定性产生影响，引发振动超标等问题。在低于20%负荷时，高压缸排汽侧同样可能会由于高压缸压比降低出现温度上升甚至超限，影响汽缸、叶片及管件服役的安全可靠性。

(3) 叶片水蚀

深度调峰状态下，为了避免因低压缸末级叶片鼓风而导致排汽温度超限，需要通过喷水减温系统控制排汽温度。此时，由于低压缸为小排汽容积流量状态，汽轮机排汽区域会形成回流，回流夹带喷水产生的水滴打在末级叶片出汽边根部，形成较为严重的水蚀。且此区域离心应力水平高，水蚀后裂纹起裂及扩展快。随着水蚀的不断积累，严重时会造成叶片断裂。低压缸叶片水蚀对汽轮机的安全运行带来一定的风险。

(4) 应力腐蚀

在寒冷季节，由于真空条件好，末级叶片可能工作在湿蒸汽区域，而在额定背压及炎热季则可能因鼓风发热在过热蒸汽区域工作。在不断干湿蒸汽转换间，将加剧叶根表面及叶根轮槽的应力腐蚀损伤。

3.1.3 低负荷运行对汽轮机经济运行的影响

流场数值模拟计算表明，低负荷运行情况下，低压排汽缸内将产生大量分离涡，如图3-2所示。分离涡的形态、影响范围与低负荷运行深度密切相关。分离涡不仅堵塞了流道面积，恶化了蒸汽品质，严重时分离的涡流会反流至低压末级长叶片流域内，加大对低压长叶片的汽动腐蚀、运行扰动等风险。而且分离涡的产生还会降低低压缸的缸效，影响机组运行的经济性。

此外，低负荷运行状态偏离初始设计状态，将会导致持续非必要疏水、端部汽封无法实现自密封、阀杆漏汽量大等问题，影响机组的运行经济性。

图 3-2　低压排汽缸分离涡

3.2　汽轮机深度调峰关键技术

3.2.1　低压排汽缸涡流稳定器

当电厂汽轮机长期在低负荷工况下运行时，其实际的运行参数与额定工况下的设计参数不同，且偏离较多。调整抑制低压长叶片低负荷工况下的流动分离是当前汽轮机深度调峰领域的重要方法。经过低负荷流场流动分析，结合空气动力学抑涡机理，确认采用带涡流稳定器的低压排汽缸，可以有效抑制低负荷下排汽缸的分离涡。图 3-3（书后另见彩图）表征了超超临界机组低压排汽缸加装涡流稳定器后，低压排汽缸流场及分离涡对比情况。可以看出，加装涡流稳定器后的蒸汽分离涡形态及分布得到显著改善，机组在低负荷运行情况下的水蚀及缸效得到显著改善。

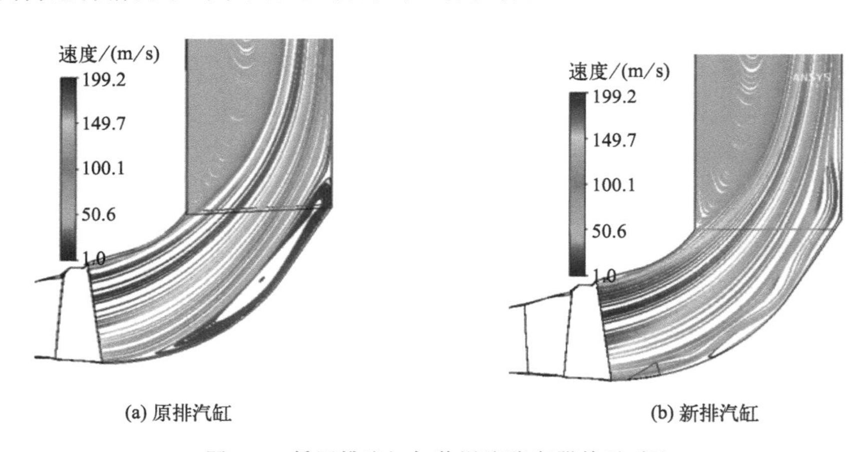

图 3-3　低压排汽缸加装涡流稳定器前后对比

3.2.2　末级长叶片喷涂加强

在深度调峰状态下，末级叶片工作状态恶劣，因此有必要对末级叶片进行针对性喷涂加强。为了提高深度调峰机组低压末级叶片的抗水蚀能力，在原有末级叶片进汽边防水蚀防护措施的基础上，增加了叶片的防水蚀防护措施，在叶片根部采用了超声速喷涂耐水蚀防护涂层。超声速火焰喷涂是利用煤油、丙烷、丙烯等烃类系燃气与高压氧气在喷嘴中混合燃烧，产生的高温高速焰流将粉末加热至熔化或半熔化状态，并高速喷射到基材表面形成致密涂层的技术。耐水蚀涂层使用的是超声速火焰喷涂 Cr_3C_2-NiCr 涂层，Cr_3C_2 为陶瓷颗粒（占比为 70%～80%），NiCr 为黏结相。总体粉末粒度在 15～60μm 之间。超声速火焰喷涂 Cr_3C_2-NiCr 涂层具有以下特点：

(1) 极高的硬度

超声速火焰喷涂 Cr_3C_2-NiCr 涂层的硬度可达到 800HV 以上，远高于叶片材料的本体硬度，因而可以提供极佳的耐水蚀效果。

(2) 优异的结合强度

由于超声速火焰喷涂的焰流温度高，粉末呈熔化或半熔化状态，加上焰流速度极快，粉末喷射到基体上后与基体的结合强度很高，可达 70MPa 以上，远高于电镀及其他冷喷涂涂层。

(3) 优异的涂层质量

由于超声速火焰喷涂的焰流速度快，因而粉末的"夯实"效果明显，涂层的致密性和均匀性很高，孔隙率较低。致密的涂层更有利于防水蚀。

(4) 操作灵活

超声速火焰喷涂可以在固定工位上进行，也可以在电厂现场进行。操作灵活，便于安排生产，优化进度。

该技术能使燃煤机组汽轮机末级叶片整体寿命延长，工程应用效果明显。

3.2.3 深度调峰低压缸喷水减温系统

低压缸排汽室中的蒸汽是湿蒸汽，其温度是相应于出口压力下的饱和温度，然而在切缸工况下，小的进汽量可能会使低压缸末几级叶片做负功引起鼓风发热，使排汽温度迅速升高。机组应尽量避免出现高的排汽温度，以减少转子与静子部件之间由于热变形或过度膨胀而产生碰擦的可能性。这样的碰擦在一定转速以上会发生严重危害，甚至导致强迫或长期停机。而过量喷水则会加重末级叶片的水蚀。针对喷水减温系统的改造应重新核算低压缸喷水量及完成专用低压缸排汽减温系统的设计。

主要改造方案为：保持原有的低压缸喷水系统不变，新增一套喷嘴更为精密、喷雾效果更佳的喷水系统。

3.2.4 配置长叶片健康监测系统

小体积流量工况运行时，低压缸末两级叶片构成的级内流动状态会发生较大变化，主要表现为产生进汽冲角沿叶高的剧烈变化、在叶片压力面上形成流动分离、在叶根处的脱流、叶片动应力增加、鼓风加剧等现象。这些变化不仅直接影响机组的运行效率，还可能诱发叶片颤振，威胁机组安全运行。增设叶片健康监测系统可以实时采集数据，有效监控低压末级长叶片的运行状态，为安全运行提供保障。长叶片健康监测系统(BHMS) 针对汽轮机低压长叶片的安全运行进行状态监测，对可能出现的事故进行提前预警和故障诊断。BHMS 可对叶顶间隙、异步振动、同步振动进行在线监测，对叶片水蚀、动静碰磨、疲劳断裂做故障分析及诊断。

长叶片健康监测系统如图 3-4 所示，针对汽轮机低压长叶片的安全运行进行状态监测，对可能出现的事故进行提前预警和故障诊断。BHMS 可对叶顶间隙、叶片温度、异步振动、同步振动进行在线监测，对叶片水蚀、动静碰磨、疲劳断裂做故障分析及诊断，如图 3-5 所示（书后另见彩图）。BHMS 用于实现末级叶片振动情况的实时监测，找到容易诱发叶片颤振的危险工况点，并在以后的运行中加以避开。针对深度调峰的需求，如未触发系统报警则可满足运行，给系统调整提供便利，适应电网需求。同时，当末叶片由于长期深度调峰运行后，发生严重损伤时提供提前预警信号，避免严重事故的发生。BHMS 会在调峰运行调试试验期间实时监测低压长叶片的运行参数，结合试验过程中机组的运行数据进行综合分析，从而得出低压长叶片的危险运行区间，进而绘制出低压缸调峰运行背压指导曲线，指导汽轮机组的安全运行。

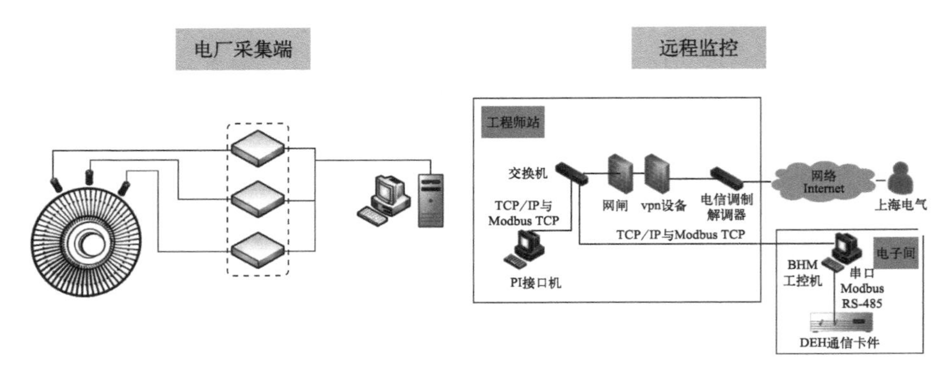

图 3-4　长叶片健康监测系统

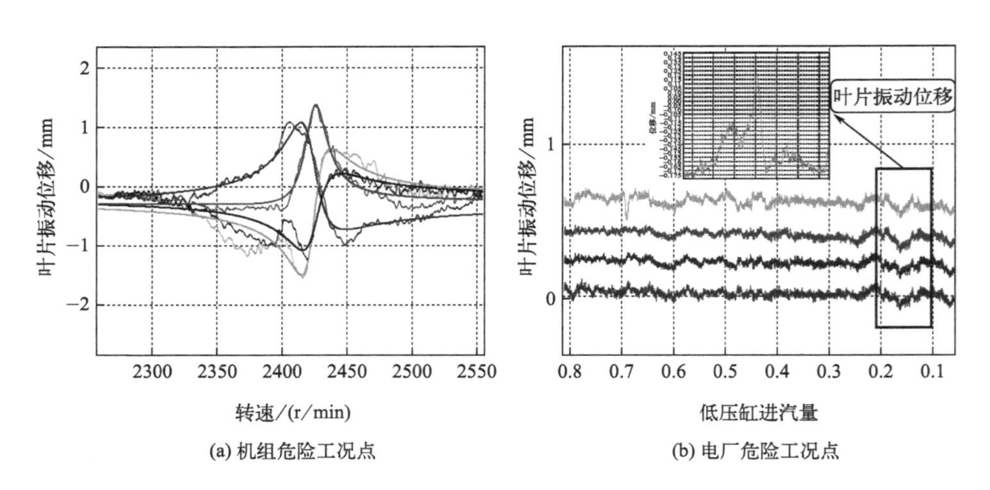

图 3-5　实时监测及预警图

3.2.5　抽汽去湿——末级空心静叶改造

在末级空心静叶顶部开设缝隙，如图 3-6 所示。空心静叶内部的腔室与凝汽器相通，凝集在静叶表面的水膜在静叶表面内外压差的作用下被撕裂，并引流到凝汽器，达到抽吸去湿的目的，有效降低对末级动叶的水蚀以及对轴向动静间隙的影响。

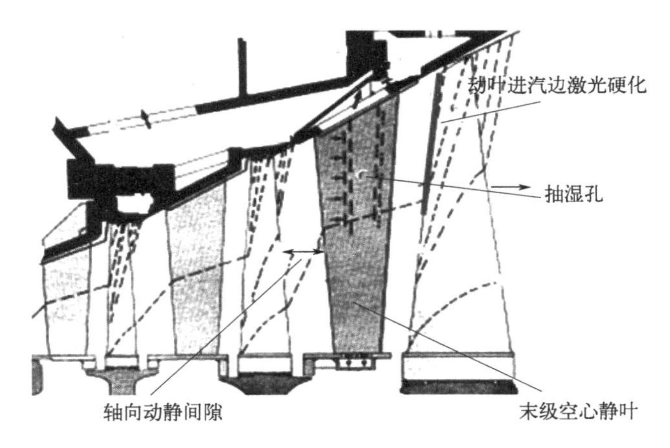

图 3-6　用于抽汽去湿的空心静叶

3.2.6　优化阀门配汽结构

深度调峰时，锅炉侧不能快速降低蒸汽参数，需要通过汽轮机主调门或再热调门进行节流调节，减小进汽量。在额定蒸汽参数下，大口径调节汽门需较大程度的节流阀门才能使得机组负荷降得很低。这时阀门前后压损大，阀门控制精度差，影响机组低负荷运行。为了保障汽轮机组在深度调峰过程中的精准控制及安全性，将优化配汽结构，以适应深度调峰。改造方案为：优化改型调节汽门阀芯型线。现场拆解阀门，更换调节汽门阀芯，提高小流量操作控制精度；有效利用补汽阀，降低阀门压损，提升机组运行经济性；制定适应深度调峰要求的阀门控制策略，适应深度调峰运行要求。

3.2.7　优化深度调峰工况汽封供汽系统

汽封系统如图 3-7 所示。在深度调峰工况时，由于进汽量小，低负荷运行汽封系统不能满足自密封工况。为实现汽封系统安全稳定运行，需要长期的辅助蒸汽供汽，辅助蒸汽汽源的选择关系着机组的经济性与稳定性。根据汽封供漏汽系统核算，设计经济性较高的深度调峰工况专用汽封供汽系统，保证汽轮机汽封系统在低负荷状态下正常运行。

3.2.8　优化深度调峰工况蒸汽阀门门杆漏汽系统

在深度调峰工况时，长期低负荷运行可能导致蒸汽阀门阀杆漏汽量增加，如保留原汽封供汽母管设计，深度调峰时经济性和安全性不再合适。蒸汽阀门门杆漏汽参数高、蒸汽品质好，为此设计新型汽封冷却器，实现蒸汽阀门门杆漏汽的回收利用，减小低负荷时的泄漏量，提高经济性［经热力核算，采用新型汽封冷却器后，热耗收益超过 3kJ/(kW・h)］。主要改造方案为：设计新型汽封冷却器，实现高参数蒸汽阀门门杆漏汽回收；设计门杆漏汽优化系统；设计门杆漏汽管路。

深度调峰工况蒸汽阀门门杆漏汽系统优化方案如图 3-8 所示。

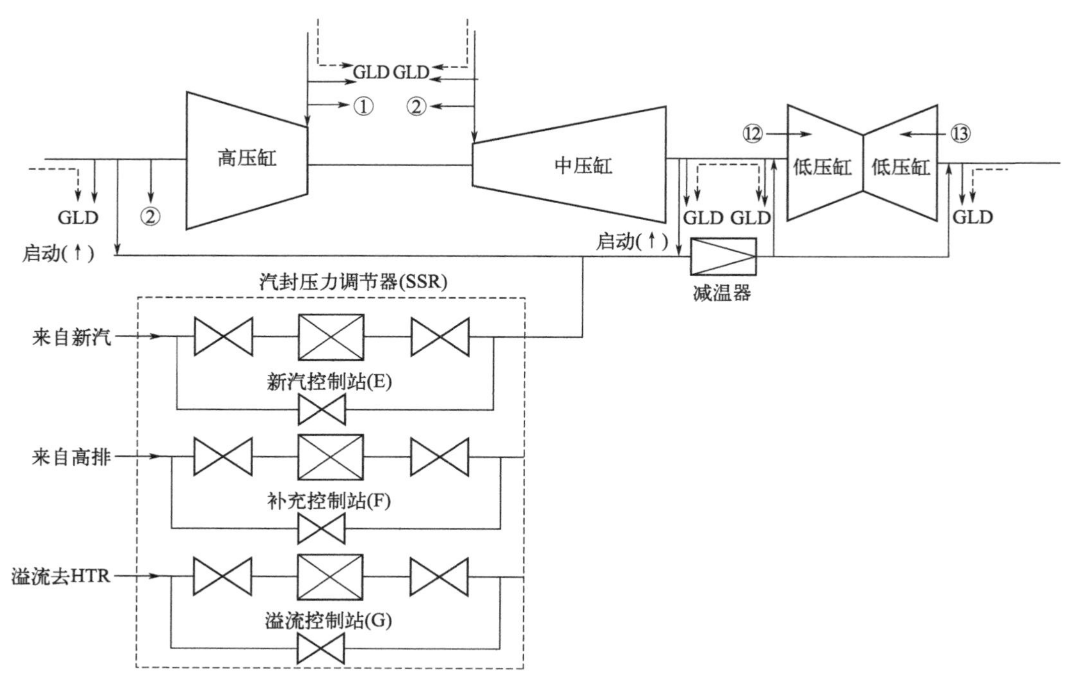

图 3-7 汽封系统图

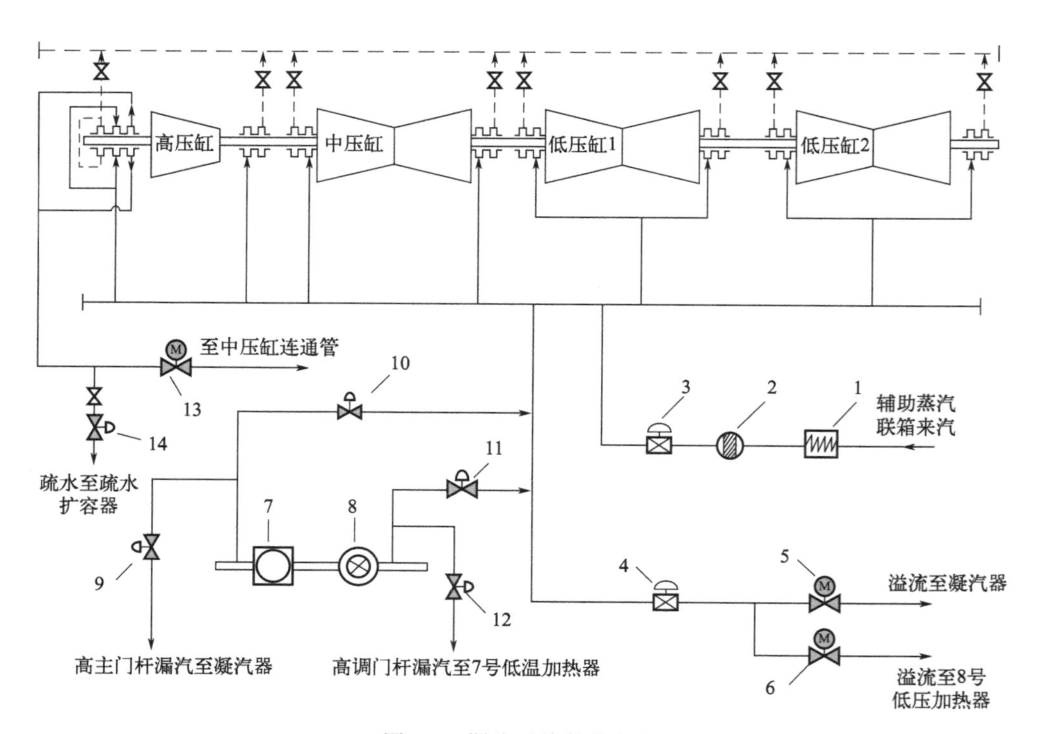

图 3-8 漏汽系统优化方案

1—轴封供汽电加热器；2—轴封供汽调节阀；3—轴封供汽调节阀；4—轴封溢流调节阀；5—第一电动门；6—第二电动门；7—高压主汽门；8—高压调节门；9—第一气动门；10—第二气动门；11—第三气动门；12—第四气动门；13—第三电动门；14—气动疏水阀

3.2.9 配置深度调峰运行低压缸安全监视套件

深度调峰及低负荷运行过程中，低压缸的安全及经济运行是重点关注方向。在低压缸关键区域增设关键测点，并进行校核计算及算法设计以及相应的汽轮机数字电液控制系统（DEH）逻辑改造，增加专用画面，是保障低压缸安全运行的重要措施。利用在线监测数据实时计算最高允许背压、低压缸进汽量与排汽量。辅助运行人员调整机组运行状态，避免进入不建议运行区域，使得机组在安全运行区域可靠运行。对于运行条件苛刻的电厂，结合叶片健康监测系统，允许放宽部分背压限制，最大限度地满足机组深度调峰运行。

3.2.10 配置高温部件设备寿命监测系统

深度调峰状态下，实际参数与设计值间的偏差以及参数的大幅波动，一方面可能造成机组寿命的“未充分利用”，导致资源的浪费；另一方面也可能会造成机组寿命的“过度使用”，由此导致部件寿命的提前终止，带来安全隐患。因此，进行关键部件的热应力低周疲劳与高温蠕变损伤寿命消耗的实时在线监测，并根据分析计算结果和寿命损耗情况优化机组现有运行方式，制定后续运行及检修计划，是保证机组安全和优化灵活经济运行性能的重要手段。关键部件寿命状态监测模块及趋势状态显示模块如图 3-9 和图 3-10 所示，通过实时在线监测、记录关键热部件，如阀门、汽缸、转子关键区域处的热应力载荷谱，并经过相关寿命计算程序对其寿命损耗情况进行分析计算及反馈。通过该套寿命在线监测系统，可完成对实际运行过程的分析和评估，制定优化启动策略，指导机组的启停、变工况、快速深度调峰运行、低负荷灵活运行，优化机组的经济性、安全性和灵活性指标。通过分析计算结果和寿命损耗情况，挖掘机组灵活运行潜能，辅助制定机组现行和后续的运行方案。

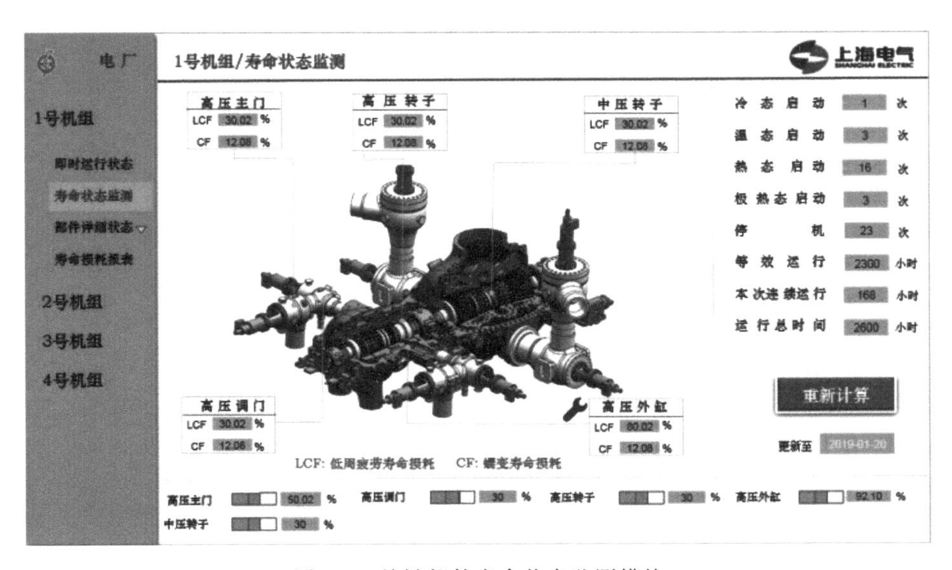

图 3-9 关键部件寿命状态监测模块

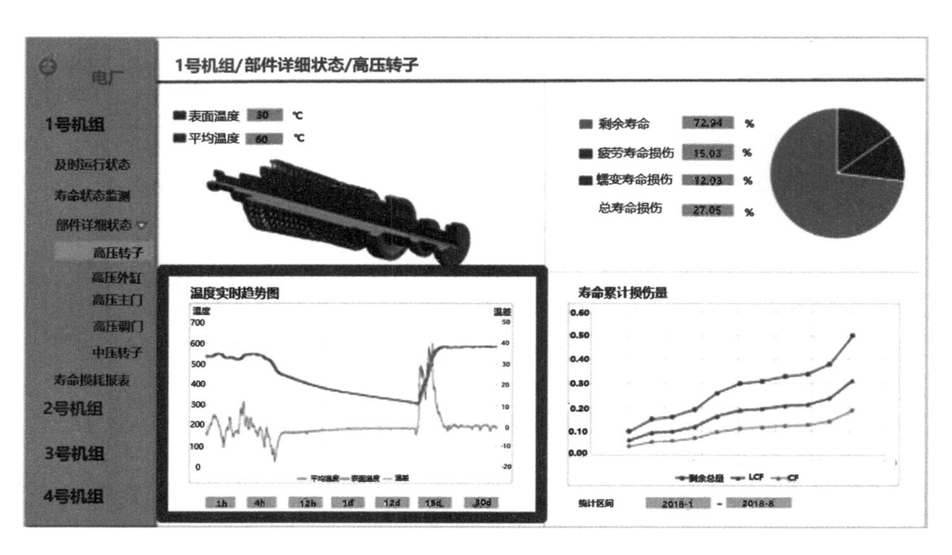

图 3-10　趋势状态画面显示模块

3.2.11　配置轴系振动故障诊断模块

该模块将机组调峰运行过程中的原始波形数据进行高速处理，通过提取频域状态下的幅值、相位、周期信号，根据转子当前运行轨迹与运行位置，结合转子力学计算模型得出特征参数结果。

同时模块具备振动数据信息的监测展示功能，通过页面对振动数据进行不同角度、不同序列的展现。支持包括时频变换分析、数据矢量显示、时域振动分析、频域振动分析等在内的分析手段，配合数据存储和历史追忆功能，对振动数据进行综合分析，实时监控与诊断调峰过程中可能发生的振动故障。监测和预警调峰过程中各轴瓦振动隐患，对运行中常见振动故障提供智能诊断功能。

3.2.12　配置机组运行智能优化模块

配置机组运行智能优化模块，可提高机组调峰期间负荷变动时的运行经济性，包括滑压优化、冷端优化等，建立部分负荷的最优工况库。在数字化孪生模型与性能实时监测结果的基础上，根据机组配置特点和响应边界限制条件，对机组关键性能参数寻优，以满足实时运行条件下的期望值，并将优化结果映射至直观经济收益。结合机组历史运行数据和各个设备的运行特性，将设备调峰期间的实际运行参数与期望状态进行对比分析，基于二者偏差及对设备经济性的贡献比例，为电厂用户提供设备调峰期间的调控参考方案。并直观展示优化前后的运行状态与经济效益变化，辅助运维人员合理制定调峰期间的控制方案，如图 3-11 所示。

3.2.13　阀门流量曲线优化

在服役机组中，通流积盐、阀蝶/阀座磨损等的发生，导致阀门蒸汽流量控制与内

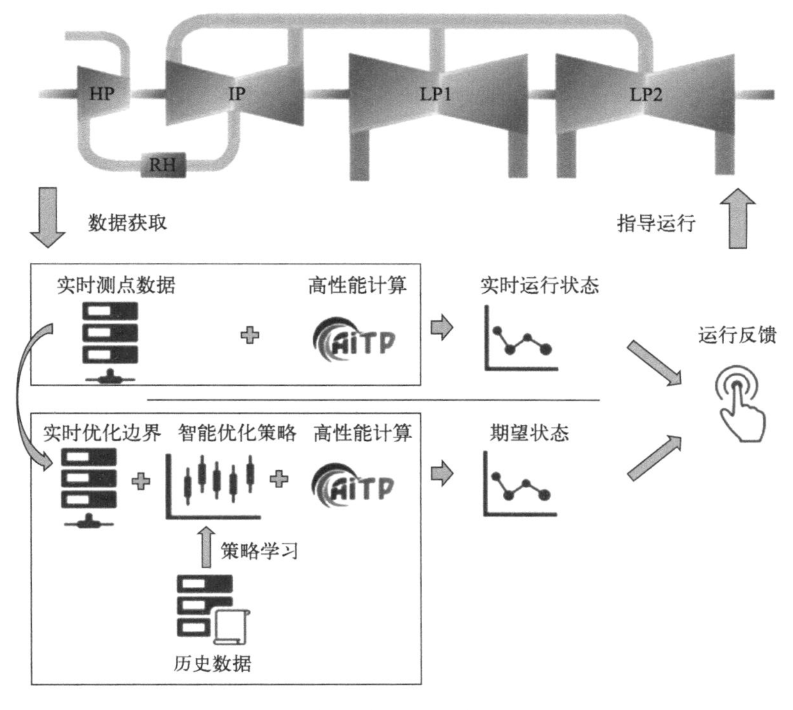

图 3-11 运行智能优化模块交互图

HP—高压缸；IP—中压缸；LP—低压缸；RH—再热器

置的流量升程控制曲线差异较大，大大影响了机组的运行。在低负荷运行时，差异更大。本技术利用机组的长时运行监测数据，通过机器自学习的方式，时时修正内置的阀门流量升程曲线，可以实现对机组深度调峰的精准控制。

3.3 供热及供工业蒸汽机组深度调峰及改造技术

供热机组采用“以热定电”的运行方式，在考虑经济投资和灵活性等因素后，需选择不同的热电解耦技术路线参与深度调峰。热电解耦的目的是解决在供热期内，机组在“以热定电”的运行方式下，电负荷和热负荷之间的矛盾。在保证供热的前提下，能极大地降低机组电负荷，提高煤电机组调峰能力。

目前市场流行的技术包括：低压缸柔性运行改造（切除低压缸抽汽功能）、余热回收供热技术（高背压方案、增汽机方案和热泵方案）、采暖蒸汽调峰技术、蓄热调峰系统技术、尖峰加热技术和电热锅炉技术。

3.3.1 低压缸柔性运行改造（切除低压缸抽汽功能）

低压缸柔性运行改造是一种独具特色和优势的灵活性改造方案，应用在需要满足大流量的抽汽机组中。通过该技术方案的实施，能够实现汽轮机低压缸进汽量在最大进汽量工况［一般为阀门全开（VWO）纯凝工况低压缸进汽量］至切除低压缸工况进汽量之间任一低压缸进汽量状态下的停留和长期运行。它实现了汽轮机全工况纯凝运行，摆脱了低压缸最小冷却流量的限制，无快速通过区间，无电负荷和热负荷冲击，同时进一步增大了热电负荷配比范围，具有很强的运行灵活性优势。

图 3-12 为切除低压缸系统图。

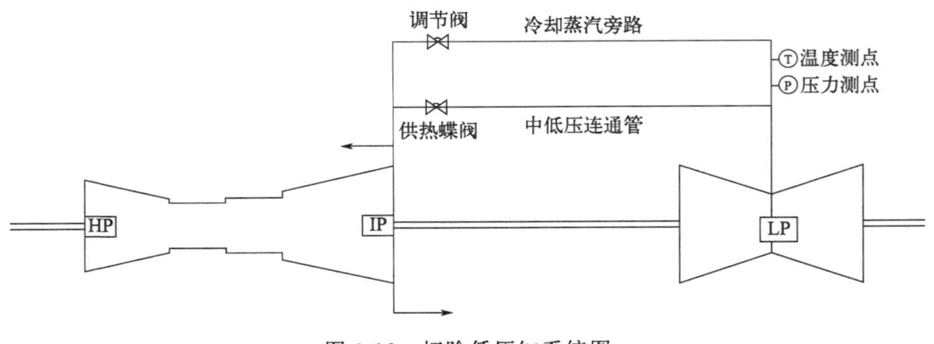

图 3-12　切除低压缸系统图

3.3.2　余热回收供热技术（高背压方案、增汽机方案和热泵方案）

汽轮机高背压运行供热技术在理论上可以实现很高的能效，国内外都有很多成功的研究成果和运行经验。凝汽式汽轮机改造为高背压运行供热后，热网凝汽器成为热水供热系统的基本加热器，原来的循环冷却水变成了供暖热媒，在热网系统中进行闭式循环，有效地利用了汽轮机凝汽所释放的汽化热。当需要更高的供热温度时，则在现有热网加热器中利用汽轮机抽汽进行二级加热。高背压运行后，在相同的进汽量下与纯凝工况相比，减少了发电量，并且汽轮机的相对内效率也有所降低，但此运行方式可有效利用乏汽能量，降低了热力循环中的冷源损失，系统总的热效率会有所提高，供热成本大大下降，适用于供热负荷大的机组。

增汽机是基于蒸汽喷射器发展而来，蒸汽喷射器的第一个专利由德国 Koerting 于 1871 年申请，随后产生了一系列的基于喷射器原理的发明。增汽机本质上是一种引射式压缩器，它可以利用一部分高压蒸汽引射低压蒸汽，混合而得较多的中压蒸汽。引射式压缩器的优点是结构简单，没有运动部件。

增汽机动力学原理为高压蒸汽在经过喷嘴后，变成高速射流，其四周的静压力将随着流速升高急剧降低，形成负压区。增汽机的实质是一个流体压缩机，A 口的蒸汽膨胀做功，对 B 口蒸汽进行压缩，最后两者达到一致的压力、温度。增汽机主要由喷嘴、负压腔、文丘里管三部分组成。结构非常简单，没有转动设备。

图 3-13 所示压力为 p_1 的高压蒸汽经过喷管流入，在喷管中膨胀加速，动能增加，压力降低。在喷管出口，当压力降低到被引射流体压力 p_2 以下时，将被引射流体引入混合室进行混合，以某一平均流速流向扩压管，降速而增压至 p_3 流出。大型增汽机以直接抬升乏汽的压力从而提高其饱和温度，达到给热网水加热的目的。其特点是设备可靠，过程简单，工作效率高，后续的维护工作量小。

目前大型增汽机主要用于：海水闪蒸（如国华沧东电厂）；大型空间抽真空（如宝

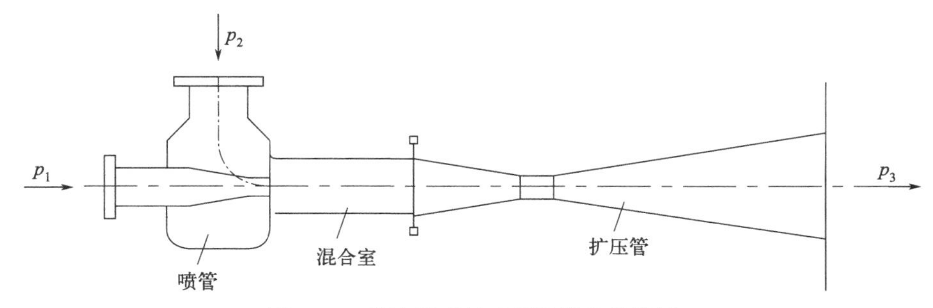

图 3-13 增汽机引射式压缩器流程简图

山钢铁公司)；真空制冷（四川石化）；结晶干燥（如各大盐业公司）。

热泵技术以蒸汽为驱动热源，以溴化锂溶液为吸收剂，以水为制冷剂，利用水在低压真空状态下低沸点沸腾的特性，提取低品位废热源中的热量，通过回收转换制取工艺性或采暖用高品位的热水。

溴化锂吸收式热泵由取热器、浓缩器、加热器和再热器四个部分组成。取热器内一直保持真空状态，利用水在一定的低压环境下，便会低温沸腾、汽化的原理，将水变为水蒸气。然后，将水蒸气引入加热器，再以溴化锂溶液喷淋，利用溴化锂溶液强大吸水性的特性，其吸收水蒸气会产生大量的热，将加热器中循环管路的水加热，使其温度升高。浓缩器的作用就是对溴化锂浓溶液吸收水蒸气后溶液变稀后再进行浓缩，重新得到具有强大吸水性的溴化锂浓溶液。再热器是利用浓缩器内蒸汽加热浓缩溴化锂稀溶液变成溴化锂浓溶液而蒸发出来的二次乏汽，对上述循环管路中经过加热器加热后的热水进行再加热，从而达到更高的温度。图 3-14 所示为热泵工作原理图。

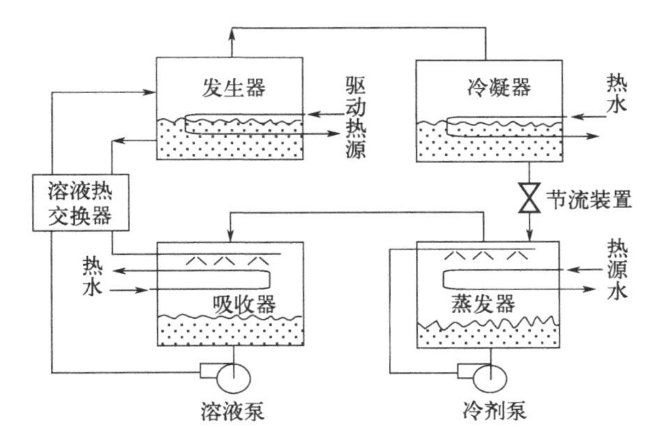

图 3-14 热泵工作原理图

高背压增汽机、热泵往往结合起来使用，电厂根据本厂实际供热情况、负荷以及机组的运行情况判定应用哪些技术，一般供热面积较大，推荐使用增汽机，该技术已在京海煤矸石电厂、哈伦热电、盛乐热电落地，节能效果明显。

目前供热机组改造大部分是基于这几种技术的结合体，能够满足深度调峰的要求。

3.3.3 采暖蒸汽调峰技术

针对现有常规供热机组，采暖抽汽从五段抽汽抽取。五段抽汽用户为采暖抽汽、5 号低压加热器用汽和低压辅汽。中压缸排汽分成两部分，一部分抽汽进入汽轮机中压缸末级出口引出的抽汽管道，另一部分通过中低压缸联通管进入低压缸做功。五段抽汽的量主要通过调整中低压缸联通管的 LV 阀开度来实现。关小 LV 阀，可使更多的中压缸排汽进入五段抽汽，进而进入采暖抽汽母管。

对于现有机组，首先采用运行方式调整来增大采暖抽汽量。通过关小 LV 阀减少低压缸进汽量，增大采暖可抽汽量。低压缸进汽量主要受限于低压缸最小排汽流量。在实际运行中，尤其在热电解耦低负荷运行阶段，可以依据汽轮机厂家提供的最小功率工况下，机组采暖抽汽口最大抽汽能力，判断在不同主机负荷下、不同主机进汽量下时抽汽量是否达到最大值。

3.3.4 蓄热调峰系统技术

蓄热调峰系统在供热期内运行，主要起到减小外网热负荷由于温度的变化而发生的波动，以及实现在高峰值的热负荷情况下的热电解耦作用。

熔盐作为一种中高温传热蓄热介质，与常规高温传热流体相比具有饱和蒸气压较低、高温稳定性能优越、黏度低、比热容大的优势，因此熔盐储热系统具有适用范围广、绿色环保、安全稳定等优点，是目前大规模、长时间中高温储热技术的首选，不仅适用于太阳能光热发电，还可应用于火电的灵活性改造、余热回收利用、清洁供暖等，是构建未来新型储能系统的关键技术之一。

在太阳能光热发电领域广泛应用的二元硝酸盐（60% $NaNO_3$ +40% KNO_3），其工作温度区间为 221～565℃，刚好匹配火电系统的温度参数，因此熔盐储热技术也适用于煤电的灵活性改造。以热电联产机组为例，此类机组需要长期向外供热，在调峰时段，机组的电负荷出力严重受限，调峰深度受到供热负荷的影响，受到“以热定电”的约束。

将熔盐储热系统加入机组的热力系统，在适合的时段加热熔盐，待到调峰时段通过高温熔盐放热供暖，从而切除机组的热负荷，实现“热电解耦”的同时提高机组运行的灵活性。图 3-15 展示了在煤电机组的锅炉和汽轮机之间耦合大容量高温熔盐储热系统，

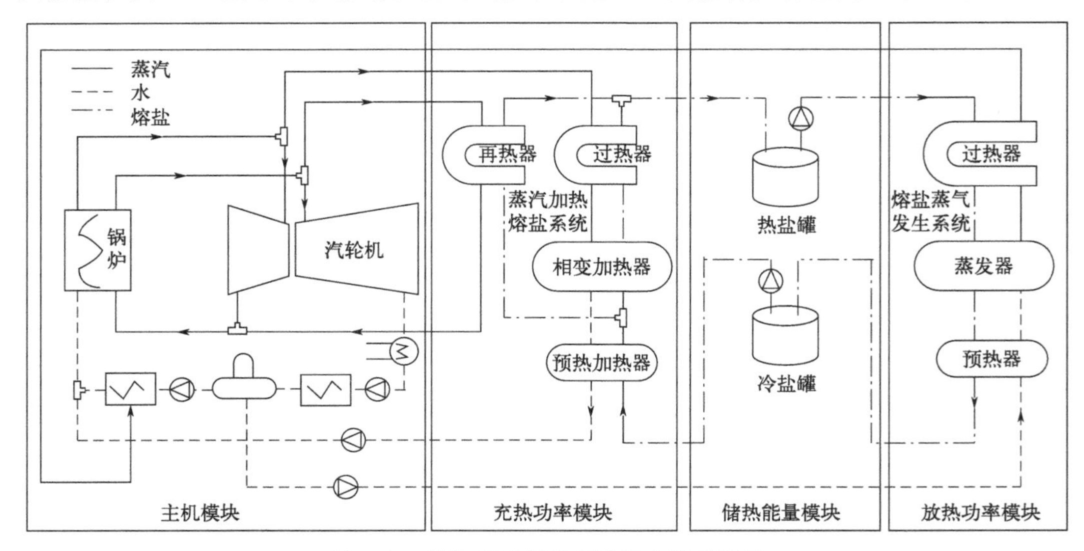

图 3-15 高温熔盐储热系统耦合燃煤机组

为煤电机组灵活性改造提供了新的策略。

蓄热罐内部储存热水，因为工作压力为常压，最高工作温度不高于98℃。水温不同，水的密度不同，在一个足够大的容器中，热水在上，冷水在下，中间为过渡层，这就是蓄热罐内水的分层原理。如图3-16（书后另见彩图）所示，蓄热罐根据水的分层原理设计而工作，并使其运行在高效区。蓄热时，热水从上部水管进入，冷水从下部水管排出，过渡层下移；放热时，热水从上部水管排出，冷水从下部水管进入过渡层。

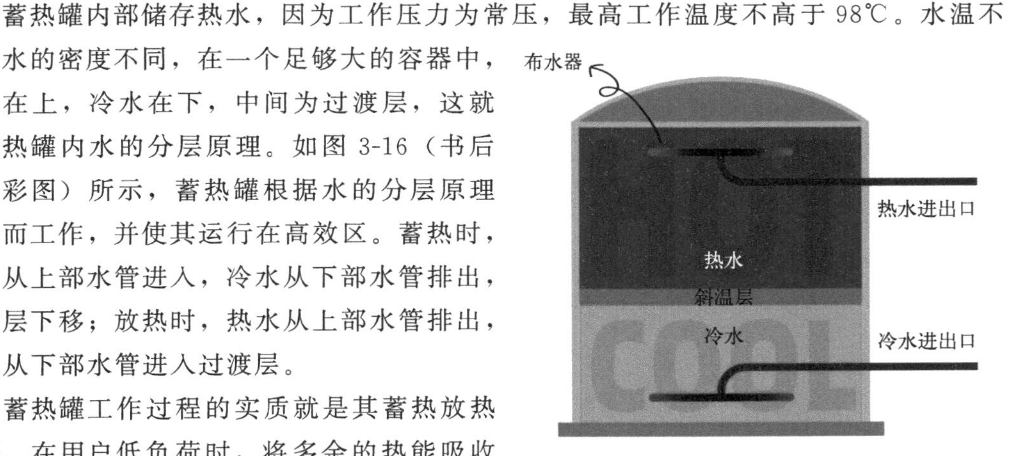

图3-16　蓄热罐工作原理图

蓄热罐工作过程的实质就是其蓄热放热过程，在用户低负荷时，将多余的热能吸收储存，等负荷上升时再放出使用。蓄热罐工作时，应保证其进出口水量平衡，保持其液面稳定，使其处于最大工作能力。另外，为避免蓄热罐内的水溶解氧而被带入热网，降低热网水质，蓄热罐内的液面以上通常充入蒸汽（或氮气），保持微正压，使蓄热罐内的水和空气隔离。

下面是某600MW机组具体应用的实例。

（1）储热过程

在用电低谷期（低负荷阶段）从再热蒸汽热段管道抽取部分再热蒸汽，将过余热力储存，降低燃煤机组发电量。

储热具体过程为：

抽取的再热蒸汽流经烟气加热器（烟气加热器布置在反应器顶部），利用再热蒸汽的显热加热脱硝入口烟气，将烟气温度加热到290℃以上，达到宽负荷脱硝的目的。烟气加热器出口管内工质仍为过热蒸汽。从烟气加热器出来的过热蒸汽分成两部分，一部分进入辅汽联箱供机组用汽，另外一部分进入熔盐储热装置中蓄热。过热蒸汽在熔盐储热装置中蓄完热变成汽水混合物，部分热量储存在熔盐储热装置中。汽水混合物进入储热换热器中加热斜温层储热水罐中的冷水从而完全冷凝，这部分热量储存在斜温层储热水罐中。汽水混合物变成凝结水后排入7号低压加热器入口管道中（图3-17）。

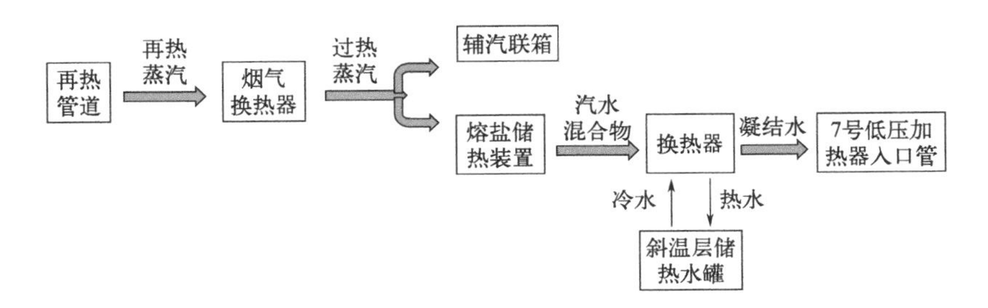

图3-17　熔盐储热水罐储热过程

(2) 放热过程

在用电高峰期（高负荷阶段）将储存的热量释放回热力系统中，将储存的热量用于加热凝结水，减少低压加热器抽汽。

如图 3-18 所示，从 7 号低压加热器入口管道引接部分凝结水进入释热换热器与斜温层储热水罐中的热水换热，凝结水被加热后送回 7 号低压加热器出口管道处，将斜温层储热水罐中储存的热量释放出来。

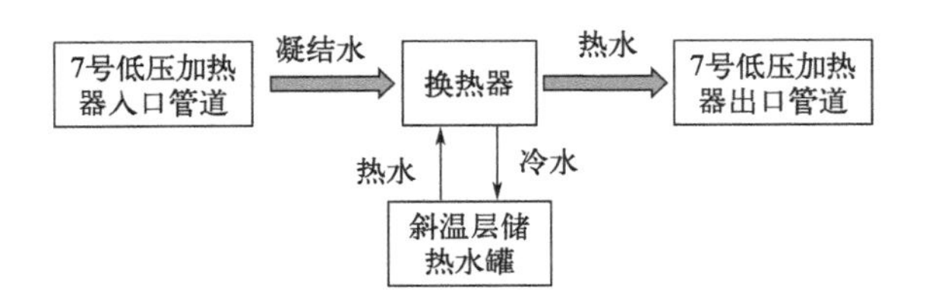

图 3-18 储热水罐放热过程

如图 3-19 所示，从 6 号低压加热器出口管道引接部分热水（100℃左右）进入熔盐储热装置，热水在熔盐储热装置中吸热升温（130～150℃）后送回除氧器入口管道，将熔盐储热装置中储存的热量释放出来。

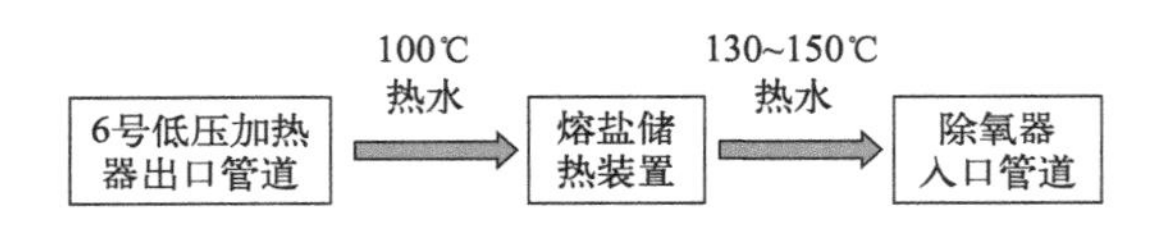

图 3-19 熔盐发热过程

储热罐和熔盐储热有效结合，促进了深度调峰向更深更广推进，增强了机组运行的灵活性和实时性，同时消纳了新能源，是深度调峰技术中较为重要的途径之一。

3.3.5 尖峰加热技术

在供热高寒期，外网热负荷偏高。机组要实现热电解耦，如果通过蓄热系统的调节仍然无法达到机组深度调峰的能力或者调节能力有限时，可以增加尖峰加热系统以满足供热需求。可以抽取再热蒸汽或者主蒸汽进行减温减压后用于供热。

再热蒸汽供热可以分冷再热蒸汽或者热再热蒸汽两种形式。不论哪种形式，都受到机组轴向推力和高压缸末级叶片强度限制。对于冷再热蒸汽抽汽，还需要考虑锅炉再热器超温，因此冷再热抽汽量相对较小。若从冷再热蒸汽抽汽供热，需加设减温减压装置；对于从热再热蒸汽抽汽供热，可利用原低压旁路减温减压装置。

对于主蒸汽减温减压供热，将部分主蒸汽利用机组原有的高旁减温减压器或者新设置的减温减压器，利用锅炉给水泵出口减温后再进入锅炉再热器加热后从热再热蒸汽管道引出，后面还可根据蒸汽参数要求再进行减温减压。主蒸汽减温减压供热可不受抽汽量的限制。

3.3.6 电热锅炉技术

在欧洲，由于大量风电和光伏发电的快速发展，北欧和德国经常会出现负电价情况，因此很多火电厂通过电热锅炉生产热水供热，来增加火电厂的经济性。电热锅炉在欧洲投资的商业模式是提供电力市场价格平衡调节的手段。这是一个快速和有效的调节电力生产的方式，也是增加热电厂经济性的有效措施。

在北欧的电网系统和热电厂中，大功率的电热锅炉几乎全是电极锅炉，主要功能有3个：

① 在电网中进行峰谷电的平衡和风电、光电的消纳；

② 增加热电厂的火电灵活性，在不干扰机组锅炉汽轮机系统的条件下，快速实现深度调峰；

③ 电极蒸汽锅炉配合过热器作为核电站和常规火电机组冷启动的启动锅炉，提供小汽轮机冲转和大汽轮机启动暖缸等蒸汽来源。

电热锅炉在中国的应用场景是通过消纳弃风弃光来供热，在不影响机组运行的情况下，电热锅炉是快速实现深度调峰的一个有力手段。特别是在风光水核等清洁能源发电资源丰富的地区。

电热锅炉的功率可以随时调整来满足不同热负荷需求，调整响应速率快，具有较高的灵活性，耦合电热锅炉还可以使电负荷降到零，可辅助热电联产机组进行深度调峰。图3-20所示为机组耦合蓄热罐和电热锅炉的系统结构简图。从电热锅炉里面出来的约为95℃的热水进入热交换器，与热网回水进行热量交换后，变成55℃左右的低温水再返回电热锅炉重复上述过程。与电热锅炉出来的95℃热水进行热量交换的90℃二次水既可以输送到蓄热器存储，也能够直接输送给热用户。

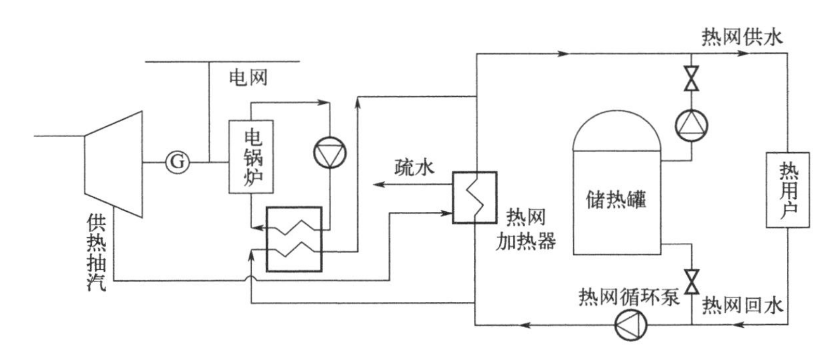

图3-20 机组耦合蓄热罐和电热锅炉的系统结构简图

3.4 深度调峰下汽轮机经济性分析

为了构建以新能源为主体的新型电力系统，助力“双碳”目标的实现，以风电、光伏为代表的新能源大规模接入电力系统。燃煤火力发电机组参与深度调峰，提高电网对新能源的消纳能力，已成为目前燃煤火电机组灵活性调节的技术难题。

随着机组负荷的降低，主再热蒸汽温度和压力都随之降低，给水温度也降低，使得机组热力循环平均吸热温度有所升高，循环效率下降，机组经济性下降。

负荷降低后，高压缸效率降低，中压缸效率相对下降较少，低压缸效率下降明显，以某 300MW 亚临界燃煤机组为研究对象，100％负荷时高压缸效率为 82.97％，50％负荷时效率为 69.89％，深度调峰到 40％负荷时高压缸效率为 65.09％，负荷达到 30％时高压缸效率仅为 52.33％；低压缸效率在 100％负荷时为 87.99％，50％负荷时为 86.20％，深度调峰到 40％负荷时低压缸效率为 85.24％，负荷达到 30％时低压缸效率为 85.05％；机组运行热耗增加，绝对电效率降低，机组在 100％负荷时，热耗和电效率分别为 8593.56kJ/(kW・h) 和 42.01％，50％负荷时热耗和电效率分别为 9189.27kJ/(kW・h) 和 40.09％，40％负荷时热耗和电效率分别为 9599.54.27kJ/(kW・h) 和 37.83％，深度调峰到 30％负荷时热耗和电效率分别为 9966.23kJ/(kW・h) 和 36.13％，总的来说三缸效率都在下降，经济性变差。

第4章 控制系统深度调峰技术

4.1 概述

近年来，我国风电、光伏等新能源电力装机容量持续快速增长，在役及在建装机容量均已位居世界第一。风电和光伏等新能源为我们提供了大量清洁电力，此外，其发电出力的随机性和不稳定性也给电力系统的安全运行和电力供应保障带来了巨大挑战。从目前的情况来看，我国电力系统调节能力难以完全适应新能源大规模发展和消纳的要求，部分地区出现了较为严重的弃风、弃光问题。为解决日益严重的弃风、弃光问题，提高新能源的消纳能力，提高火电机组的运行灵活性已是迫在眉睫的任务。

通常火电机组自动控制系统设计一般不满足大幅度、高速率的变工况运行，同常规负荷工况对比，深度调峰负荷工况下热力系统的设备状态和运行参数都会发生变化，导致被控对象特性出现显著差异，这要求控制系统必须做出针对性改进以适应机组大范围变工况运行要求。

4.2 深度调峰机组顺序控制策略

4.2.1 热控定值优化

热控参数定值设置的合理性、准确性是保障机组安全运行的重要前提，当前参数定值设置基于机组长期、高负荷工况运行而进行。但在深度调峰阶段，由于工况变化，部分系统逻辑、参数并不适用，需适时修改、优化，在实际运行过程中重点关注，保证深度调峰阶段各系统（设备）安全可靠运行。优化完善适用于深度调峰运行的热控参数定值，使其更为精准地逼近需求值，减小对运行参数及控制过程带来的影响，并提高机组深度调峰期间的经济性。

深度调峰负荷下由于机组燃烧工况的相对不稳定，一般分离器出口温度、炉膛负压等主要参数波动会增加，需要对相关调节系统进行变参数精细化调整，燃料控制系统、给水控制系统等原设置参数均已接近或低于DCS组态中设置的自动下限，且控制函数不满足低负荷运行需求，需要结合低负荷的燃烧调整优化试验结果重新设置。尤其是给水流量已接近报警定值，与保护跳闸值相差无几，需对给水流量保护停机值、炉膛负压保护停机值等汽水系统、烟风系统涉及机组跳闸的保护定值进行优化调整。具体优化程度需根据试验结果确定最佳数值。具体措施如下：

① 根据燃烧调整结果，优化完善适用于低负荷运行的设定值函数，使其更为精准地逼近需求值，减小对运行参数及控制过程带来的影响。

② 低负荷阶段，在保证汽轮机调节阀具有安全开度的前提下，适当提高主蒸汽压力设定值，适应降负荷过程中锅炉特性以减小主蒸汽压力偏差，防止超调过多。

③ 根据低负荷的摸底运行试验，优化原控制系统中的自动调节输出下限，对主要设备保护定值和主要控制回路的切换条件进行检查，确保在深度调峰负荷运行时，设备能够可靠运行，调节回路动作正常。

④ 当机组负荷降低，凝结水流量也随之降低，宜采用单凝结水泵变频低速运行。根据凝结水流量试验结果确定凝结水再循环阀关闭值，从而优化凝结水再循环逻辑，提高在深调时凝结水系统的经济性。

4.2.1.1 定滑压曲线优化

深度调峰工况下的安全性及经济性需要着重考虑的因素是运行主汽压力，主汽压力变化会引起汽轮机内效率和循环效率改变，其改变量对经济性的影响叠加后存在极值，极值处即为该负荷下经济最优主汽压力。通常在同一负荷下进行变主汽压力试验，计算汽轮机热耗率来确定经济最优主汽压力，拟合不同负荷下的经济最优主汽压力可获得机组经济运行的定滑压曲线。然而，深度调峰下机组首先保证安全运行，以往确定定滑压曲线的汽轮机试验负荷低限在50%额定负荷左右，缺乏机组负荷继续下探时定滑压曲线优化的理论指导和试验依据。当机组深度调峰时，需要将定滑压曲线向低负荷延伸，以保证机炉协调运行时机组主要参数匹配，但是，深度调峰下汽轮机合理的主汽压力未必满足延伸的定滑压曲线。

可以在机组深度调峰下进行汽轮机的定滑压曲线优化试验，一方面验证主汽压力下机组的运行安全性，另一方面获得稳定的热力系统参数以计算经济指标。定滑压曲线优化试验应当在机组完成灵活性改造后具备参与深度调峰的条件下进行，此时各设备已完成检修改造、相关控制逻辑已经优化、运行规程已经修订，机组深度调峰运行具有一定的安全裕量且运行人员具有机组深度调峰的运行经验。在机组深度调峰下进行试验，需要重点关注诸如给煤机、磨煤机、脱硫脱硝等设备运行状态和辅汽联箱的汽源切换、电泵热备用、凝结水泵工频等运行操作，还应做好诸如主给水流量波动、锅炉欠水及满水、低压加热器疏水不畅等试验事故预案，严密监视机组振动、汽水品质、推力瓦温度等重要参数。

需要注意的是，机组深度调峰下，热力系统可能无法严格隔离导致热力系统不得不与外界发生汽水交换或热力系统内部汽水流程与设计工况不一致，例如驱动给水泵的小汽轮机的汽源来自辅汽、汽封系统无法自密封需切换汽源至主汽或辅汽等，因此，衡量机组运行经济性需要考虑热力系统实际状态并合理修正计算经济指标。

某660MW机组定滑压曲线如图4-1所示。

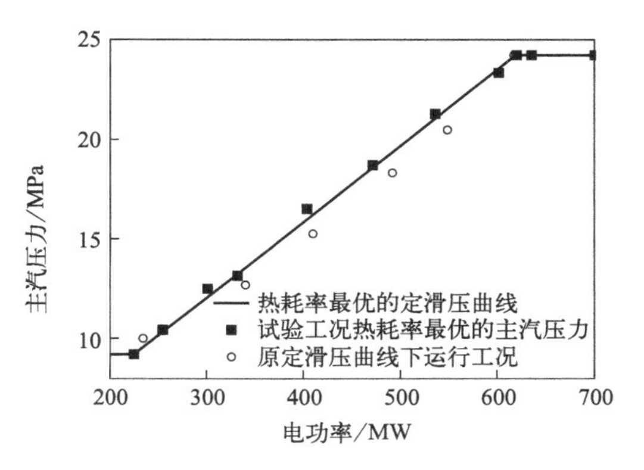

图4-1 某660MW机组定滑压曲线

4.2.1.2 流量特性曲线优化

参与深度调峰的火电机组，对汽轮机配汽方式进行优化，减少汽轮机在部分负荷下的节流损失，是提高火电机组在调峰低负荷下经济性的一种有效手段。如果机组按照出厂设计的阀门开启方式，那么在低负荷时机组的调节汽门节流损失将增大，汽轮机相对内效率降低。另外，即使有些汽轮机按照顺序阀控制方式设计，但运行中，汽轮机制造厂家提供的设计参数和阀门函数，可能会因为机组安装或其他原因，造成实际数据与设计数据产生一定的偏差，导致汽轮机实际运行中，配汽方式不是在最优方式下运行。为了提高其运行经济性，也有必要对汽轮机的配汽方式进行优化改进。

汽轮机一般有节流配汽、喷嘴配汽和复合配汽方式。节流配汽是汽轮机所有调门具有同一开度且同时开大或关小；喷嘴配汽是汽轮机各个调门保持一定重叠度依次开启；复合配汽是汽轮机在不同负荷段根据需要实施节流配汽或喷嘴配汽。参与深度调峰且未经配汽优化的机组，在低负荷（<50%额定负荷）深度调峰时多采用节流配汽方式，主要原因有：a. 全周进汽汽流均匀，避免上下缸温差过大、轴瓦振幅增大等问题出现；b. 当4个调门同在流量线性区域，比喷嘴配汽的单个或两个调门在线性区域可调裕量更大、动态响应更迅速；c. 配汽方式优化需要进行一系列的试验、数据计算、数字电液控制系统（DEH）逻辑检验及修改等工作，任务量大且技术要求高。绝大多数煤电机组在50%额定负荷以上时采用喷嘴配汽方式，与节流配汽方式相比经济性明显提高，平均发电煤耗可降低0.5～2g/(kW·h)。深度调峰下机组采用节流配汽，其运行经济性与喷嘴配汽方式下的运行经济性相比更差，且机组负荷越低，节流配汽下调门节流损失就越严重，机组经济性也会显著变差。因此，有必要进行配汽优化以考察机组深度调峰下喷嘴配汽时各项安全、经济、调节指标，实现机组从节流配汽向喷嘴配汽转变。

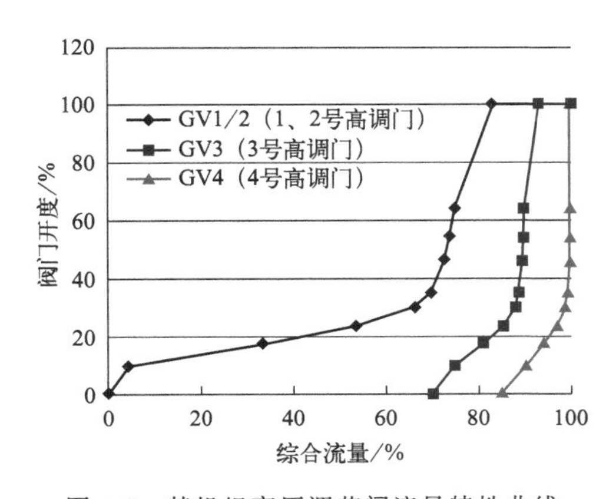

图4-2 某机组高压调节阀流量特性曲线

某机组高压调节阀流量特性曲线如图4-2所示。

4.2.1.3 其他热控参数定值优化

超临界机组采用的直流锅炉，其蓄热利用的机制同亚临界汽包锅炉有所不同。汽包锅炉的水在汽包—下降管—水冷壁内循环多次被蒸发，汽包具有很大蓄水容积，相对于燃料水是过量的；直流锅炉水在水冷壁内被一次性蒸发，相对于燃料水是等量的。单独增加给水流量时，过量的水存储在汽包中，汽包锅炉蒸发量不会增加，汽包水位上升，蒸汽压力和温度基本不变；而直流锅炉会将过量的水全部蒸发为蒸汽，蒸汽压力瞬时升高，蒸汽温度降低，相当于利用了锅炉金属管壁蓄热。利用金属管壁蓄热可以提高蒸汽压力的响应速度，但会造成中间点温度波动。中间点温度频繁大幅变化，易造成受热面管道氧化皮脱落造成爆管等事故。压力和温度均为直流锅炉的重要被控参数，水煤动态配比同时影响这两个参数的控制品质。实际运行的超临界机组中，当给煤输入指令变化时，由于制粉过程需要一定的时间造成给煤量响应时间存在迟延，但是给水过程不存在如此长的滞后时间。给煤给水指令发出后，机组响应时间不同。可以依据焓值（温度）、压力、负荷等控制系统输出量的超调量、响应速度等评判标准来寻求最佳动态水煤配比信号。

当前多数机组采用分仓配煤方式掺烧，在不同负荷段入炉煤发热量发生变化，导致燃料需求量与原设计出现较大偏差，实际给水流量也与原设计存在一定差异。超（超）临界机组按照原设计的水煤配比关系进行控制，在负荷改变时因水煤基础配比关系失调易引发控制偏差增大、调节时间过长等问题，因此需要根据不同负荷下实际燃料量及给水流量需求量对其设定函数进行相应的调整。

某 350MW 机组优化前后燃料量及给水流量设定曲线对比如图 4-3 所示。

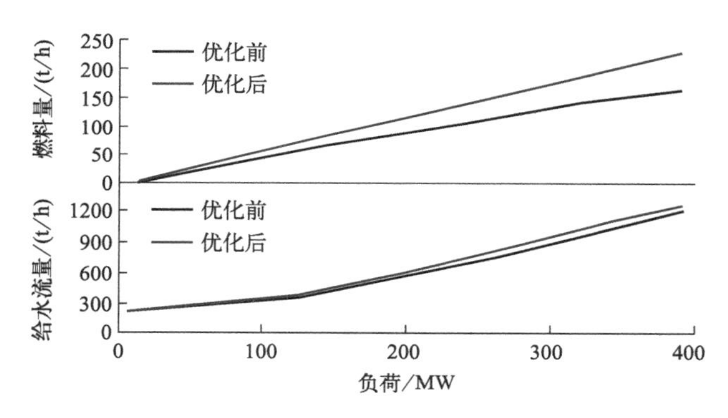

图 4-3　某 350MW 机组优化前后燃料量及给水流量设定曲线对比

虽然给煤量和给水量耦合且具有一定的比例关系，但是在扰动过程中，同一时刻两者对于输出的影响速度和幅度不同，不能抵消。所以，当机组发生给煤或给水扰动时，即使水煤比在整个变工况过程中保持不变，输出也会发生变化。为了解决这一问题，可以在水跟煤控制方案下对煤量通过惯性环节来动态校正，即动态调整水煤比设定曲线以适应当前电力系统对火电机组深度调峰和快速变负荷的控制要求。

随着深度调峰过程中锅炉负荷的下降，入炉总风量也会相应下降，对于循环流化床锅炉其中一次风量的下降将不可避免地导致密相区流化风速的降低，进而严重影响炉内的流化情况。因此，为保证低负荷下炉内的流化质量，需要根据锅炉的具体负荷，灵活调整一次风和二次风的配比。就锅炉实际运行情况而言，若始终确保一次流化风量大于临界流化风量（3～5）$\times 10^4 m^3/h$，就能够保证长期深度调峰运行中锅炉的良好流化。若要降低到 20%甚至更低的负荷，为了保证流化安全，则需要引入烟气再循环来增加密相区的流化风量，或通过优化控制入炉煤粒度，提高床料质量以降低临界流化风量。

此外，在深度调峰过程中还应严格控制一次风的变化速率，若一次风下降速率过慢，滞后于负荷，则将导致床温偏低，锅炉难以稳燃；相反，若一次风下降速率过快，则将导致床料携带能力不足，易发生翻床等现象，长时间低一次风量运行还将引起流化质量低以至结焦等一系列问题。以某350MW超临界CFB锅炉为例，在负荷从350MW下调到175MW的过程中，一次风量可以5000m³/min的速率减小，但是当负荷低于175MW以后，风量下降速率则要控制在2000m³/min左右（图4-4）。

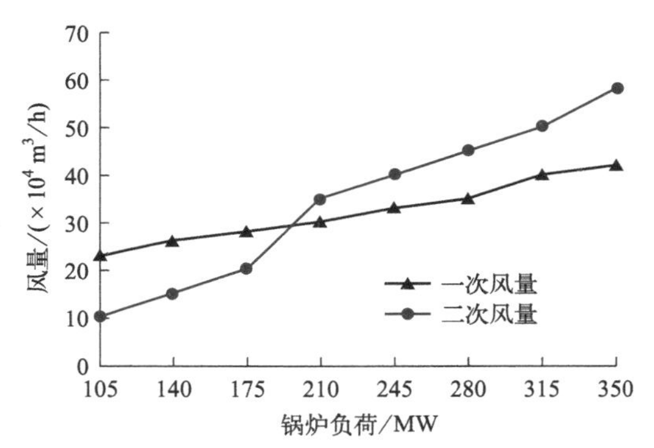

图4-4 某350MW循环流化床机组优化后一次风和二次风量配比

一次风是煤粉锅炉燃料输送系统的主要动力来源。一次风要同时完成燃料输送和煤粉着火，过大、过小的风煤比都会影响到煤粉在炉内的正常燃烧。同时，锅炉燃烧过程中，燃料中的可燃元素与空气中的氧相互反应释放热量。只有当空气与燃料的配比合适时，才能实现燃料的完全燃烧。所以为了节能和保护环境，无论在燃烧的稳定状态下还是在锅炉启停以及变负荷调整的情况下都必须将空气和燃料的配比（空燃比或风煤比）控制在正常值上。但随着负荷、煤种等因素的变化，将风煤比控制在一定范围内也就更加困难。对于燃烧控制系统来说，在燃烧负荷变化时，一般都要根据燃烧特性对过量空气系数进行调整，使其处于较好状态，单交叉限幅燃烧控制方式和双交叉限幅燃烧控制方式都可以满足。但是，只是过量空气系数合格还不能完全说明燃烧状态的好坏。因为在负荷或煤种变化大的情况下，过量空气系数在整个燃烧过程中应是变化的。低负荷和煤质变差时，过量空气系数有所增大。这是因为负荷降低时，燃料的空气量变得很小，一次风量降低，使燃料和空气混合不好，容易引起不完全燃烧，若要防止煤粉堵管和燃料燃尽就要求加大风量，从而过量空气系数增大；同样煤质变差时，若要完全燃烧，所需的空气量就会增加，过量空气系数应有所增大。另外，过量空气系数的大小还受到燃料消耗量、空气流量测量精度等影响。

机组在经济、环保和能效方面理论上已经确定了深度调峰负荷目标值的验证工作，综合评估能效损失和深度调峰补偿后，应该向电网正式申报拟定的深度调峰负荷数值，并提供负荷限值数据验证说明，除上述热控定值参数优化内容外，深度调峰机组热控定值检查优化项目还应至少包含下列内容：

① AGC指令量程由50%～100%调整至深度调峰下限至100%。

② 负荷指令回路下限调整至深度调峰下限值。

③ 检查机组主控闭锁深度调峰负荷时辅机运转条件已经确认。

④ 协调控制中闭锁条件定值并修正。

⑤ 检查滑压曲线包含深度调峰下限功率对应值，且定值经过验证。

⑥ 锅炉负荷指令下限满足深度调峰要求，且保证稳燃要求。

⑦ 风量曲线应根据深度调峰燃烧优化数据确定，同时满足深度调峰下限要求，并

高于风量保护定值。

⑧ 各风机的开度或频率下限应同时满足深度调峰下限值及设备安全稳定运行要求。

⑨ 一次风压曲线设定应满足深度调峰下限值要求。

⑩ 氧量函数应依据燃烧优化数据设定，尽量低氧燃烧，兼顾脱硝需求。

⑪ 汽包炉给水流量在主汽流量较为稳定的情况下应保持三冲量控制。

⑫ 燃料主控下限值应满足深度调峰下限值要求，并能保证最低稳燃燃料量。

⑬ 脱硝控制稳定性检查，完成低负荷工况优化试验。

⑭ 一次调频控制部分应保证调频功能正常，同时设定低负荷限值。

4.2.2 主要辅机设备启停优化

4.2.2.1 制粉系统启停

火电机组深度调峰不可避免地需根据负荷需求不断启停制粉系统，而制粉系统每启停一次需按照一定的顺序操作磨煤机润滑油泵、相关的各个风门、磨煤机、给煤机等设备，同时还要维持磨煤机入口风压、出口风温等参数在一定范围，这一较为复杂而重复的工作靠运行人员手动操作，不仅费时，而且还会因误操作而影响机组的安全、经济运行。制粉系统作为一个功能相对独立且完整的系统，完全可以设计成一个功能组，实现系统的自启停控制，并纳入整个机组的自启停控制系统（APS），完成机组级协调功能组对其的调用，共同实现机组的整体自启停控制。

制粉系统的控制可分为启动阶段、正常运行阶段和停止阶段 3 个阶段。在启动和停止阶段，主要是各个设备的顺序控制，而正常运行阶段主要是过程变量的连续控制。针对制粉系统的启停控制，设计了暖磨、启磨、停磨 3 个主要功能组，以实现制粉系统的全程自动控制。

能否安全、快速地使制粉系统出口温度达到规程要求一直是制约制粉系统自启停功能组能否实用化的一个关键技术难题。一套制粉系统冷态启动所花费的时间很大程度上取决于磨煤机暖磨的时间，为了保证制粉系统能既安全又快速地完成暖磨，应设计暖磨功能组服务于制粉系统自启停功能组，实现制粉系统的自动暖磨。暖磨功能组可根据制粉系统的停运时间或磨煤机的温度自动判断磨煤机的当前状态（这里主要考虑冷态和热态），再根据磨煤机的状态选择合适的温升率，对制粉系统的热风调门进行闭环温升率自适应控制，从而实现安全、快速的暖磨功能。设计独立暖磨功能组的目的是：在制粉系统的启动指令触发前，运行人员便可独立调用该功能组进行磨煤机的预暖操作，从而节省了后续制粉系统启动所需的暖磨时间。暖磨功能组的控制流程为：磨煤机停运且任一密封风机运行时，开磨煤机密封风门、开给煤机密封风门、退石子煤排放自动、关石子煤排料门；反馈到位后，关给煤机进口门、关给煤机出口门、开石子煤进料门；反馈到位后，开磨煤机出口门、开磨煤机冷风门、开磨煤机热风门；反馈到位后，投磨煤机热风调节门自动；当磨煤机出口温度达到目标值时，暖磨功能组结束。实际运行中，不同磨煤机的热风门都存在不同程度的漏风现象，漏风容易导致暖磨时磨煤机出口超温或暖磨结束后磨煤机出口温度无法维持在目标值（此时磨煤机热风调门已在全关状态），对此，可将冷风调门预置一定的开度来平衡热风门的漏风，以达到良好的控制效果。暖磨功能组启动后，磨煤机出口温度平缓上升，达到目标值后维持在目标值不变；整个暖磨过程中，磨煤机入口风量、风压控制良好，一次风压波动很小，达到暖磨要求。

制粉系统的自动启动应同时兼顾磨煤机、给煤机等重要设备的安全运行及煤粉在炉膛内的稳定燃烧，防止爆燃。因此在启动过程中首先应确保一次风压稳定不越限，这样才能保证磨煤机进的一次风有足够高的静压头，以克服磨煤机及粉管的阻力，维持正常的一次风量和出口温度。启磨功能组的控制流程为：煤层无火且点火能量满足、一次风压正常时，启动暖磨顺控功能组；磨煤机出口温度达到目标值时，启动磨煤机润滑油泵；润滑油条件满足时，开磨煤机密封门、开给煤机密封风门、关石子煤排料门；反馈到位后，开磨煤机出口门、开石子煤进料门；反馈到位后，开磨煤机冷风门、开磨煤机热风门、投磨煤机冷风调节门自动、投磨煤机热风调节门自动；反馈到位且启磨条件满足后，启动磨煤机、设置一次风压力；当磨煤机入口一次风压正常时，开给煤机出口门；反馈到位且给煤机启动条件满足后，启动给煤机、开给煤机入口门；给煤机铺煤正常时，投给煤机自动、投石子煤排放自动，启磨功能组结束。启磨功能组主要包括以下功能：

① 与暖磨功能组的接口。若制粉系统冷态启动，应调用暖磨功能组完成暖磨操作；若磨煤机出口温度已达到规程要求，则跳过暖磨操作直接进入启磨过程，节省启动时间。

② 磨煤机启动后的燃料全程控制。这里包括启动初期皮带的快速铺煤逻辑设计以及根据机组负荷自动闭环控制煤量增减的逻辑设计。此处必须与机组燃料全程控制策略相结合，达到锅炉主控、燃料主控、给煤机给煤率控制均实现全程控制的目的。

③ 启磨过程中的风量控制。启动制粉系统过程中风量全程控制也是需要考虑的问题，这里应包括启动初期最低风量的配风、点火初期风量大小的配比以及增加给煤率时的风量自适应增加等功能。

实际调试过程中应注意磨煤机冷、热风调门投自动时，启动磨煤机后，磨煤机入口风量偏小、磨煤机入口风压偏低，无法达到正常启磨的要求，此时若再打开给煤机出口门启动给煤机，磨煤机极可能因进煤而导致入口风量、风压进一步降低，最终跳闸；而若一直等待磨煤机入口风量、风压上升至满足要求，又无法快速响应机组的负荷要求。对此，根据运行人员手动启磨的经验，增加辅助控制回路，设定启磨时磨煤机入口温度和冷、热风调门开度的函数，在磨煤机进煤前将冷、热风调门预置在一个合适的开度，既保证了磨煤机的安全启动，又达到了快速响应机组负荷的要求。此外，在启磨初期，给煤机投自动后，因煤量突增，燃料主控下调，致使刚启动给煤机的给煤量在最小给煤量的基础上往下降，由此可能引起燃烧不稳、火检信号跳变，并进一步导致跳磨，对此，可设置给煤量闭锁回路，在顺控启磨初期闭锁减该磨煤机对应给煤机的给煤量。

制粉系统停运过程中，应保证风量、风温下降平稳，风压系统稳定，系统内煤粉充分走空，系统温度下降到规定值，从而消除了制粉系统内煤粉爆燃现象，减少制粉系统风量变化对炉膛负压的扰动。停磨功能组的控制流程为：煤层点火能量满足时，设置最小给煤率，开冷风调节门、关热风调节门；当冷风调节门开度大于90%且热风调节门开度小于5%时，关热风门；热风门关到位且给煤率小于10t/h时，停给煤机；给煤机停运后，延时关给煤机出口门、慢关冷风调节门；给煤机出口门关到位、磨煤机已走空且冷风调节门开度小于20%时，停磨煤机，关给煤机密封风门、关磨煤机密封风门，停磨功能组结束。停磨功能组主要包括以下功能：

① 风量及风温控制。既要保证不出现冷、热风调门配合不好导致磨煤机入口风量低直接跳磨，进而导致停磨功能组失败，还应控制停磨过程中温度下降的速率，保证设备的安全。

② 停磨过程中的风门管理功能。为了避免停磨过程中风量降低过快及关闭磨出口门时导致一次风机喘振，应增加制粉系统停运时风门的管理功能，以保证一次风系统的正常运行。停磨过程中，磨煤机冷、热风调门开关速率的控制至关重要。在关热风调门时，磨煤机入口风量下降较快，存在跳磨的隐患；磨煤机停止进煤后，在慢关冷风调门的过程中，若速率设置过快，不但会导致磨煤机出口温度下降缓慢，延长停磨时间，同时极易引起一次风压力波动，并有可能导致一次风机喘振。对此，可根据运行人员的经验设置合适的冷、热风调门的慢关速率，从而有效地保证磨煤机的安全停运。

作为制粉系统全程自动控制的一个方面，制粉系统石子煤排放的自动控制也必须考虑。制粉系统中磨煤机产生的石子煤一般由运行人员手动排放，排放周期约15min，在一个当班期间，运行副值班员很大一部分时间都用于石子煤的排放工作。实现制粉系统石子煤排放的自动控制后，副值班员只需花少量时间关注石子煤排放控制系统的运行状态即可，大部分时间都可用于协助主值班员监视燃烧、汽水、电气等重要系统的运行状态，大大缓解了主值班员的监盘压力，降低了运行人员的工作强度。制粉系统石子煤排放自动控制的控制流程为：

① 石子煤进料门开到位、石子排料门关到位且石子煤排放系统无故障时，投石子排放控制自动；

② 设定的排放周期时间到后，关石子煤进料门；

③ 反馈到位后，开石子煤排料门；

④ 延时一定时间后关石子煤排料门；

⑤ 反馈到位后，开石子煤进料门。

如此往复，实现石子煤的自动排放。

4.2.2.2 给水系统启停及自动并/退泵优化

给水系统是机组启动停止过程中的重点控制对象，它贯穿整个机组运行过程。对于直流炉，其工作主要分四个阶段：

① 锅炉上水、冲洗阶段，采用给定值的给水流量控制，完成锅炉上水、冷态冲洗以及点火后的热态冲洗过程。

② 升温升压阶段，第一阶段完成以后，进入升温升压阶段，给水进入循环阶段。此时汽水分离器处于湿态运行，水位由汽水分离器至输水扩容器调节阀进行调节。给水泵提供固定流量，在旁路系统的辅助下，完成工质参数的提升。

③ 炉水循环阶段，在机组启动、运行初期，超超临界机组处于湿态运行状态，为了保证水冷壁的安全，必须保持最小工质流量。其中大部分由给水泵提供，保证储水箱的水位稳定，另一小部分由锅炉强制循环泵提供。

④ 超超临界直流锅炉直流运行阶段，分离器处于干态运行，成为过热蒸汽通道。此时循环泵调节阀逐步减小至关闭，而给水流量逐步加大。当汽水分离器中的工质全部转变成微过热蒸汽时，给水流量等于蒸发量，实现分离器由水位控制转化到直流工作方式下的给水控制。

自启停控制系统的实现过程是把机组启动和停止过程有层次地划分开，构成类似金字塔形的结构，通过上一级向下一级发送指令来完成机组过程控制，一般将它划分为机组级、功能组级、设备级三层结构。然而要实现机组的完善控制，接口技术不可或缺来构成完整的自启停控制系统。这样分层的控制方式，每层都有明确的任务，不同层之间接口界限分明，同时，层次之间的联络密切可靠。这种分层的结构将整个机组的控制过程化成小块专项控制模式，将复杂的控制系统分成若干个功能，即相对独立和完善的功能组，这样减轻了机组控制级统筹全厂控制的压力，简化了控制系统的设计方案。机组上位控制总站需要完成各个功能组和系统的衔接，减少了和具体设备的连接，方便了各个系统的设计和调试，但这对底层功能组的设计提出了高要求。涉及模拟量控制系统的功能组，需要顺控和模拟量控制密切配合，较快较好地将系统投入运行。此外，功能组在设计功能上要具有独立性，即功能组可以单独使用并且可安全平稳地完成系统的投入和退出，即使不投入自启停控制系统，功能组也能正常运行。

给水管道注水功能组主要是在电动给水泵启动前完成除氧器至省煤器这段主给水管道的注水排气功能。给水管道注水是把管道上的阀门按照顺序打开以后，借助除氧器水位的静压差给管道进行注水。

锅炉采用电动给水泵进行上水，给水旁路调节阀控制给水流量，电动给水泵的勺管控制给水泵出口母管压力与主给水电动门后压力的差值，维持在一定值并投入自动，锅炉上水达到预设水位后启动炉水循环泵。

汽动给水泵启动功能组，以给水系统共配置三套给水泵组为例，其中两套汽动给水泵组为50%负荷，一套电动给水泵组为30%负荷。汽动给水泵工作时汽源由四段抽汽供应，备用和启动用汽采用辅助蒸汽供给。给水泵启动前需要对其进行冲转达到3000r以后即可投运，通过控制汽轮机转速控制给水流量。

高压加热器投入功能组，高压加热器利用从汽轮机中间级后抽汽来加热锅炉给水，目的是提高锅炉的给水温度，从而提高机组的经济性。高压加热器一般在30%负荷时投入，打开1号、2号、3号抽汽电动门即可。

对于超超临界直流炉来说，在深度调峰阶段需要考虑干湿态自动转换、水煤比控制、自动并泵/退泵的问题，上述技术难点主要体现在低负荷阶段，只有妥善解决这些特殊的技术难题，才能保证机组自启停控制系统的顺利实现。干湿态转换，设计自启停时可将机组干态和湿态运行状态在自启停主界面中显示，如果出现干湿态交替进行的现象可及时进行处理。升负荷在20%～30%之间时，如果机组运行全部满足以下3个特征：a. 当储水箱水位逐渐下降，给水流量的增大对于储水箱水位变化很小，361阀的开度逐渐关小至全关；b. 当储水箱水位下降到一定值，锅炉循环流量逐渐至炉水循环泵出口 360 阀全关；c. 当水冷壁出口工质出现过热度，并逐渐增长，可以认为锅炉转干态成功。降负荷时，以储水箱水位逐渐上升为参考，同时负荷在 26%～30%之间时说明机组由干态即将转为湿态。在转湿态时，为了保证启动分离器时储水箱水位的稳定，防止锅炉循环泵跳闸引起的给水流量过低，进而造成锅炉主燃料跳闸（MFT）动作，应该尽早将主给水阀切成给水旁路调节阀。

自动并/退泵控制升负荷阶段，在主给水阀门完全打开以后，如果电泵提供的给水流量不足，给水泵出口门还没有打开，那么通过并泵的给水泵转速提升回路自动升高汽泵转速，使得该泵的出口压力接近给水母管压力，然后自动打开该泵的出口电动门。如果给水泵出口门未打开，但出口压力已经高于给水母管压力，那么此时是不允许并泵的。因为出口门打开会造成给水流量的波动；如果出口门已经打开，那么会自动跳过这一步的操作。在出口门打开后，继续提高汽泵的转速，当汽泵接近出水时可以降低提升的速率，使得该汽泵缓慢出水。当该汽泵出水稳定以后，可以继续提升汽泵的转速；当该汽泵出水流量达到一个稳定值后，就可以进入泵出力平衡回路；当进入泵出力平衡回路以后，慢慢提升该汽泵的出水流量，在平衡回路的作用下，该汽泵升高多少流量，其他泵就需要减小相应的给水流量，使得给水流量保持不变；当该泵出口流量与其他泵平衡时，并泵过程完成。降负荷阶段，通过泵出力平衡回路，慢慢减少该汽泵的出水流量，当减少到一个较小值时，进入降速回路，降速回路降低汽泵的转速。当该汽泵不出水以后，以较快的速率降低到最小转速，该汽泵切换到手动方式，退泵过程完成。在退泵过程中，当汽泵有出水时流量降低的速率是根据给水流量控制偏差、各个泵的出水流量控制偏差等参数自适应调整，以保证整个退泵过程中对给水流量的扰动达到最小。

给水系统包含的主要调节门有给水旁路调节门、炉水循环调节门、电动给水泵再循环调节门以及汽动给水泵再循环调节门，对于调节门来说具有 PID 控制器和手操器两部分输出阀门开度指令送到现场实际设备对其进行操作。此时涉及 PID 投自动和手操器投自动，所以调节回路中出现纯手动方式、自动备用方式、自动控制方式三种状态，其中自动备用方式为 PID 处于手动状态而手操器处于自动状态。鉴于给水泵比较重要而且又特殊，需要设计自动并泵/退泵控制回路。当给水泵需要并入或退出时，由并泵/退泵回路自动完成，而不是直接投入自动。并泵完成后自动投入手操器的自动，退泵完成后自动退出手操器的自动。控制参数偏差大是否退出手操器自动，可以根据不同的情况选择，对部分重要的自动回路，就需要对偏差进行限幅。当控制偏差太大，自动调节回路会变慢，会出现发散性振荡的不稳定；对于给水系统需要一些特殊的调节回路，设计成上下行两个方向的调节速率，以满足安全运行要求，又避免了振荡不稳定。给水旁路调节阀、电动给水泵勺管差压调节等回路，设计成往大方向开时调节较快，往小方向关时调节较慢；这防止了给水流量过低，高压加热器水位过高，有利于系统的运行安全，同时，由于有一个方向调节慢，系统不会出现振荡不稳定的现象。

给水功能组接收自动启动指令后，发出汽动给水泵前置泵、进口电动门、出口电动门的开关指令。然后复位小汽轮机、小汽轮机冲转、暖机直至小汽轮机冲转完成，交于模拟量控制系统（MCS）遥控，MCS在机组升降负荷的过程中会自动完成并/退泵。小汽轮机电液控制系统（MEH）接收的来自汽动给水泵功能组的接口信号主要有目标转速、升速速率、小汽轮机挂闸指令、冲转指令、小汽轮机遮断指令、汽轮机跳闸保护系统（ETS）复位指令。MEH向汽动给水泵功能组和MCS发出的信号主要有小汽轮机转速、小汽轮机复位信号、小汽轮机遮断信号、小汽轮机冲转允许、MEH处遥控控制方式、小汽轮机主汽门全开、冲转完成。向汽动给水泵功能组发出的信号主要有：启动指令、并泵指令、退泵指令、停泵指令。汽动给水泵功能组返回信号主要有汽动给水泵启动完成、汽动给水泵并泵完成、汽动给水泵退泵完成、汽动给水泵停运完成。自动向汽动给水泵功能组发出指令后，汽动给水泵功能组协调MCS及DCS完成汽动给水泵启停和并/退泵的功能。

4.2.2.3 单侧风机运行

机组在低负荷工况下运行时，风烟系统六大风机大都偏离了风机高效区运行，风机运行效率降低，风机电耗升高；采用单侧风机运行可以将一台风机的负荷转移至另一台风机，保持另一台风机高负荷运行，使风机运行在高效区，以此降低风机的电耗，实现节能。同时如果双风机运行，则这时风机的运行点离失速线会比较近，风机外壳和风道的振动及噪声增强。因此，当机组在低负荷运行时建议采用单侧风机运行，此时风机的风量及压头更接近风机运行的高效区，风机效率也高于双风机运行。而且单风机运行时，风量更接近设计风量，可以有效解决振动及噪声问题。因此机组低负荷运行时，单侧风机运行具有更好的安全性和经济性。单侧风机运行在机组30%和20%额定负荷时均要根据运行实际情况进一步实施。

风烟系统一般有两种设计方式：一种是一次风机、送风机在空气预热器前无联络或有联络；另一种是引风机在空气预热器后无联络或有联络。在无联络的情况下，如采取单侧运行，空气预热器和电除尘器必须参与单侧运行（为防止空气预热器变形损坏，备用空气预热器仍需旋转，仅关闭出口各风门挡板及进口烟气挡板），空气预热器如采用单侧运行则另一空气预热器不参与换热，势必会造成运行空气预热器的排烟温度升高，锅炉效率下降；而电除尘器单侧运行，易造成电除尘器效果降低。故此，无联络的风烟系统，不考虑采取单侧运行方式。六大风机可以根据现场配置及实际运行工况进行同侧和异侧的不同组合运行，不同组合方式中，空气预热器均两侧投入正常运行，以增强空气预热器换热效果，降低排烟热损失；风机联络门处于开启状态，参与两侧空气预热器换热，可以降低风机风道阻力，增加流通量，更好地降低风机能耗。

单侧一次风机+同侧送风机+同侧引风机及单侧一次风机+异侧送风机+异侧引风机这两种运行方式容易造成炉内燃烧偏斜，同时造成烟气偏向一侧，会引起主再热气温偏差大，可以通过调节烟气挡板来尽可能平衡。调节二次风挡板时，运行侧二次风门开度适当小于停运侧二次风门。同时烟气偏向于运行风机侧，造成同侧空气预热器烟气量增加，但是同侧二次风流量也相应增加，对空气预热器出口烟温的控制有利。单侧一次风机+同侧送风机+异侧引风机及单侧一次风机+异侧送风机+同侧引风机，这两种方式较上述两种方式引起的炉膛内燃烧偏差较小，但是也可以通过二次风挡板调节来达到运行要求。与上述两种方式相反，可能造成两侧空气预热器排烟温度偏差大，易造成运行引风机侧空气预热器出口烟温高，影响空气预热器的安全运行。在实际运行中，由于左右侧烟道阻力特性不完全对称，可选择风机综合电耗最小又相对安全的方式运行。

单侧风烟系统在运行中可能存在安全问题，如由于一次风机在运行中母管压力大，在机组加负荷、减负荷时风机并列或停运过程中易发生风机失速、喘振，需要一次风机采用快速并列和快速停运控制方式；单侧风机运行对风机的可靠性要求高，主要危险点为风机跳闸造成机组非停事故，需要加强对风机的轴温、线圈温度振动的监视，防止风机电流超限，控制机组负荷使风机在额定出力范围内运行，保证风机运行可靠，同时对风机、空气预热器油系统加强巡视，发现运行风机、空气预热器油系统有渗油、漏油现象立即恢复双侧运行，控制油温在正常范围，若在停运一侧风机的过程中发现风机振动增大或者喘振报警，立即恢复双侧风机运行；单侧风机运行时，由于烟气流量偏差，低负荷时停运侧烟道流量更低，易造成电除尘器前水平联络烟道积灰，需要加强空气预热器吹灰，防止因空气预热器堵塞引起烟气偏差大；同时严密监视空气预热器出口烟温、电流，防止超温，如果电流波动，及时恢复双侧风机运行。同时风机各测点应准确无误，尽可能地不发生因测点问题引发的风机误跳；风机进出口挡板的严密性尽可能好，以免造成反转增加风机恢复双侧运行的难度；可以考虑空气预热器入口烟气挡板具有调节功能，以便更好地调节平衡两侧烟气量；引风机入口挡板具有调节或点动功能，以便在停运一侧风机的时候利用入口调节挡板配合动叶调节转移引风机负荷，减少对运行风机的影响；单侧风机运行时间尽量做到两侧交替平衡，防止长时间运行一侧引起烟道积灰造成烟道阻力偏差大。

当机组负荷下降时，风机切换顺序根据单台引风机能接带的最大负荷（设计煤种条件下）、单台送风机能接带的最大负荷、单台一次风机能接带的最大负荷确定，通过对比所接带最大负荷的大小，在机组降负荷过程中按单台风机接带负荷由大到小依次进行双侧切单侧的操作。单侧切换至双侧无负荷限定要求，但是如果单侧运行时送引风机仍还有一定的调节裕量，从机组能快速接带负荷考虑可以先将一次风机由单侧切至双侧运行，再引风机（防止送风机并入时单台引风机调节裕量有限，炉膛冒正压），最后送风机，即以一次风机、送风机、引风机的顺序进行。由于空气预热器不参与单侧运行，所以在双侧切单侧运行前必须先判断风机联络挡板门处于开启状态，否则切换停止进行；在一次风机并入过程中，如果一次风机电流基本无变化，且动叶开度已达到较大开度时，则说明风机并入失败，可将风机动叶调小（比运行风机动叶开度小）后再次开大；或开启备用磨煤机冷风门以增加通风量改变运行风机的工况点后重新并风机操作。

4.3 深度调峰机组源网协调控制策略

4.3.1 一次调频控制策略优化

在深度调峰状态下，火电机组的一次调频性能已发生较大变化，为了更好地发挥火电机组一次调频性能，对传统火电机组功率控制系统进行优化改进，提高深度调峰机组一次调频响应性能。

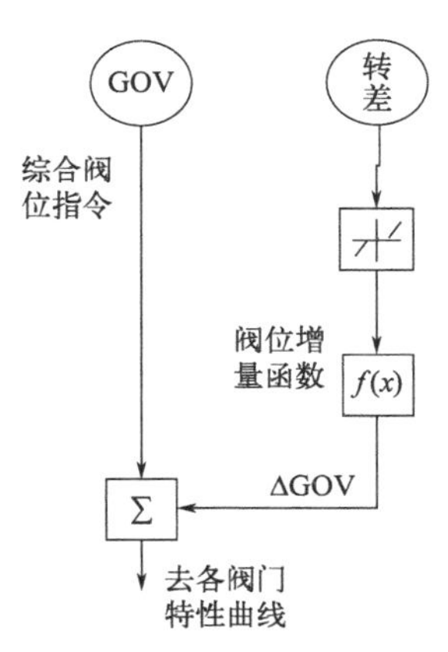

图 4-5　模型整体结构

① 一次调频负荷的快速响应取决于“开环”方式下汽轮机阀门的开度，它是由 DEH 阀门管理中的阀位增量函数确定的，如图 4-5 所示。

如果阀门增量函数设置不当，导致一次调频发生时，DEH 贡献的调频负荷率较小，调频目标值主要靠 CCS 的控制器按速率完成，造成一次调频响应缓慢，如图 4-6 所示。

如图 4-7 所示，0.084Hz 的频差扰动试验，可以看出无论是总阀门指令还是 GV1、GV2 反馈，都有一个明显的阶跃变化，调节级压力和负荷瞬间快速上升，反之亦然。

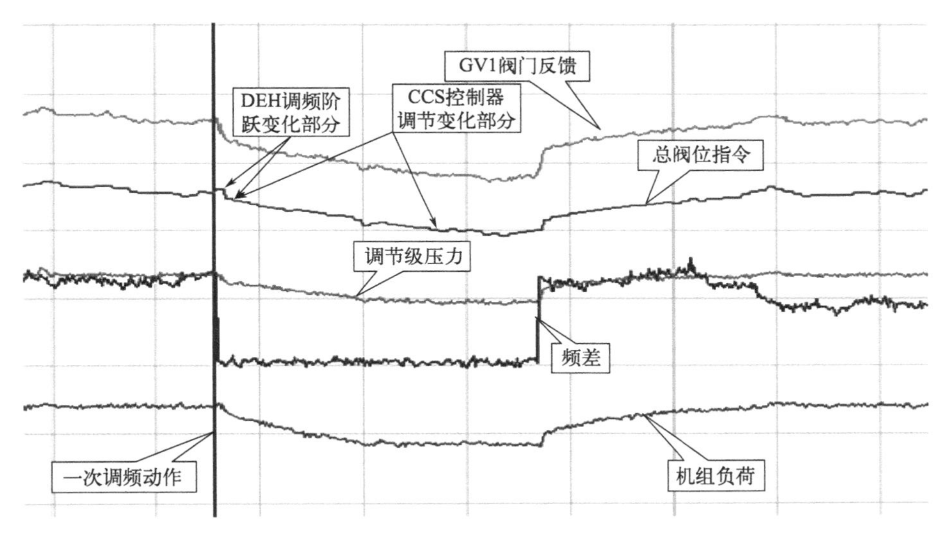

图 4-6　阀门增量函数设置不当的动作曲线

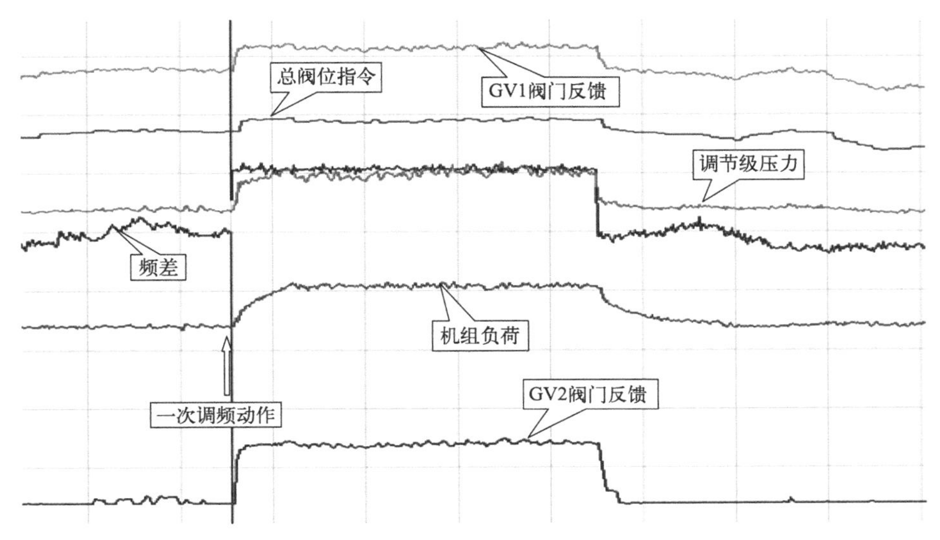

图 4-7　正确的阀门增量函数动作曲线

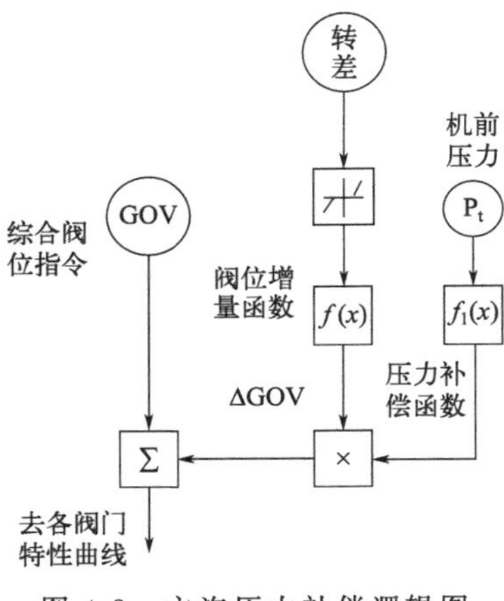

图 4-8 主汽压力补偿逻辑图

一次调频一般是根据机组运行的额定参数设计的，因此当主汽压力低于额定压力时，相同的频差触发的调频阀位增量，不能响应成相同的调频负荷，因此，需要对主汽压力进行校正，以达到调频负荷响应的准确性，方案如图 4-8所示。

DEH 一次调频按设计的阶跃量进行动作，但由于压力较低，功率需要经过 CCS 不断校正才能达到目标值，一次调频响应较慢，如图 4-9 所示。

加入压力补偿后，相同的频差扰动使调节门的阶越量加大，弥补做功压力不足的缺陷，负荷响应明显改善，如图 4-10 所示。

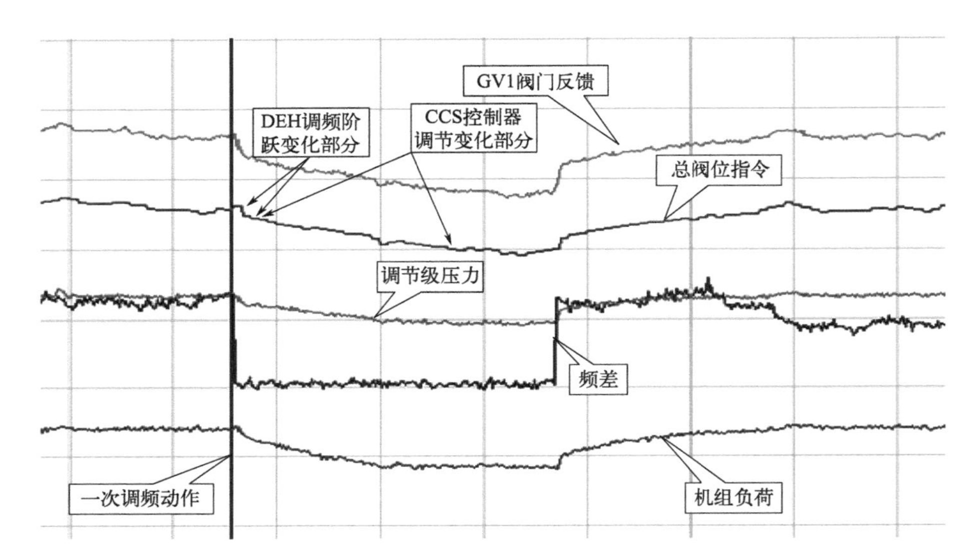

图 4-9 未加入机前压力补偿动作曲线图

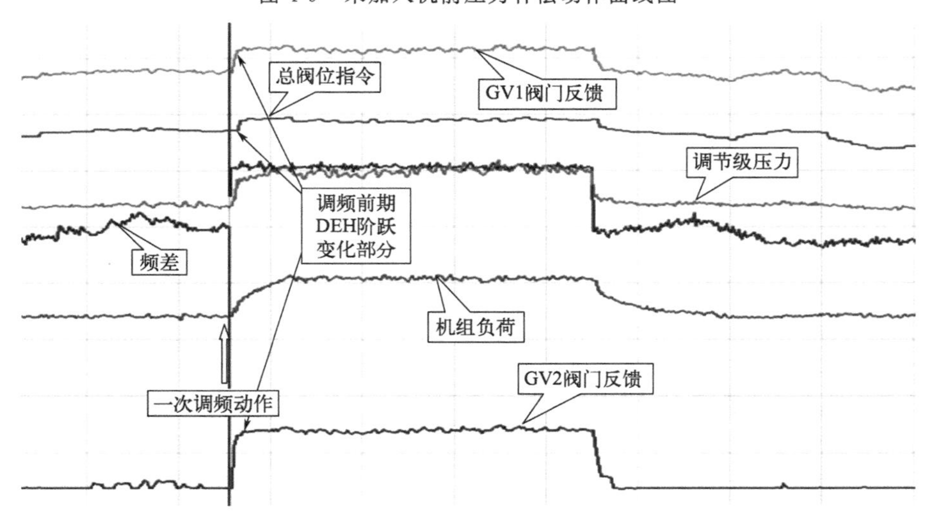

图 4-10 加入机前压力补偿动作曲线图

② 火电厂多采用机组实际转速信号与额定转速信号之差作为机组一次调频控制的基准频差信号，通过转速不等率函数产生机组一次调频负荷指令信号控制机组进行负荷调节。而转速信号从测量原理上来说属于滞后测量，且转速信号的量程一般为 0～3600r/min 甚至 0～5000r/min，一次调频动作多为 1r/min 以内的小频差动作，大量程范围的转速信号无法满足小频差的精度需求。由于此前对一次调频精度要求不高，采用转速测量也能实现一次调频控制，而在现阶段日趋严格的一次调频性能要求下，转速信号精度不足的弊端也就暴露了出来。针对转速信号精度低、测量滞后的问题，安装量程为 49.8～50.2Hz，精度为 0.2% 的高精度同源装置，代替精度较低的转速信号。高精度同源装置从发电机出口或主变出口采集频率信号，分三路独立频率信号传送至 DCS，与原一次调频控制回路转速信号进行切换，作为一次调频负荷调整指令的基准量，从而提高机组频率测量精度，从根源上保证机组一次调频动作基准频率信号与电网计量频率信号的一致性，为机组的一次调频准确动作提供保障。转速信号与频率信号趋势对比，频率信号相比转速信号，其脉冲波动情况明显收敛，得到的负荷修正信号也更加精准。

③ 火电机组一次调频控制多采用频差信号经转速不等率函数转化为机组负荷调节量信号进行一次调频调节控制，该控制方式仅考虑实际频率偏差产生的负荷调整指令，并未考虑实际负荷调节量，从一次调频控制指标而言，该控制方式可认为是“开环”控制。机组负荷在实际调整过程中因为多方面原因，会与实际指令存在偏差，从而导致机组实际一次调频动作电量与理论一次调频动作电量产生偏差，采用简单的“开环”控制方式不能很好地保证机组一次调频合格率。根据华北区域“两个细则”中的一次调频指标具体计算方式，在一次调频控制逻辑中增加一次调频 15s 出力响应指数、30s 出力响应指数、电量贡献率指数实时计算逻辑（图 4-11、图 4-12），使机组一次调频控制形成“闭环”，即在一次调频实时指标不满足“两个细则”指标要求时进行超驰动作（图 4-13），从而增加机组一次调频动作电量，以保证机组的一次调频性能指标能满足要求。

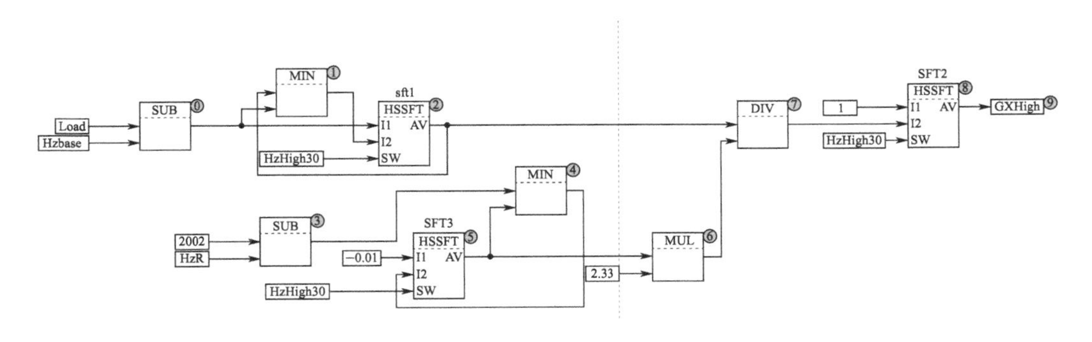

图 4-11　15s、30s 出力响应指数计算逻辑

④ 为保证电网稳定安全及满足“两个细则”文件要求，增加大频差一次调频动作时闭锁 AGC 反向动作逻辑，实现在小频差时一次调频与 AGC 同时动作，大频差时以一次调频动作为主。具体为频差大于 3.5r 时闭锁负荷减，频差小于－3.5r 时闭锁负荷增。

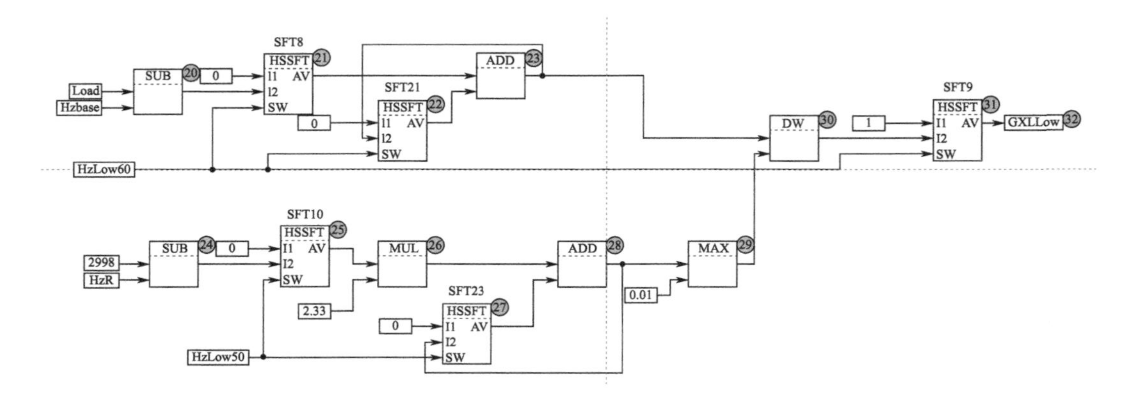

图 4-12　电量贡献率计算逻辑

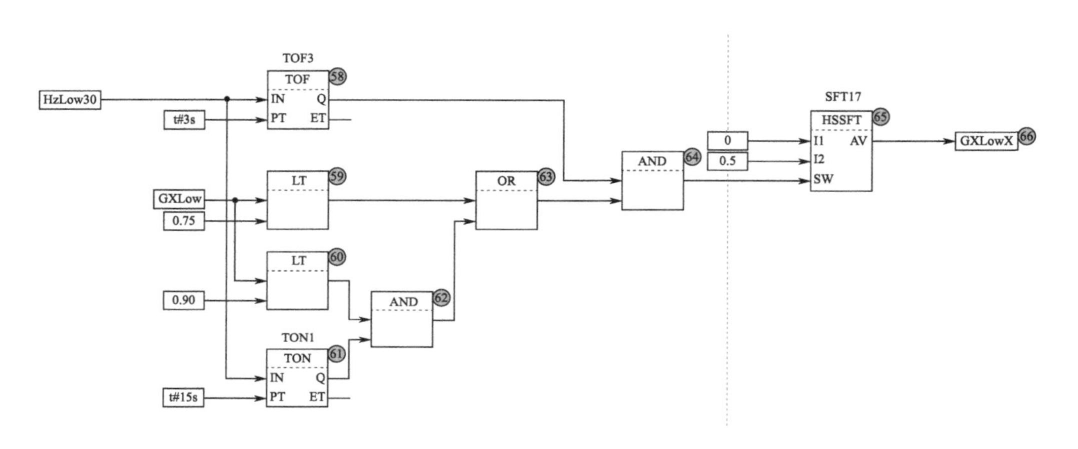

图 4-13　超驰动作逻辑

上述控制方法通过对压力补偿、频率测量、超驰控制、与 AGC 协调控制等方法改善机组一次调频性能，但不能从根本上解决深度调峰机组在深度调峰工况下调频能量不足的问题，可以通过调节阀预节流、调整回热抽汽调频和凝结水节流调频等控制方式提升深度调峰机组一次调频性能；同时辅助一次调频技术也逐渐开始应用，主要基于电热锅炉、飞轮储能和蓄电池响应速率快的特点满足机组输入与输出需求。当然，火电机组频繁调频会引发一系列参数波动，进而使运行参数偏离设计工况运行，进而增加了系统的煤耗和偏离了经济性参数适应范围。在实际应用中，凝结水辅助调频控制技术也并不能通过全关除氧器水位调节阀，最大限度地利用凝结水辅助调频；蓄电池储能调频虽表现出了良好的经济效益，但也出现了多起安全事故，尤其是锂电池的使用寿命还不能满足频繁调频需求；飞轮储能调频不仅能够明显地提高整个系统的响应速度和调节精度，而且能够通过平抑机组短时间输出功率的波动而降低煤耗，达到延长机组使用寿命的作用。但目前国内飞轮储能市场开始发力也只有 3～4 年时间，还有许多技术以及安全上的问题亟待解决。如何在保证安全性的前提下提高机组运行的经济性是耦合辅助调频技术的焦点与难点所在。

4.3.2 自动发电控制策略优化

4.3.2.1 火电机组对电网调峰灵敏度的影响

电网需要足够容量的灵活性调节电源，同时这些灵活性调节电源需要与新能源发电实时互补运行，即这些灵活性调节电源根据新能源发电功率的变化进行相应的调节，形成稳定可靠的供电电力，满足用电负荷需求，确保系统频率稳定性。然而，在我国抽水蓄能发电机组、燃气机组装机容量占比较小的现状下，燃煤火电机组的灵活性改造显得尤为重要。

4.3.2.2 机组调节能力与新能源消纳作用

当风力发电、太阳能发电规模化接入电网后，电力系统的结构形态及运行控制方式发生重大变化，需要在随机波动的发电侧与随机波动的负荷侧之间实现电力的供需平衡，对发电单元的调节能力提出了更高的要求，以满足新能源电力接入下的可调容量约束与爬坡率平衡。

(1) 可调容量约束

将电网中常规发电机组（火电机组、水电机组等）分为带基本负荷机组与调峰调频机组，确定机组开机方式之后可得到电网中常规机组的最大上网功率 $P_{g,max}$ 与最小上网功率 $P_{g,min}$。

为了维持电网的电力平衡，电网负荷（本地负荷、联络线功率、输电网损及备用容量）P_n 应处于 $P_{g,min}$ 和 $P_{g,max}$ 之间，即：

$$P_{g,min}<P_n<P_{g,max} \tag{4-1}$$

电网中接入风力发电、太阳能发电等新能源电力后，可调机组要同时承担网上负荷波动及新能源电力波动的调节任务。定义等效负荷为：

$$P_{eq}=P_n-P_r \tag{4-2}$$

为了维持接入新能源后电网的能量平衡，等效负荷 P_{eq} 应处于 $P_{g,min}$ 和 $P_{g,max}$ 之间，即：

$$P_{g,min}<P_{eq}<P_{g,max} \tag{4-3}$$

当上述条件不满足时，通过对常规机组的调度已无法维持电网能量平衡。为了电网运行安全，需要采取包括弃风、切负荷等在内的其他措施。

如当 $P_{eq} \leqslant P_{g,min}$ 时，等效负荷低于上网功率下限。这种情况一般发生在电网负荷较低及风电出力较大的情况，如冬季时的北方地区。此时不得不采取弃风措施，弃风量 P_{abd} 为

$$P_{abd}=P_{g,min}-P_{eq} \tag{4-4}$$

(2) 爬坡率平衡

当电网负荷变化及新能源电力波动时，常规电源应具有足够的变负荷能力，在一定时间内使系统达到新的平衡。

爬坡率是指发电机组每分钟可变化输出功率最大值与机组额定容量之比。一般来说，同类型机组间的爬坡率相差不大，不同类型机组间的爬坡率相差较大。虽然水电及

抽水蓄能机组、燃气机组以及燃油机组爬坡范围较大，但因为其装机容量都很小，调节范围有限，目前我国核电机组的改造重点在增容与延寿上，燃煤机组目前爬坡率偏低，但其装机容量大且改造潜能大。

若 R_{eq} 为电网等效负荷的爬坡率，R_g 为电网常规可调发电机组的爬坡率，那么要实现电网的实时动态平衡，需要满足爬坡率条件：

$$R_g \geqslant R_{eq} \tag{4-5}$$

即常规电源的爬坡率要大于等效负荷的变化率。因此，提高可调电源的变负荷能力或减小新能源电源的波动量都是改善动态平衡性能的有效措施。

图 4-14 给出了不同工况下弃风示意图，图中 $P_{g,min0}$ 表示纯凝工况下机组最小出力，$P_{g,min1}$ 表示供热工况下机组最小出力。在 6～23h 段，由于电网等效负荷处于机组最大上网功率与最小上网功率之间，电网具有充裕的调节能力，可以全部接纳风电出力，没有出现弃风现象。在其他时段，若是非供暖季，机组最小上网功率取决于纯凝工况机组最小出力 $P_{g,min0}$，虽有一些弃风，但弃风量较小。实际上，由于此时可以对某些机组采取调停措施，可调出力还可继续下降，本例中甚至实现不弃风。反之，若是供暖季，受“以热定电”的制约，机组最小上网功率为 $P_{g,min1}$，本例中会产生较多的弃风。

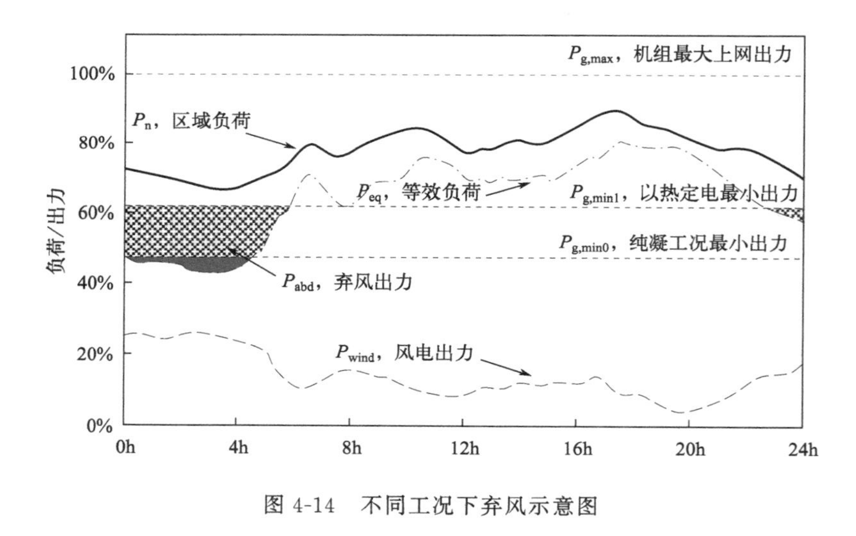

图 4-14　不同工况下弃风示意图

4.3.2.3　机组灵活性运行目标

机组实现灵活性运行目标主要是实现机组深度调峰、提高机组变负荷速率、实现供热机组热电解耦、实现火电机组快速启停和增加锅炉燃料灵活性。下面对前两者进行介绍。

（1）实现机组深度调峰

我国纯凝机组或者供热机组在纯凝工况下，由于机组本体设计与煤质多变等特性，机组不投油稳燃时最小技术出力在 40％～50％额定负荷。通过对锅炉、汽轮机、辅机、环保设施等设备的调整、改造、控制技术，调整锅炉燃烧强度及产生的蒸汽量，降低机组最小技术出力，使机组发电负荷在较大范围内连续可调。国家能源局启动灵活性改造示范试点项目时，预期使热电机组增加20%额定容量的调峰能力，最小技术出力达到30%～40%额定容量，使纯凝机组增加15%～20%额定容量的调峰能力，最小技术出力达到30%～35%额定容量。部分具备改造条件的电厂预期达到国际先进水平，机组不投油稳燃时纯凝工况最小技术出力达到20%～25%。

(2) 提高机组变负荷速率

变负荷速率与机组类型有关，通过协调控制系统优化、机组蓄热深度利用等技术，可将变负荷速率由当前的1%～2%额定容量提高到3%额定容量以上。

研究表明火电机组在50%～100%额定功率范围内，主蒸汽压力、发电负荷与燃料量、高压调节阀开度之间有明显的非线性关系，发电负荷进一步降低时，被控对象特性变化将更加明显。同时，按照区域电网公司“两个细则”要求，并网机组在调峰范围内全程投入自动发电控制（AGC）和一次调频功能，保证电网稳定运行。火电机组的热力系统设计一般不适合大幅度、高速率的变工况运行，同常规负荷工况对比，深度调峰负荷工况下热力系统的设备状态和运行参数都会发生变化，导致被控对象特性出现显著差异，这要求控制系统必须做出针对性改进以适应机组大范围变工况运行要求。

4.3.2.4 单元机组协调控制系统优化

从电网角度考虑，希望机组出力能快速适应外界负荷的要求，而从机组本身来说，机组出力是由锅炉和汽轮机两者共同决定的。由于锅炉和汽轮机在适应负荷变化的能力上有很大的差异，因此，必须有一个统一组织的协调控制系统，把锅炉、汽轮机作为一个整体对象进行控制。当负荷指令变化时，调节燃料量、送风量、给水量以维持机组的能量平衡，同时调节汽轮机调门开度以改变进入汽轮机的蒸汽流量，从而利用机组蓄热实现机组负荷的快速响应。

机组大范围变负荷时，不可避免地进入非线性区域。建立机组非线性动态模型，设计多模型预测控制策略、参数自适应控制策略、能量平衡动态补偿机制，克服煤质煤种变化的在线校正方法等，是提高机炉协调控制系统性能的有效途径。

为了使锅炉、汽轮机控制作用相匹配，需要基于机组动态、静态特性设计相应的前馈补偿控制策略，基本原则为：

① 根据机组静态特性，设置控制量间准确的静态匹配和平衡关系，并引入交叉限制、负荷闭锁等功能，强化控制量间不匹配和不平衡时的控制措施。

② 加快控制回路快速响应的同时，考虑不同控制量动态特性的差异，进行动态补偿，防止被控参数动态偏差加大。

在负荷变化过程中，为及时补充被利用了的蓄热，必须加快给水、燃料等的响应速度，并适度超调。一种蓄热补充控制原理如图4-15所示。

在单元机组运行过程中，运行人员常根据以往经验，通过负荷要求的变化量来确定燃料给定值。但因为在燃料燃烧的过程中，能量的释放存在很强的滞后性与延迟性，导致机组负荷不能很快地响应电网AGC的要求，使得负荷变化率较低。另外，如果在变

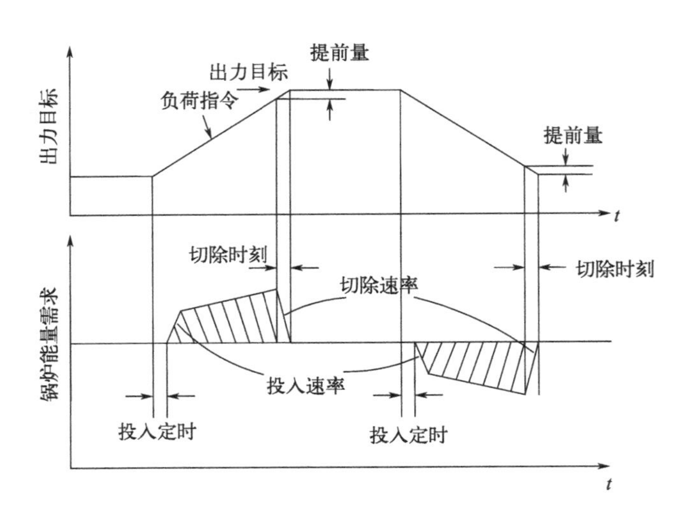

图 4-15　蓄热补充控制原理图

负荷初期就大量地增减燃料给定值，将导致负荷曲线剧烈波动，负荷调节会有较大的超调量，而且主蒸汽压力和温度也会大幅波动，严重影响机组运行的安全性和经济性。因此，合理利用锅炉储能是实现机组快速升降负荷的重要方法。

采用基于规则的方法设定蓄热补偿超调量，主要考虑因素有变负荷幅度、变负荷速率和机组实际负荷。当加负荷接近煤量高限或减负荷接近煤量低限时切除超调控制作用。超调的持续时间由负荷变化趋势决定：当负荷指令（MWD）接近目标负荷时，超调提前结束；当加负荷后随即又减负荷，则加负荷时的超调立刻快速结束，同时触发减负荷时的超调；反之亦然。当小幅度加或减负荷时，则不产生超调作用，用于防止煤量的过分波动，该方式对 AGC 方式下小幅度来回变负荷尤其有用。

协调控制系统优化后，机组变负荷范围一般可扩展到（40%～100%）P_e，变负荷速率可达到 2%P_e 以上，机组主蒸汽压力、温度等主要参数波动范围满足机组运行要求。

4.3.2.5　基于凝结水节流辅助调频控制优化

凝结水节流原理如图 4-16 所示，利用凝结水调节阀开度或凝结水泵转速调节凝结水流量，影响低压加热器热平衡从而改变低压缸抽汽量，进而改变机组负荷，本质上是一种利用汽轮机回热系统蓄能影响机组出力的方法。

凝结水节流参与火电机组负荷调节，能够有效利用汽轮机蓄热提高负荷响应速度，同时不会造成机组热效率降低和锅炉金属热应力增加。凝结水节流释放机组蓄热的总量及速度同主蒸汽节流大致相同，在机组协调控制系统设计中引入此方案，使得锅炉避免采用过燃调节以补充机组蓄能，既可提高机组响应负荷的速度，也可提高机组变负荷过程中主要参数的稳定性。对于一个 600MW 的亚临界一次中间再热空冷机组来说，仅仅利用凝结水调节阀，最大负荷调节能力可以达到 9MW（凝结水节流量 800t/h），调节时间为 15s，峰值持续时间可达 2min。通过简单计算，通过凝结水节流方式调节机组负荷可以达到 36MW/min 的负荷响应速度，也就是可以达到额定负荷 6%的负荷响应速度，远远大于通过常规锅炉过燃调节所能获得的负荷响应速度。

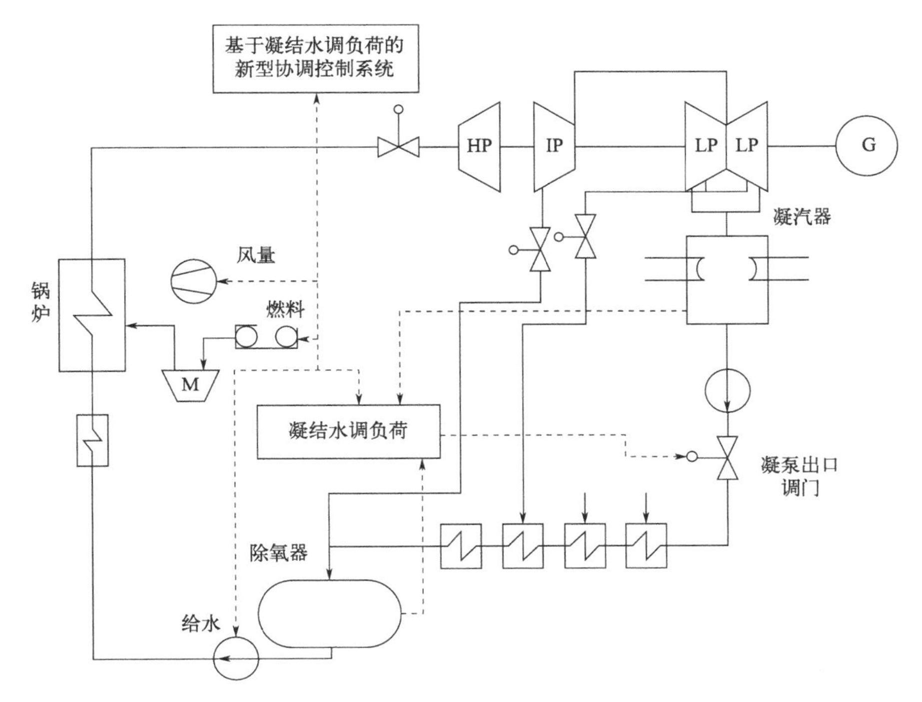

图 4-16　凝结水节流原理图

需要注意的是，凝结水节流应与机炉协调控制相结合，通过监测除氧器水位和凝汽器热井水位，实时计算当前可利用的凝结水节流流量，以保证除氧器和凝汽器设备运行的安全。

4.3.2.6　基于抽汽调节的辅助调频控制优化

供热机组热网管道及工质拥有巨大的蓄热容量，改变机组供热抽汽量能够快速影响机组发电负荷。将供热抽汽蝶阀作为机组负荷调节手段，依据供热参数允许变化范围和机组安全运行指标，通过供热抽汽量调节，提升供热机组快速变负荷能力。

抽汽式热电联产机组供热部分热力系统如图 4-17 所示。

通过调节 LV 阀和 EV 阀实现变负荷，在低速率变负荷时，不改变供热调节阀开度，减小对系统的扰动；在高速率变负荷时，大幅度利用热网储能以保证燃料侧平稳性。某 330MW 机组供热补偿状态下高速率变负荷试验，升速率 13.2MW/min(4%)，降速率 6MW/min(1.7%)，运行参数稳定。

4.3.2.7　基于电热锅炉辅助调频控制优化

通过辅助调频方式可以大幅提升深度调峰机组自动发电控制性能，利用电锅炉升降负荷速率快的特点，使其和机组联合参与调频，大幅提高机组的调频特性，改善电网的安全性和可靠性，缓解机组频繁调节引起的设备疲劳和磨损。某电厂 2 台 350MW 超临界机组，安装了 4 台电热锅炉（40MW×4）辅助机组调频。

① 电热锅炉配合机组调频时，1 台机组对应调整 2 台电热锅炉的负荷。1 号电热锅炉和 2 号电热锅炉配合 1 号机组调整负荷，3 号电热锅炉和 4 号电热锅炉配合 2 号机组调整负荷。

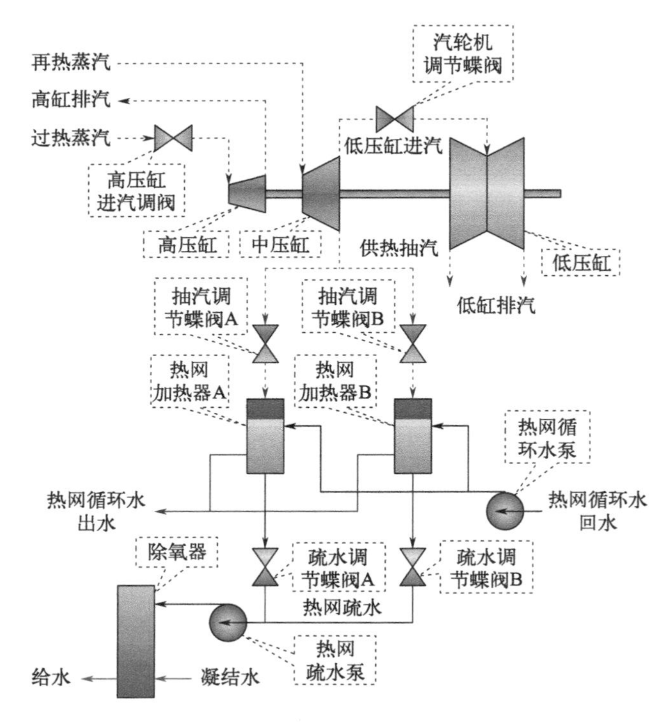

图 4-17　抽汽式热电联产机组供热部分热力系统图

② 当机组负荷在 175～310MW 区间时，电热锅炉参与机组调频控制。

③ 机组和电热锅炉同时参与机组调频。

④ 电热锅炉参与机组调频前初始的总负荷为 8MW，该 8MW 定义为电热锅炉负荷的“原点”，电热锅炉负荷的调节上限定为 16MW，电热锅炉负荷的调节下限为 1MW 或 2MW，即单台电热锅炉参与调频时定为 1MW，2 台电热锅炉参与调频时定为 2MW。所以电热锅炉参与机组调频过程中，电热锅炉负荷的调节以 8MW 负荷为基准点，在 8MW 左右并约束在 1～16MW 或 2～16MW 之间。

⑤ 当单台电热锅炉参与调频时，电热锅炉负荷变化率为 0.25MW/s，当 2 台电热锅炉参与调频时，电热锅炉负荷变化率为 0.5MW/s。

⑥ 电热锅炉参与机组调频过程中，当 2 台均运行时，2 台电热锅炉同时参与，增减的负荷平均分配；当单台电热锅炉运行时，增减的负荷分配至运行的单台电热锅炉。

⑦ 调频辅助优化控制功能在 DCS 协调控制器中仅设计相关机组和电热锅炉负荷控制指令信号的处理，以及辅助优化功能的投退和机组故障时联锁跳闸电热锅炉的信号输出，具体的电热锅炉负荷控制功能设计在电热锅炉 DCS 系统中。

4.3.2.8 基于电化学储能的辅助调频控制优化

电化学储能系统具有毫秒级精确控制充放电功率的能力，被应用于电网调频，有着与常规机组调频相比无可比拟的优势，主要优势有调节速率快、调节精度高、响应时间短、双向调节能力、机组性能指标提升、增加 AGC 补偿费用。储能系统联合火电机组对电网提供 AGC 调频将为发电企业带来极大的经济上以及技术上的收益。发电机组是旋转的大容量有功和无功发生装置，而储能系统可视为静止的相对小容量有功和无功发生装置，两者的主要区别在于其输出范围和响应特性的不同，前者输出范围大但反应速度慢，而后者相对容量小但响应速度快、调节精度高，两者之间协调运行能够显著改善火电机组对电网 AGC 调频指令的执行效果。

储能系统辅助发电机组共同参与 AGC 调频，通过储能跟踪 AGC 调度指令，实现快速折返、精确输出以及瞬间调节，弥补发电机组的调节延迟。

火电机组＋电化学储能调频见图 4-18。

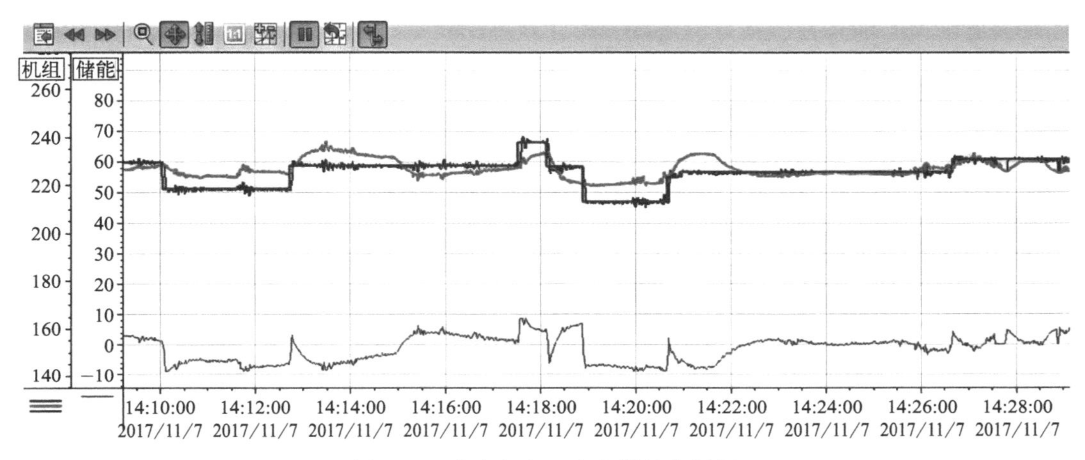

图 4-18 火电机组＋电化学储能调频

调度 AGC 指令下发到发电单元机组时，电储能系统同时接收到该调度 AGC 指令，由于燃煤发电机组响应功率调节速度较慢（分钟级），而电储能系统响应功率调节速率很快（秒级），电储能系统接收到调度 AGC 指令后快速响应弥补燃煤发电机组响应迟缓带来的机组出力与调度 AGC 指令间的功率差值。等机组出力响应跟上之后，储能系统出力逐渐降低；反之亦然。

电化学储能调频原理见图 4-19。

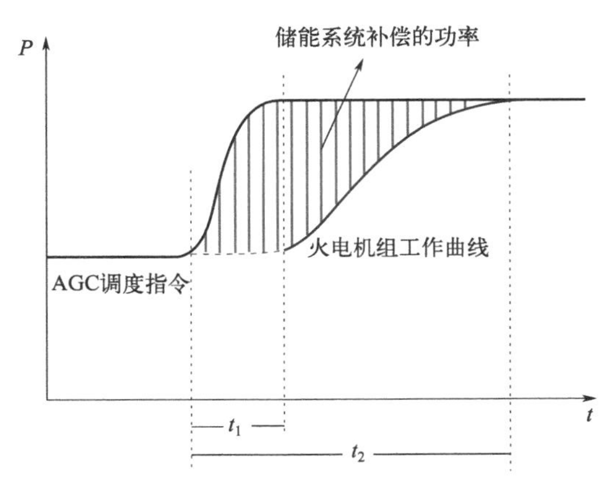

图 4-19 电化学储能调频原理

4.4 深度调峰机组主要系统控制策略

4.4.1 燃烧系统控制策略优化

深度调峰机组稳燃是低负荷工况下锅炉面临的重要问题之一，既要确保燃烧稳定、火检信号清晰可靠，又要兼顾磨煤机本身运行状况以及汽温、壁温等方面的变化，不仅要注意燃料量与给水流量以及一次风与送风的配比，也要控制好磨入口一次风速，针对低负荷工况，燃烧控制系统需整体重新全面优化整定。

可以采用以下方法进行燃烧系统控制优化：

① 磨煤机一次风煤比控制。根据磨煤机启动台数在刚启动时、刚停止时设定不同的风煤比，以精确控制进入锅炉的燃料量，达到稳定燃烧的目的。

② 锅炉主控逻辑。传统的锅炉主控 PID 为间接能量平衡下的压力控制回路，是以机组滑压值为设定值，以机组实际压力为被调量的调节回路。这种回路被大多数机组使用，在实际应用中比较稳定，缺点是响应较慢。优化后的逻辑采用直接能量平衡，辅以能量偏差前馈、能量偏差微分前馈等逻辑。经过试验，此逻辑对机组热量信号变化的感知比传统间接能量平衡提前了 30s 左右。

③ 锅炉主控参数分区变化。机组实际能量与能量需求偏差分为 4 个阶段，即正偏差脱离区、负偏差接近区、负偏差脱离区、正偏差接近区。此逻辑是在机组实际能量与能量需求偏差的 4 个阶段内进行分区控制。当能量偏差处于上述 4 个不同阶段时，锅炉主控 PID 实现变参数控制，从而更加精细地控制机组各项参数。

④ BTU[1] 系数手动调节逻辑。由于燃煤热值经常发生变化，在协调逻辑中增加了 BTU 系数手动调节逻辑，在燃煤热值发生变化时运行人员可以通过手动设定 BTU 系数来改变锅炉燃料量。

⑤ 手动增减煤逻辑。此逻辑是在 DCS 画面上增加一个接口，直接作用在锅炉主控中，让运行人员在必要时有一个能够调节煤量的手段，其限值为±20t/h。

⑥ 断煤优化。给煤机断煤频繁是当前深度调峰机组控制系统面临的重大扰动之一。如果断煤时间较长，导致锅炉能量有下降趋势，逻辑进行判断后，将会在其他几台未断煤给煤机上增加部分煤量指令，以填补因断煤而下降的给煤量。如断煤时间较短，导致煤量波动，引起锅炉能量有上升趋势，逻辑进行判断后，将会在给煤机上减少部分煤量指令，以稳定因断煤造成的锅炉参数波动。

4.4.1.1 热值修正

各发电企业为节约燃煤成本、增加盈利，根据比对不同煤种的价格，掺烧不同热值的非设计煤种，且掺烧比例也越来越大。当掺烧与设计煤种偏差较大的煤种时，会造成机组汽温、汽压不稳定，负荷调节不佳，影响深度调峰机组锅炉设备和机组安全稳定经济运行，超临界直流锅炉是一个多变量、强耦合、非线性的控制对象，运行过程中必须保证燃料量、给水量和送风量之间的平衡关系。而机组控制系统中的煤水比、风煤比等关系通常都是基于设计煤种确定的，当燃煤的热值偏离设计值较大时，机组控制系统中风、煤、水的基准关系即发生偏离，尽管通过中间点温度修正、氧量修正可以使煤量、水量、风量达到平衡，但机组控制系统容易不稳定，需要通过热值修正功能及时修正煤的热值，使修正后的煤量满足控制系统中的风、煤、水的基准关系，以维持控制系统的稳定工作、机组的安全稳定运行。

[1] BTU 为英制热量单位，为设计煤量与实际煤量的比值。

热值修正是指当煤的热值偏离设计热值后，将实测煤量修正至对应设计热值的修正煤量的一种控制方法。传统热值修正的方法很多，但本质上都是类似的，如通常以主蒸汽流量或机组负荷作为燃煤能量输出的表征信号，热值修正的判据为锅炉指令对应的理论主蒸汽流量或理论机组负荷与相应实际值的偏差，当机组处于稳态，锅炉指令对应的理论值和实际值不匹配时，热值修正功能投入工作，改变热值修正系数，间接改变了燃料量，直至两者相匹配。由于改变燃料量使主蒸汽流量或机组负荷发生变化需经过较长的延迟，因此热值修正的作用必须较弱，以免机组调节系统振荡，且热值修正只在稳态工况下才起作用。传统的热值修正适合于单一煤种或少量掺烧的工况，当机组掺烧不同煤种且不同煤种间热值差异较大时，传统的热值修正就明显力不从心了。例如，对于多煤种掺烧机组运行过程中启停一台磨煤机时，平均热值必将发生较大变化，通常热值修正自动回路需很长时间才能使修正系数和实际热值匹配，因此更多情况下只能依靠电厂运行人员频繁手动干预，根据经验来大致预估实际热值，预估不准时易导致控制参数的越限和调节系统的失稳，尤其是在机组低负荷工况时将造成较大的燃烧扰动，甚至威胁到机组的安全。另外，传统的热值修正技术设置一个总热值修正系数，对于分层掺烧不同热值煤种而言，含义也不够清晰。

将热值校正 BTU 功能分层级，分为单台磨煤机控制及燃料主控两个层级。每台磨煤机均增加独立的热值信号，通过与设计煤种热值进行比较，将各台给煤机的实时煤量直接折算为设计煤种的煤量。在单台磨煤机煤量发生变化时可以更直接、更快速地反映实际燃煤的总能量的变化。燃料主控部分将各台磨煤机折算后的煤量相加，再通过传统热值校正回路对总校正煤量进行二次校正，进一步提高、协调、控制煤种品质。火电厂利用“分磨初设＋自动细调”的控制模式，热值校正回路响应更快，可减少燃料主控部分的热值校正自动控制回路的工作压力。热值校正采用分层控制后，燃料主控回路所计算的校正值无法真实反映入炉煤的热值状态，为了方便运行人员了解锅炉实际运行情况，需增加实际入炉煤平均热值计算回路。通过累加所有磨煤机瞬时煤量与热量的乘积以代表当前入炉总热量，再除以实际总煤量，即得到当前入炉煤的实际平均热值。

每一煤层都设计了热值的输入模块，运行人员可以参考电厂的煤质报告，分别设置各个煤层的煤热值，若某一煤层改烧其他煤种，重新设置新的煤热值参数，通过分层热值的正确设置，形成图 4-20 中的 K_1 值，基本保证了热值范围的大致正确，从而大大减小了自动热值修正回路的修正范围，即图 4-20 中 K_2 值的范围，K_2 的数值一般在 0.95～1.05 之间，从而有效缓解了热值修正自动回路的工作压力。可见，分级热值修正采用的是“分层粗调＋自动细调”控制模式（图 4-20）。

传统协调控制在变负荷阶段，会根据煤、水、风在增减负荷过程中的不同特性，按不同的变负荷率，分别对燃料量、给水量、送风量设置微分前馈，以提高机组变负荷速度。通过不同磨煤机对应的不同热值，控制系统可以更加合理地分配机组变负荷时各台磨煤机的燃料量。在增减负荷阶段，燃料量的微分前馈优先调整热值高于平均热值的磨煤机，低热值磨煤机减小煤量前馈作用。进一步设置热值曲线，当部分磨煤机热值低于限值，在一定负荷范围内保持煤量不变，既可以保证锅炉燃烧和制粉系统的稳定运行，

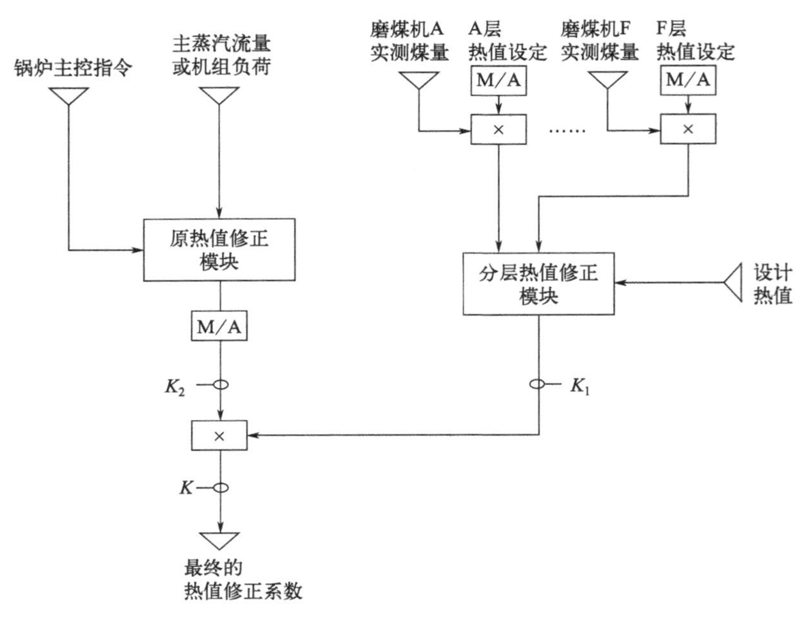

图 4-20　分层热值修正技术控制原理图

又可以提高机组变负荷能力。

根据“分磨磨制，炉内分烧”的原则，可以根据不同煤种针对性地进行燃烧调整试验，并将燃烧优化的结果在机组控制系统中实施，控制系统根据本台磨煤机的热值数据信息，可以逐层优化各煤层小风门等的风量控制，实现不同煤层在燃烧不同煤种下的二次风的精确控制，有利于提高锅炉效率，降低 NO_x 排放，减少锅炉结焦现象。

4.4.1.2　燃烧系统重要辅机安全控制优化

对于深度调峰机组，除关注负荷调节、低负荷稳燃、经济性方面外，机组的可靠运行与控制同样需引起重视，主要辅机跳闸后的控制策略就是其中的重要环节。深调机组辅机跳闸控制虽然与辅机故障减负荷（RB）功能有相同之处，部分策略可以通用，但在控制策略的设计目标、机组运行控制的风险点、控制策略细节上均有较大差别，部分逻辑不可以通用，否则会导致辅机跳闸后的机组运行状态恶化，甚至造成机组非计划停用（非停）。

《火力发电机组辅机故障减负荷技术规程》（DL/T 1213—2013）给出辅机故障减负荷（RB）的定义：“当机组发生部分主要辅机跳闸故障，使机组最大理论出力低于当前实际负荷时，机组协调控制系统将机组负荷快速降低到所有辅机实际所能达到的相应出力，并能控制机组参数在允许范围内保持机组继续运行。”RB 的主要目标是使机组负荷、风、煤、水等与机组辅机最大带载能力快速匹配。而深度调峰机组一般负荷小于 50% P_e，单台辅机带载能力均不低于 50% P_e，不会触发 RB 功能，控制目标是未跳闸辅机与机组协同控制下的快速稳定，抑制对侧辅机可能给系统带来剧烈扰动，并非机组负荷的变化，甚至 CCS(单元机组协调控制系统）或者 AGC(自动发电控制）都无需撤出，这一点上与 RB 功能的侧重点不同。

RB 功能的主要风险点在于机组快速降负荷和对侧辅机直接最大出力后带来的不协调以及 RB 后第一时间各设备错误。而深度调峰机组辅机跳闸后风险点：第一，在于给水流量、汽泵再循环阀、总风量、制粉系统一次风量等涉及机组、设备主保护的参数均处于保护底线，很容易造成这些过程参数直接低于保护定值引起机组跳闸、设备跳闸；第二，机组在深调过程中接近断油稳燃底线负荷，当制粉系统、一次风机、空气预热器等辅机跳闸时很容易造成锅炉燃烧恶化，引发燃烧不稳和锅炉偏烧，使机组处于危险状态；第三，忽略了机组全工况下的自动控制策略与参数整定，辅机故障后诱发相关自动调节系统发散；第四，大多数机组沿袭了以往 DCS 逻辑设计，未对深度调峰机组的辅机跳闸后的运行与控制策略进行周全的设计和试验，在辅机出现故障时运行人员也未进行充分的应急措施考虑。

综上，不完善或仅考虑采用 RB 功能取代深度调峰机组的辅机跳闸后的运行与控制策略，会导致机组在参与深度调峰过程中可靠性降低，运行人员缺乏相应的应急处理能力，造成机组隐患。深度调峰机组应根据实际负荷和机组边界条件确定辅机跳闸后控制策略和调节参数，设计对应负荷下的汽泵转速限值、风机翻转限值等，根据不同的辅机跳闸对机组的运行方式、汽温、燃料、风量、炉膛负压、给水流量以及主蒸汽压力进行自动控制（图 4-21）。

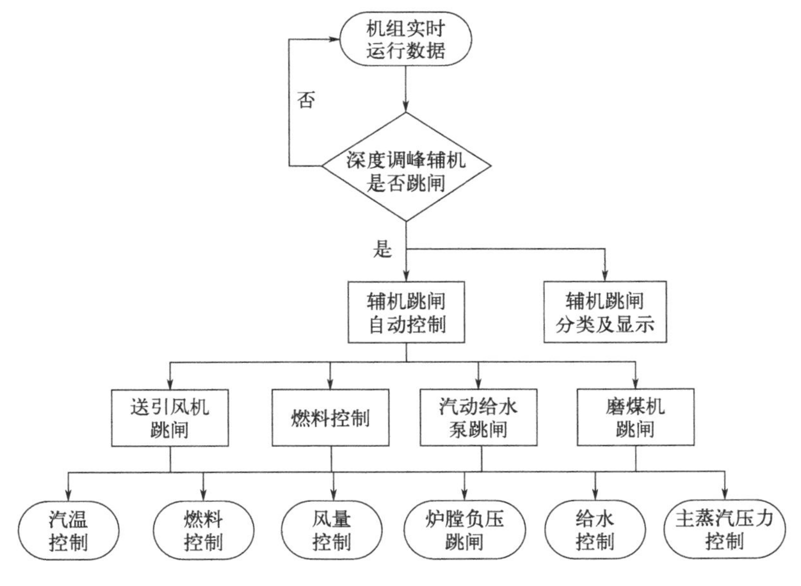

图 4-21　主辅机跳闸自动控制系统控制策略结构框图

机组在深度调峰工况下对主要模拟量的控制品质要求更加严格，需要对单辅机自动控制进行整定，例如深度调峰工况单送风机、单引风机、单一次风机以及单汽动给水泵的自动控制品质，区分两台与单台辅机自动控制下被控量的参数值，可针对单台和两台辅机及不同负荷段设置对应的控制参数。

双辅机配置自动控制系统控制参数切换框图如图 4-22 所示。

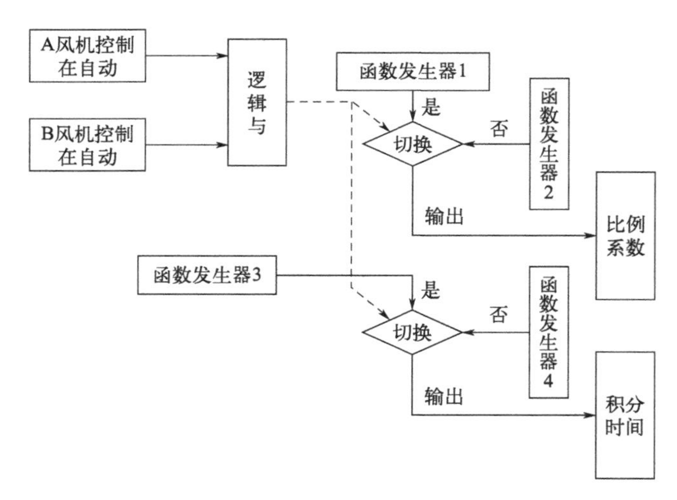

图 4-22　双辅机配置自动控制系统控制参数切换框图

4.4.2 风烟系统控制策略优化

风烟系统是火电机组中一个重要的辅助系统，主要包括一次风机、送/引风机等相关设备，风烟系统调节锅炉燃烧所需氧量以及炉膛负压，对机组稳定运行有至关重要的作用。

4.4.2.1 炉膛压力控制系统优化

机组低负荷运行时，制粉系统扰动或燃烧波动会对炉膛负压控制造成激励和扰动，单纯PID控制无法快速稳定炉膛负压。制粉系统自动减负荷（RB）或锅炉主燃料跳闸（MFT）时极易造成炉膛负压大幅波动，影响锅炉安全运行。在深度调峰运行期间，各机组火检信号正常，均未投入助燃措施，保持较好的稳燃状况。炉膛压力能够在较大负荷和一定频率范围内反映锅炉燃烧状态的变化。炉膛压力可以通过引风调节系统自动调整，主要有改变引风机转速、引风机动叶角度、引风机入口挡板开度、引风机出口挡板开度等手段，可以通过炉膛压力波动状况查看锅炉燃烧状况。当机组变负荷运行时，风量与煤量发生变化，引风控制系统以炉膛压力为给定值进行调节；当炉膛负压出现剧烈波动时，说明引风控制系统无法有效控制炉膛负压，可能存在燃烧不稳定的情况。

可以构造炉膛负压偏差线性开环回路，采用滤波前炉膛负压与设定压力之差构造引风机阀门开度线性前馈控制回路，达到偏差快速拉回并通过炉膛负压柔性控制回路实现炉膛负压快速回调。同时采用了变增益控制策略，根据炉膛压力偏差的大小进行调节，小偏差采用小增益控制，大偏差采用大增益控制，增强系统抑制偏差的能力。采用此变增益控制策略的目的是避免因炉膛压力经常有微小波动而导致频繁动作调节机构，增加机械磨损和动力消耗。此外，系统还根据投入自动的引风机数量进行自动增益补偿，将风量指令信号或送风控制指令作为超前变化的前馈信号。当送风量改变时，如果以炉膛压力的变化调节引风量，必然使炉膛压力的动态偏差较大，采用送风量前馈信号可使引风量及时随送风量的改变而改变。这样可以大大改善炉膛压力的动态偏差，使炉膛负压的波动最小。引风量调节部分以调节器 PI 为中心。控制系统的被调量是炉膛压力信号 p_{f_0}，其给定值 p_{f_0} 是运行人员在软手操控制器 M/A2 上给出的。当炉膛压力因某种扰动发生变化时，压力调节器 PI 接收炉膛压力 p_f 与给定值 p_{f_0} 的偏差信号，并对此进行比例积分控制运算，其运算结果与作为前馈信号的送风机动叶平均指令 V_f 叠加后，形成引风机的控制指令 G_d，分别送至 2 台引风机的软手操控制器 M/A1 和 M/A2。系统中引入 2 台送风机动叶指令的平均值作为引风机动叶的前馈信号，在机组负荷变化时，能使引风量与送风量同步动作，以减小送风量变化对炉膛压力的影响。函数器 $f(x)$ 用于调整前馈作用的强弱（图 4-23）。

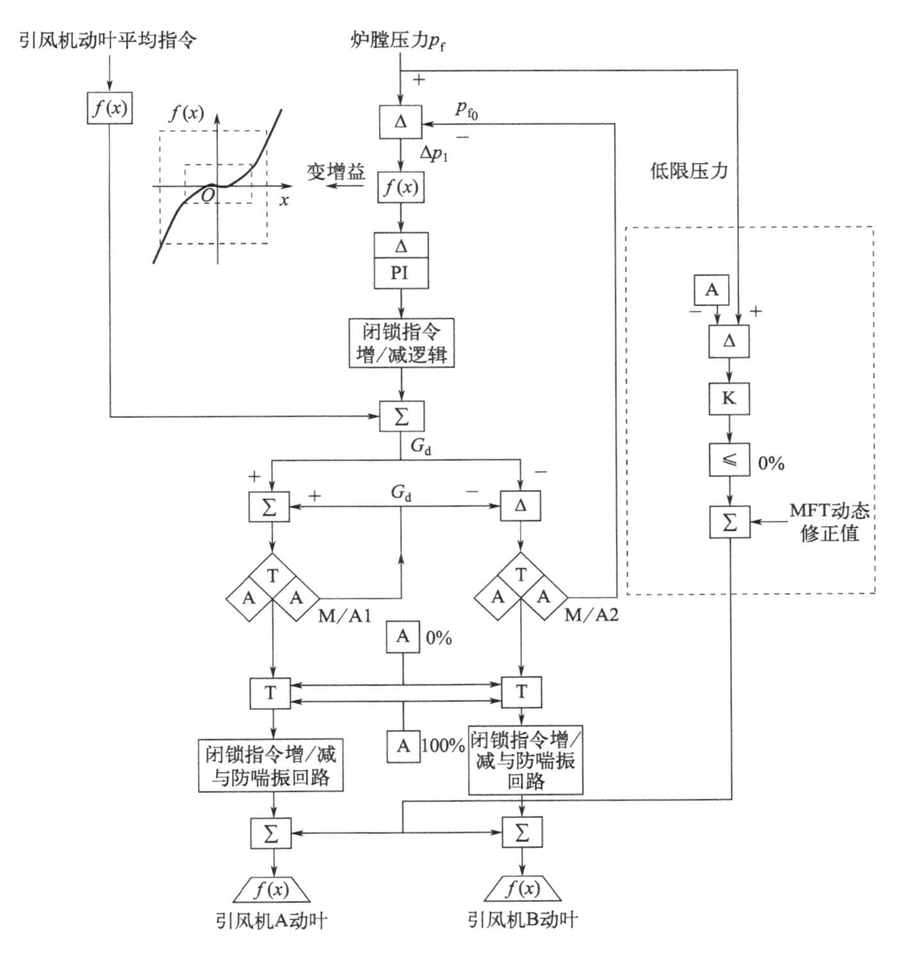

图 4-23　炉膛压力控制系统框图

风机动叶控制部分由软手操控制器 M/A1 和 M/A2、闭锁指令增减与防喘振环节及超驰控制回路组成。正常情况下，调节器输出的引风量控制指令 G_d，加上运行人员的手动偏置作为引风机动叶控制指令，经 M/A 站、切换器 T、闭锁指令增减与防喘振环节输出，去控制引风机动叶的开度，改变引风量以调节炉膛压力，并最终使炉膛压力稳定在给定值附近。当系统出现异常或故障时，控制系统将发出自动/手动切换、闭锁指令增/减、超驰开/关指令，对系统设备实施保护。为防止引风机发生喘振，系统中设计了引风机防喘振环节。根据引风机入口烟气流量和风机特性曲线，计算出风机动叶不同流量下的最大开度，以此作为动叶开度的限制值。

低炉膛压力保护回路，它由低限压力给定器、炉膛压力与低限压力的比较器、比例调节器、高限限制器、加法器等组成。当炉膛压力低于某一值时，比较器输出负值，经比例调节器、高限限制器和加法器输出，动态关小引风机动叶开度，以保证锅炉安全运行。高限限制器设置高限为零，防止炉膛压力大于低限压力时误动。当发生主燃料跳闸（MFT）时，由于灭火瞬间炉膛压力会急剧下降，而且发生 MFT 前机组负荷越高，灭火后炉内工况变化越剧烈，处理不当可能引起炉膛内爆。为此应阻止引风机动叶开大，并紧急将动叶关小到某一开度。MFT 动态修正回路根据发生 MFT 前机组的负荷值，按一定比例瞬间动态关小引风机动叶开度，并保持一段时间后再以斜坡变化，回到发生 MFT 前瞬间的开度数值上，并恢复炉膛压力的正常调节。

4.4.2.2　一次风控制系统优化

火电厂锅炉机组深度调峰运行，关键在于锅炉低负荷运行的稳定性和机炉的蒸汽流量不匹配的问题。维持锅炉水动力稳定的锅炉最低流量、保持燃烧稳定性的最低燃料量等均有一个最小值不可逾越，而汽轮机的通流量只要保证额定转速、确保叶片冷却即可，与维持锅炉水动力稳定的最小工质流量相差很大。锅炉低负荷运行，受热面工质流量降低，冷却效果变差，因此受热面极易超温。着火热越大，着火所需时间越长，着火点离开燃烧器喷口的距离越大，着火越困难。煤粉燃烧的优劣主要体现在点火及低负荷稳燃阶段，具体表现与燃料的性质、炉内散热条件、煤粉气流初温、一次风量与风速、锅炉负荷等均有关联。燃煤挥发分含量低、水分和灰分含量高、煤粉细度粗，则煤粉气流着火温度提高，着火热增大；减少炉内散热，有利于着火。敷设卫燃带是稳定低挥发分煤着火的有效措施；煤粉气流的初温提高，可降低着火热。燃用低挥发分煤时应采用热风送粉制粉系统，提高预热空气温度；一次风量越大，一次风速越高，则着火热增大，着火延迟；反之如果一次风量过低，煤粉燃烧初期由于缺氧，化学反应速度减慢，则阻碍着火继续扩展，也容易造成喷口烧损、粉管堵塞。因此一次风速对于不同煤种均有一个最佳范围。

锅炉负荷降低时，送进炉内的燃料消耗量相应减少，而水冷壁的吸热量虽然也减少一些，但是减少的幅度却很小，相对于每千克燃料来说，水冷壁的吸热量反而增加了，致使炉膛平均烟温降低，燃烧器区域的烟温也降低。因而，锅炉负荷降低，对煤粉气流的着火是不利的。当锅炉负荷降到一定程度时，就将危及着火的稳定性，甚至引起熄火。因此，着火稳定性条件常常限制了煤粉锅炉负荷的调节范围。着火阶段是整个燃烧过程的关键，要使燃烧能在较短时间内完成，必须强化着火过程。既保证着火过程能够稳定而迅速地进行。由上述分析可知，组织强烈地烟气回流和出口附近煤粉一次风气流与高温烟气地激烈混合，是保证着火能量和稳定着火过程的首要条件。提高煤粉气流初温，采用适当的一次风量和风速，是降低着火热的有效措施。提高煤粉细度和敷设燃烧带，则是使低挥发分煤稳定着火的常用方法。

对于直吹式制粉系统，在负荷稳定、其他条件不变的情况下，随着一次风压逐步提高到一定值时，飞灰含碳量逐渐下降，之后随着一次风压的提高，飞灰含碳量又升高。据此可知，在同一负荷下，必有最佳的一次风压，使得飞灰含碳量达到最小，提高锅炉的燃烧效率。同时，在负荷稳定、二次风稳定的情况下，随着一次风压的逐步提高，一次风速的变化趋势是逐步增大，提高了一次风的刚性，使得煤粉着火推迟，对锅炉的燃烧产生一定的影响。

一次风运行参数优化时，一次风量具有中心地位，其他多个参数与之有密切的关系，应当进行整体优化。优化的顺序是：先根据煤质情况、磨煤机情况选择合适的风煤比曲线，并尽可能减少调温风的用量；在此基础上，可通过试验确定最佳母管压力控制值，以达到厂用电最小化，同时提高锅炉效率、降低 NO_x 的目的。目前一次风压力控制主要存在的问题有：在当前的一次风母管压力逻辑控制状态下，运行人员需要根据自己的经验结合各台磨煤机的实际煤量来手动设置一次风母管压力偏置，并且一次风母管压力会随磨煤机的启停产生一个阶跃性的扰动，这不利于制粉系统和一次风机持续安全稳定运行。为了保障运行安全，当前磨煤机正常运行时压力明显偏高。压力偏高运行时，除了增加风机电耗外，当一次风压变化较大时，容易造成两台风机出力不平衡而导致失速，影响机组安全运行。为了解决以上问题，减小一次风母管压力及负荷变化时压力变化速率，降低一次风机电流，减小风机在启停磨煤机及异常情况时一次风机失速的风险，需要对原一次风母管压力控制策略做进一步优化。一般情况下，粉管一次风速最低不能低于 18m/s，否则煤粉容易在粉管内沉积；一次风速最高不宜高于 30m/s，否则容易增大粉管及燃烧器磨损。由于燃烧器的磨损和风速的平方成正比，所以随着粉管风速的提高，燃烧器的磨损呈指数级上升。因此，在保证磨煤机通风量的前提下，如在正常运行的情况下合理降低一次风压，则磨煤机入口风门自动开大，可有效降低一次风系统的节流阻力，降低一次风机电耗以及减小空气预热器一次风侧的漏风率，达到降低厂用电率的目标。

一次风压力设定值生成框图如图 4-24 所示。

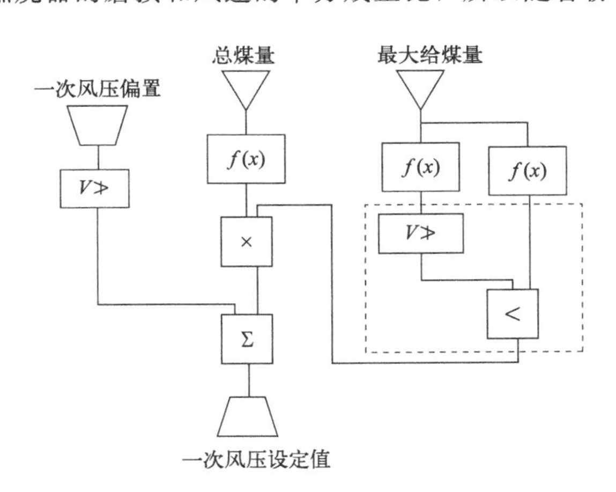

图 4-24　一次风压力设定值生成框图

为了减小一次风压在启停磨时的变化幅度，在设定值函数后面增加“缓升快降”回路，当压力增加时，让压力缓慢升高至设定值；当压力降低时，能够让压力快速降下来。在掌握锅炉制粉系统运行特性，使锅炉能够在安全、稳定、经济、环保的状态运行下，对锅炉制粉系统磨煤机进行一次风压控制试验，得出最大给煤量与一次风压的关系曲线。同时，为了保证安全，设置了最小风压。将一次风压设定值由磨运行台数对应的设定值优化为运行给煤机的最大煤量对应的设定值。

4.4.2.3 二次风控制系统优化

配风方式对锅炉低负荷稳燃能力的影响与燃烧器的结构形式有关。针对四角切圆锅炉，低负荷下应适当关小周界风，降低煤粉着火热，同时投运燃烧器之间的辅助风开度应合适，过大或过小都不利于低负荷稳燃；针对前后墙对冲旋流燃烧器，低负荷下内二次风风量应适当关小，过大会增加煤粉的着火热。合适的运行氧量有利于提高锅炉低负荷稳燃能力。同时，运行氧量过大，总风量增加，会导致炉内平均温度降低，影响燃烧稳定性；反之，运行氧量过小，一次风、二次风混合变差，炉内煤粉颗粒燃烧不完全，也会威胁锅炉的燃烧稳定性。考虑到锅炉低负荷运行过程中，大多存在运行氧量偏大的情况，因此在确保炉内气体和固体可燃物充分燃尽的同时，应适当降低运行氧量。

目前电站燃煤锅炉的二次风控制系统投运状况不太理想，原因包括：

① 氧量设定值不准确。由于最佳烟气含氧量和最佳风煤比具有等价的关系，因此对最佳风煤比的研究往往转化为对最佳烟气含氧量的研究。

② 二次风量控制系统不能及时地使送风调节回路跟踪负荷的变化，从而使燃烧系统具有合适的风煤比。

由于二次风量控制系统伴随着物理化学反应，无法精确地建立模型，同时由于被控对象具有滞后、时变等非线性特性，传统的PID无法满足要求，使得系统稳定性变差，调节时间变长。

当机组调峰运行或运行工况发生较大变化时，继续维持该烟气含氧量设定值运行，会造成锅炉的各项主要热损失增加，送/引风机运行经济性下降，甚至使燃烧过程严重恶化，供电煤耗率明显增加。因此当机组运行工况发生变化时，需要对最佳烟气含氧量设定值进行修改，当前通常由运行人员根据经验进行操作，具有很大随意性，也很难保证锅炉运行在最佳经济状态下。如何通过燃烧过程优化控制确定最佳烟气含氧量，实现锅炉在不同负荷下既能保证燃料的充分燃烧，还能使各项热损失及引/送风机供电煤耗率增量之和达到最小，是提高锅炉运行经济性的关键。可以基于烟气含氧量变化的电站锅炉变工况运行经济分析方法，建立各热经济性参数在烟气含氧量影响下的变化特性分析计算模型和以最小供电煤耗率为目标的最佳烟气含氧量偏微分方程，通过求解该方程可以确定电站锅炉不同工况下最佳烟气含氧量设定值。以此值作为锅炉燃烧控制系统中烟气含氧量校正回路的烟气含氧量设定值，便可以根据实际烟气含氧量与烟气含氧量设定值之间的偏差通过送风机（二次风机）调节进入炉膛的二次风量，对燃料燃烧过程进行优化调节，使实际烟气含氧量最终等于最佳烟气含氧量设定值。此时的二次风量既可以保证燃料的充分燃烧，又可以使电站锅炉运行过程中不同负荷和运行工况下各项热损失及送/引风机电耗引起的供电煤耗率增量之和达到最小，实现电站锅炉的高效经济运行。

由于二次风量控制系统为滞后系统，建立精确的数学模型比较困难。传统的PID控制方法无法很好地解决问题。由于Smith预估控制对于时滞系统具有良好的控制作用，可以在估计对象动态特性的基础上，用一个预估模型进行补偿，从而得到一个没有时滞的被调节量反馈到控制器。Smith预估控制的优点是将时滞环节移到了闭环之外，缺点是过分依赖精确的数学模型。考虑到模糊控制器对参数变化不敏感的特点，将模糊控制器引入 Smith 预估控制系统中，将 Smith 和模糊 PID 控制方法相结合，构成一种 Smith 模糊 PID 控制系统，提高二次风量控制系统的动、静态性能（图 4-25）。

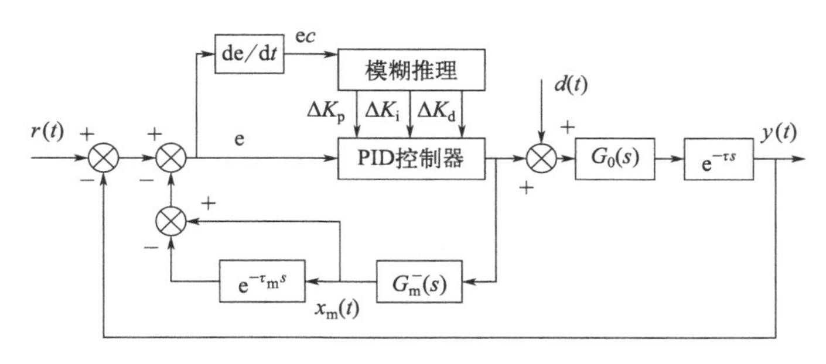

图 4-25　Smith 模糊 PID 二次风量控制系统

4.4.3　汽水系统控制策略优化

4.4.3.1　水煤比控制优化

锅炉蒸汽参数的稳定取决于汽轮机功率与锅炉蒸发量的平衡以及燃料量与给水量的平衡。对于直流锅炉，由于没有汽包的蓄热缓冲，给水流量在较短延时后将直接反映于蒸汽流量，因此锅炉吸热量与汽轮机耗汽量的平衡关系将转变为吸热量与给水量的平衡，对燃煤机组而言就是给煤量和给水量的平衡，即水煤比。只要保持变负荷过程中这一能量平衡关系稳定，那么分离器入口蒸汽过热度将始终保持平稳，汽轮机和锅炉将处于平稳的协调状态。因此，直流锅炉在稳定运行工况，水煤比必须维持不变，以保证过热器出口蒸汽温度为设计值。而在变工况下，水煤比必须按一定规律改变，这样既充分利用锅炉蓄热，又按要求增减燃料，使锅炉热负荷与新的机组负荷相适应。水煤比控制分离器入口蒸汽过热度是整个直流锅炉控制的核心，其目的是通过控制过热度的偏差修正锅炉燃料量和给水流量的配比。

深度调峰机组随着负荷向 40% P_e 以下继续降低，燃料量和给水流量逐渐接近最低稳燃及干态运行最小保证值，调节裕量逐步减小甚至丧失，通过投入等离子体或油进行助燃，燃料量调节能够得到一定程度缓解，但给水流量下调范围已无法保证。超超临界直流炉运行过程中，为维持过热蒸汽温度的稳定，锅炉的燃料量与给水量必须保持适当的比例。当给水量和燃料量的比例发生改变时，锅炉受热面中的汽水分界面就会发生变化，从而导致过热蒸汽温度发生变化。直流锅炉运行过程中，汽水是一次性循环，汽水没有固定的分界点，水煤比调节作为基本的调温手段，受到多种因素的影响，当锅炉给水温度发生改变时，受热面中汽水分界点将发生改变。例如，当高压加热器解列时，锅炉给水温度降低，锅炉受热面中的汽水分界点将后移，在水煤比不变的情况下，过热蒸汽温度将随之大幅降低，因此当给水温度发生变化时，必将通过对水煤比的调节输出，改变原来设定的水煤比，才能维持过热蒸汽温度的稳定。

机组在实际运行过程中，不可避免需要改变磨煤机运行的组合方式，不同的组合方式可能导致炉膛火焰中心发生改变。例如，当火焰中心发生上移，将导致炉膛出口烟温上升，给水在炉膛内的吸热量减少，锅炉受热面中的汽水分界点后移，在水煤比不变的情况下，加热段与蒸发段变长，过热段缩短，过热蒸汽温度将降低。煤质变化是不可避免的。当煤质发生改变时，在给水量和实际给煤量保持不变的情况下，燃料在炉膛内释放的总热量将发生改变，从而影响主蒸汽温度。虽然协调控制系统中设计有 BTU 调节控制回路，根据设计煤种的热值和实际煤种的热值不同，对燃料进行修正，但在 BTU 投入自动调节时，由于其调节过程缓慢，具有较大的滞后性，无法真正起到调节蒸汽温度的作用。水煤比调节控制除了受给水温度、炉膛火焰中心高度、煤质变化影响，还受炉膛过量空气系数、烟气扰动及受热面清洁度等因素的影响。当上述条件发生变化时，只有及时地通过水煤比控制调节输出，重新调整水煤比，才能消除这些外部条件变化对锅炉主蒸汽温度的影响。可以建立以低温过热器出口温度为水煤比调节最优控制目标，并结合给水温度、炉膛火焰中心高度及煤质变化等影响因素，对低温过热器出口温度设定值进行自动偏置补偿，与实际低温过热器出口温度形成设定偏差，让水煤比调节回路尽快动作调节输出；同时将减温水流量作为水煤比控制的前馈信号，实现水煤比和减温水调节回路的解耦控制，以维持减温水阀门开度在合适的范围，保证有足够的调节裕量，更好地克服机组深度调峰低负荷下分离器进入饱和区引发水煤比失调的问题。

同时低负荷运行期间，燃料量和给水流量接近最低边界值，调节裕量减小。单纯采取水跟煤或煤跟水控制，可能出现给水或燃料下降幅度过大导致水煤比失调情况。因此在燃料或给水达到低限时，可以采用水煤复合控制策略，其原理如图 4-26 所示。

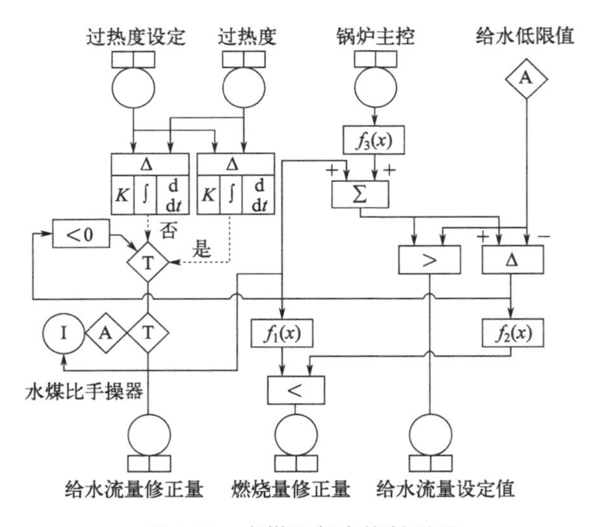

图 4-26 水煤比复合控制原理

过热度偏高时加水不减煤，过热度偏低时加煤不减水，利用燃料量及给水流量上调能力保证水煤比关系。回路中设置 2 个 PID 调节器以适应燃料与给水对温度影响特性的不同，两个函数为给水流量对应燃料需求量，以保证水煤比关系。

深度调峰机组湿态运行且燃料量控制为自动方式时，水煤比控制器投自动方式后可以控制主蒸汽压力，根据主蒸汽压力偏差来调整水煤比的输出，并将其作为燃料量指令构成环节的一部分，通过调整燃料量来消除主蒸汽压力偏差。

当炉膛中部集箱入口管金属温度、一级过热器出口温度、后烟道后墙入口联箱入口温度、炉膛烟气温度和后烟道后墙联箱入口过热度超过限定值时，为了保护锅炉受热面，必须追降水煤比，减少燃料量。当炉膛中部集箱入口管金属温度、后烟道后墙入口联箱入口温度和后烟道后墙联箱入口蒸汽温度超过限定值时，要快速减煤，如果一定时间后超温信号仍存在，再以同样的速率减少煤量，直至超温信号复位。采用水跟煤控制，水随煤宜快速减少，当超温时闭锁水煤比自动调节，直至减少至水煤比函数最低值，当超温信号消失时水煤比恢复为自动调节值。水煤比最低值与锅炉主控指令呈比值关系。当出现超驰信号时，水煤比控制器不管是处于手动方式还是自动状态，都将强制跟踪当前水煤比输出指令；超驰信号消失后，若动作前控制方式为手动则水煤比控制器恢复为保持当前值的状态，若动作前控制方式为自动则水煤比控制器恢复为 PID 控制状态。

4.4.3.2 减温水控制优化

火电机组越来越频繁地参与电网深度调峰，导致机组经常在大范围变负荷的动态工况运行，对机组的控制品质提出了更高的要求。作为火电机组安全经济运行的关键蒸汽参数之一，蒸汽温度具有大迟延、大惯性、非线性以及时变性等特性，传统控制策略难以保证机组参与电网深度调峰时的控制效果，经常出现温度波动范围大、调节滞后以及稳定性差等问题，既影响机组安全运行，又缩短其使用寿命。

传统的串级 PID 主蒸汽温度控制系统经过变结构、变参数优化后控制品质有所改善，一定程度上克服了对象的时变非线性，也是对于主蒸汽温度此类具有时滞特性的被控对象，目前主要应用的控制策略。但其控制的主蒸汽温度超调量大、过渡过程时间长、抗扰动能力弱。Smith 预估控制也是针对大惯性、大时滞对象的有效控制方法，但其对被控对象模型的准确度要求较高，当模型失配时可能会导致系统控制品质变差甚至引起系统振荡。近年来，一些采用内模控制（IMC）实现对大惯性、大时滞对象的控制应用研究也越来越多。内模控制实质是适于对大时滞对象的模型预测控制，基于对象模型进行控制器设计，但其考虑了模型误差的影响，对被控对象模型的准确度要求并不十分严格，采用的自适应方法是参考模型法，使系统对象的输出与模型输出比较，利用它们的偏差量在线调节控制量，使系统输出满足要求，其控制器设计相对直观简单，可整定参数少，调整便捷，具有跟踪调节性能好、抗扰动性好、鲁棒性强等特点，适用于大时滞系统的控制。另外，内模控制与 PID 控制、自适应控制等相结合，系统结构灵活，整个系统的跟踪调节性能、抗扰动性和对工况变化的适应性更强。

为了克服蒸汽温度被控对象的大惯性、大时滞特性，将内模控制与主蒸汽温度的传统串级 PID 控制相结合构成内模串级（IMC-PID）主蒸汽温度控制系统，如图 4-27 所示。图中，$W_1(S)$ 为导前区传递函数；$W_2(S)$ 为惰性区传递函数；PID 为比例积分微分控制器；GIMC(S) 为内模控制器；GM(S) 为对象参考模型；d 为输出测量干扰；r 为给定值；y 为实际对象主蒸汽温度输出值；y_m 为主蒸汽温度参考模型输出值。虚线框内是主蒸汽温度广义被控对象。

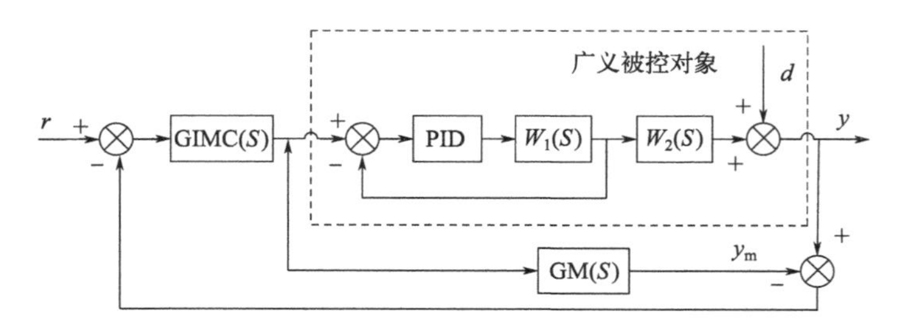

图 4-27 IMC-PID 主蒸汽温度控制系统

将内回路系统与惰性区等效为一个广义被控对象，采用一阶时滞模型作为主蒸汽温度广义被控对象模型。控制系统内回路采用比例积分控制，可以快速消除内扰，使过渡过程的持续时间变短；外回路采用内模控制，以有效补偿对象的大滞后特性。此控制系统具有良好的随动性、抗干扰性和鲁棒性。

深度调峰机组负荷调节幅度变大，同时由于再热器压力较低，蒸汽比热容相对较小，所以再热器出口蒸汽温度对机组负荷更加敏感。常规的蒸汽温度控制系统在机组运行较为稳定时可以保证稳态偏差在允许范围内，但负荷变化大使动态偏差超限，控制品质变差。

再热器出口蒸汽温度的调节方式主要为烟气侧调节，喷水只作为超温等事故发生时的应急控制方式。烟气侧调节的方法包括调节尾部烟气挡板、烟气再循环风机转速和摆动燃烧器摆角，由于摆动燃烧器摆角调节范围小，烟气再循环调节需要增加再循环风机，风机的叶片易磨损，使成本增加，多数机组主要采用调节尾部烟气挡板作为再热蒸汽温度的调节手段。但由于烟气挡板调节再热蒸汽温度灵敏度较低，且挡板开度与再热蒸汽温度变化也不呈线性关系，给控制增加了难度。同时，再热系统惯性大，非线性强，虽然调节方式较为简单，但由于改变烟气的流量分配需要一段时间，导致烟气挡板调温的延迟大，且易受机组负荷、燃烧工况、过量空气系数等影响，且与过热蒸汽温度相比更加敏感。对于常规的前馈与 PID 相结合的控制方案，若控制参数调整不及时，在深度调峰工况变化较大的情况下，更容易导致控制品质变差，使得自动控制率偏低。可以采用基于 GGAP 算法的径向基函数（RBF）神经网络直接构成神经网络控制器，该神经网络控制器在进行过程控制的同时，通过隐层神经元的变化和网络参数的调整进行在线学习，这种方法不需要增加另一个神经网络对系统进行在线辨识，也不需要预先确定神经网络控制器的结构。与常规串级 PID 控制系统进行比较，再热蒸汽温度控制系统的性能得到了较大的提高。

模糊控制系统总体控制方式如图 4-28 所示。

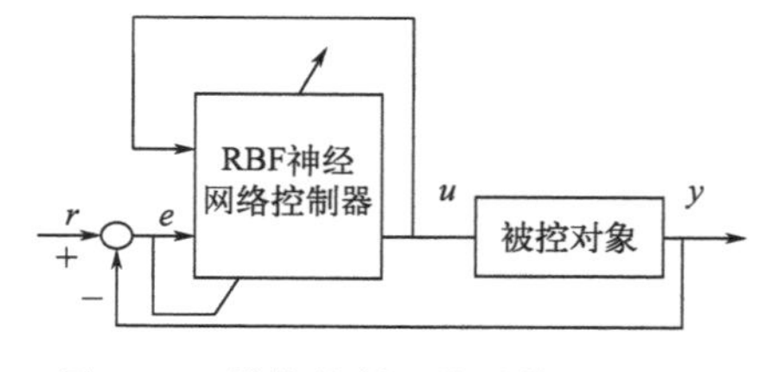

图 4-28 模糊控制系统总体控制方式

4.4.3.3 给水泵再循环调节阀控制优化

深度调峰期间，为保证给水泵安全运行、锅炉给水流量安全可控以及汽泵转速具有足够的调节裕量，机组负荷降低至接近 40% 额定负荷时，通常需要逐步开启给水泵再循环调节阀。随机组负荷变化，再循环调节阀需要频繁调节以配合锅炉给水流量的调整。单纯采用单回路 PID 控制或回滞函数控制的策略已经无法保证机组的安全运行。给水泵再循环控制动作不当引起的机组非停事故时有发生，提高给水泵再循环控制品质已成为保障机组深度调峰运行安全性的一项重要措施。基于给水泵再循环阀状态的给水前馈控制系统及方法、给水泵最小流量再循环阀控制系统、电站锅炉给水泵最小流量再循环阀控制方法、改进回滞函数在给水泵再循环控制回路中的应用等控制策略相继出现并投入使用。

汽泵再循环控制的开启或关闭对锅炉给水流量影响十分明显，特别是在低负荷阶段，由于锅炉给水流量较低，再循环的开启时机、开启速度、开启幅度如果掌握不当会严重威胁机组安全运行。再循环开启速度与汽泵转速调节速度不匹配，影响锅炉给水流量。降负荷过程中，再循环开启速度过快，汽泵转速调节速度相对缓慢，会导致锅炉给水流量下降过快，锅炉给水流量容易降低至运行低限值，同时易引起水煤配比失调，导致过热度上升，影响安全运行。再循环开启速度过慢，而汽泵转速随负荷快速下降时，汽泵流量容易达到超驰开启值，引起锅炉给水流量突降，触发给水流量过低主燃料跳闸（MFT）保护，导致机组非停。使用的控制策略单一，控制功能具有局限性。单纯采用回滞函数控制时，其控制过程相当于带死区的纯比例控制，控制过程没有对比例作用的反向抑制环节，其收敛性能很大程度上取决于滞环控制中开/关阀门曲线之间的回差值、曲线斜率及阀门动作速度，参数调整不当容易引起开度与流量之间相互影响，产生振荡。单纯采用 PID 控制时，特别是采用固定积分时间的 PID 时，积分作用过强，在大偏差时容易引起流量过调；积分作用过弱，流量调节缓慢，长时间存在控制偏差；再循环手动控制，影响机组经济运行。因再循环控制效果不佳，为保证机组及设备安全运行，降负荷过程中，运行人员往往手动开启再循环调节阀，开启过早并长时间保持较大开度，造成耗汽量增大，对机组经济运行带来一定影响。

可以采用 PID＋流量前馈联合控制，采用一定强度流量所对应的阀门开度作为调节前馈，保证阀门开启及时性及快速性；利用 PID 积分环节消除偏差的作用，对前馈进行抑制，加快控制收敛并消除偏差。前馈作用区分开、关两种工况，开启时采用快速回路，关闭时采用慢速回路，减小前馈作用带来的调节振荡。同时 PID 环节采用变参数控制，根据汽泵流量设定值与测量值偏差，对 PID 比例和积分作用进行双向变参数控制。当汽泵流量大于设定值时，适当减弱比例作用，重点减弱积分作用，防止偏差较大时因积分作用过强引起调节阀关闭幅度过大，进而导致汽泵流量过低；当汽泵流量下降至接近设定值一定范围后，逐渐加强比例和积分调节作用，防止因调节作用偏弱导致再循环阀开启速度过慢，引起汽泵流量下降过低。为保证汽泵入口流量满足安全运行要求，采用汽泵入口流量测量值对汽泵再循环开度下限予以限制，一方面作为保证汽泵安全运行的措施，另一方面防止调节回路过调引起再循环开度过小。在此基础上，优化汽泵再循环调节阀流量特性曲线，保证流量指令与实际流量线性化。保持汽泵出口压力，测取不同阀门开度下再循环流量，得到阀门开度对应的流量变化特性，据此特性对阀门开度指令进行修正，优化前后流量

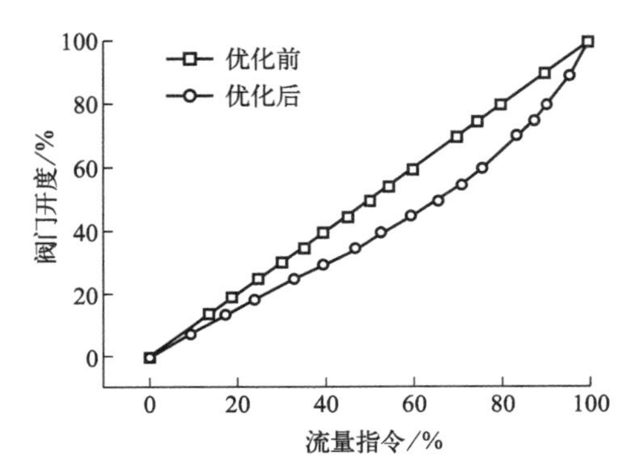

图 4-29 再循环流量指令对应阀门开度曲线

指令对应的阀门开度曲线如图 4-29 所示。

通过上述优化，给水泵再循环控制品质得到保证。控制品质的提高为降低再循环开启的负荷点提供了保证，机组经济性也得到一定提高。

4.4.4 脱硝系统控制策略优化

脱硝系统控制策略由入口 NO_x 智能前馈部分、总量阀门控制器和出口 NO_x 闭环控制部分三部分构成。

① 入口 NO_x 智能前馈部分。该部分采用智能算法根据锅炉的运行状态及参数，实现对脱硝系统入口 NO_x 浓度的预测，通过该预测值与最佳脱硝氨氮摩尔比，计算出此时所需 NH_3 的量，该量值作为前馈，实现对 NO_x 变化的快速影响。

② 总量阀门控制器。该控制器的主要作用是让喷氨调节总阀规律性更强，克服 NH3 流量内扰，选用 PID 控制器。

③ 出口 NO_x 闭环控制部分。该部分主要采用先进的控制算法，例如预测模型控制算法，实现对出口 NO_x 浓度的精确控制。

总量控制原理示意如图 4-30 所示，其构架为带前馈的串级 PID 控制系统，前馈主要包括：

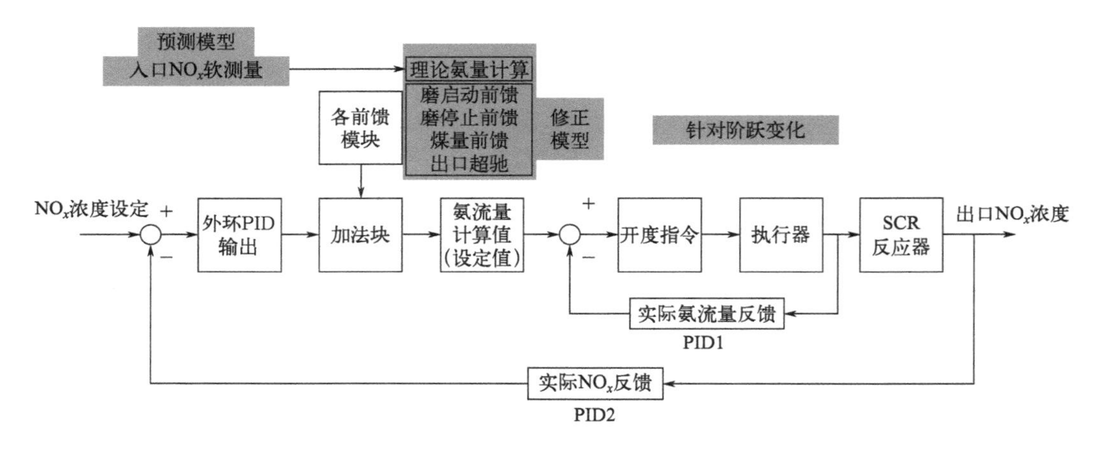

图 4-30 脱硝总量控制原理图

① 预测前馈：主要是通过预测算法提前预知入口 NO_x 的浓度值，计算理论喷氨量。

② 修正前馈：在机组大负荷变动时提前修正喷氨量。

前馈氨量以及串级 PID 中 PID2 输出氨量（由实际脱硫出口 NO_x 与设定值偏差计算而来）作为计算喷氨量设定值进入串级 PID1（阀门控制 PID）控制阀门开度。

喷氨总量预测控制算法是通过入口 NO_x 软测量技术，预测入口 NO_x 浓度变化情况，并作为喷氨前馈的重要参数，参与到喷氨总量的闭环控制中，解决了入口 NO_x 测量滞后的问题。此外，通过试验得到不同负荷下的 SCR 反应器的传递函数，进而有针对性地实施控制算法模型。喷氨主回路的预测控制是一种非常有效的大滞后控制策略，通过它可以预测 NO_x 浓度在未来一段时间内的变化，从而提前调整喷氨阀门的开度，有效抑制 NO_x 浓度的变化。根据反馈出口 NO_x 浓度变化情况，对喷氨逐步调整，并根据积累测试得到的数据，自动学习，逐步实现与燃烧器、燃料变化及反应器状态等变化相适应（能够根据数据变化趋势及时发现 SCR 装置的堵塞和磨损失效等问题，并及时调整运行方式）。

目前，我国火电机组的 NO_x 脱除普遍采用低氮燃烧与选择性催化还原（SCR）脱硝相结合的方案。一方面，目前主流的低氮燃烧技术基本都需要燃烧时形成一定的缺氧还原性气氛，这对配风的精确性与变工况调节的及时性有更高的要求，目前普遍依赖手动配风的低氮燃烧性能难以保证。因此一般稳态过程，NO_x 排放都比较容易控制，但在负荷变化或煤质波动时，极易造成 NO_x 生成量的大幅飙升，导致原本运行效率接近极限的下游 SCR 装置来不及处理，这一直是火电机组 NO_x 排放控制面临的普遍难题之一。另一方面，NO_x 质量浓度测量普遍存在 3min 左右的纯延时，动态过程极易导致控制回路振荡发散，从而自动投入率普遍不高，运行人员监护工作量大，过量喷氨严重。深度调峰条件下，这些问题进一步加剧，做好低氮燃烧的配风控制与解决纯延时的喷氨控制成为解决脱硝问题控制技术的关键。

在满足脱硝催化剂反应温度的工艺条件基础上，除了 NO_x 测量的延迟带来的自动控制问题外，在煤质波动与深度调峰负荷变化过程中，单纯依靠喷氨调节已越来越不能满足机组实时排放控制的要求。实践经验表明，大幅的炉膛出口 NO_x 质量浓度变化是导致 NO_x 排放控制超限的最重要原因之一，因此深度调峰的 NO_x 排放控制最好能从 NO_x 生成至 SCR 喷氨进行全程优化。

采用燃烧与喷氨的全程脱硝优化控制，可通过汽、水、风、烟参数的监测，对锅炉入炉煤质甚至成分进行实时估计分析，指导锅炉整体风量及配风分布，动态满足低氮燃烧的需求，降低 NO_x 生成质量浓度及动态波动幅度，为 SCR 喷氨调节构建良好基础。并通过智能脱硝前馈与预测反馈等技术，做好动态喷氨控制，可最大限度地减少煤质与负荷波动的影响，减少氨逃逸，缓解空气预热器堵塞，确保火电机组在宽负荷范围及快速变负荷过程中环保经济地运行，满足日益严格的 NO_x 超净排放要求。

针对燃煤锅炉 SCR 脱硝系统被控对象大时延和入口 NO_x 浓度、烟气流量测量准确度低导致出口 NO_x 浓度控制效果差的问题，可以基于 SCR 入口 NO_x 浓度和烟气流量预测值代替实际测量值的出口 NO_x 浓度控制策略，提前预知参数变化趋势以便及时准确控制。采用数据分析方法建立主要影响因素与入口 NO_x 之间关系的数学模型，采用机理分析方法建立基于氧量、热量及煤量的烟气流量预测模型，且基于预测模型设计带有动态环节的控制系统，相较常规控制，可以提高脱硝控制系统各项调节品质，满足深度调峰要求。

烟气脱硝喷氨串级控制系统如图 4-31 所示。

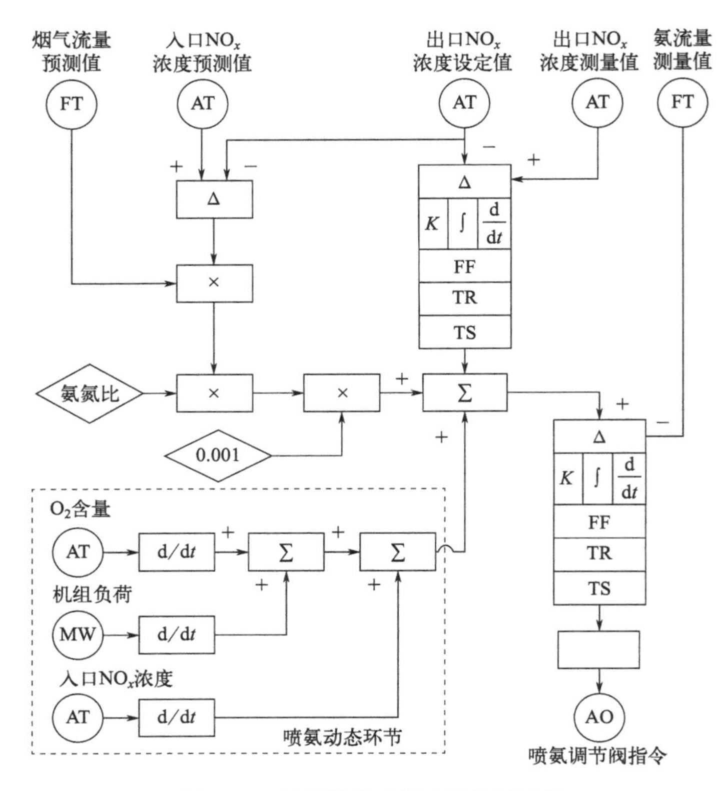

图 4-31　烟气脱硝喷氨串级控制系统

4.5　深度调峰机组机炉协调控制策略

目前，常规火电机组控制系统的设计、调试和优化通常仅针对50%额定负荷以上负荷区间，较少涉及低负荷运行工况。当机组在深度调峰运行方式下时，负荷调节范围更宽、速度更快，调节对象的非线性、时变性更加明显，机组的控制对象特性发生了较大变化，煤质变化与分层掺烧等的影响进一步放大，主要运行参数以及设备都接近正常调节范围的下限，协调控制系统调节品质、AGC响应速度、一次调频调节性能、燃烧系统的稳定等均存在不同程度的瓶颈，对机组协调控制系统及控制策略的优化升级改造是深调机组必不可少的核心工作之一。

超临界机组在拓宽了运行区间之后，在宽负荷调整区间内锅炉分为干态运行和湿态运行模式。干态运行模式指机组水冷壁出口工质为过热蒸汽，不含水蒸气，工质经过汽水分离器去往过热器。湿态运行模式指机组水冷壁出口工质为含有水蒸气的湿蒸汽，在汽水分离器中进行汽液分离，蒸汽去往过热器，液态水经过储水箱、炉水循环泵与锅炉给水进行混合并入省煤器，这两种运行模式下的热力循环过程结构有所不同。两者之间过渡过程称为干湿态转换，实际操作中该过程是个变化非常剧烈的过程，时间相对短暂。不同负荷下机组稳定性、AGC指令、辅机运行状况等存在较大差异，需要识别锅炉的运行工况，选择不同的控制器，实现对应工况下机组稳定运行或者快速调峰的控制目标。

在常规负荷下，火电机组以快速调峰为目标，控制目标应注重负荷设定值的追踪。

在火电机组低负荷干态下，火电机组在不同负荷下的安全裕度限制效果更加明显，靠近干湿态转换临界点因注重中间点焓值与主蒸汽压力的控制，为此牺牲一些负荷的设定值追踪效果是在可接受范围内的。因此在低负荷干态下，需要研究适合于不同工况的协调控制策略，该策略应根据当前工况的不同对稳定性与快速调峰的不同需求程度进行平衡，负荷越小，稳定性在控制目标所占比重应越大。

而在火电机组湿态运行情况下，其锅炉的动态特性类似于汽包锅炉，给水流量的变化主要影响汽水分离器液位，而燃料量的变化主要影响汽水分离器出口蒸汽流量和压力。此时，机组的安全裕度更小，应完全以稳定性为主，机组稳定性主要体现在中间点焓值、主蒸汽压力的稳定，即中间点焓值和主蒸汽压力追踪设定值，避免偏差过大，同时为了保证锅炉低负荷稳燃、水冷壁运行安全性以及辅机设备本身运行特性，需要对主要控制量进行约束，例如，给煤量、给水量的约束表现在给煤速率、给煤上下限、给水速率、给水上下限等。

深度调峰自适应协调控制策略示意图见图 4-32。

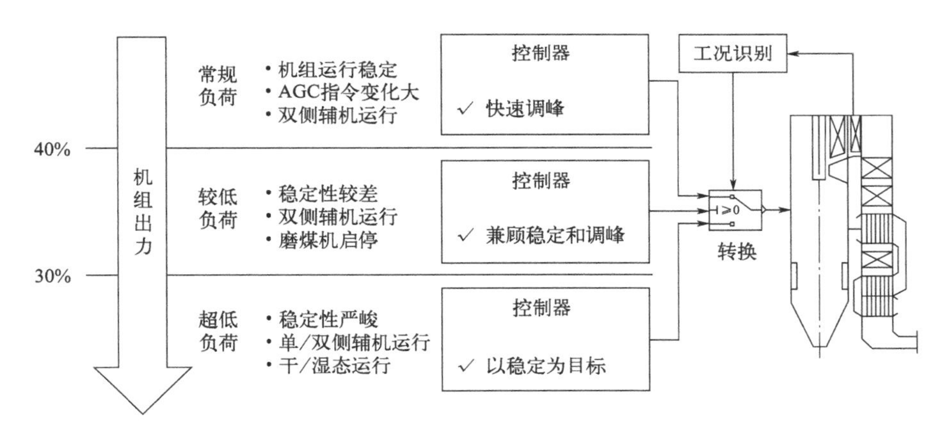

图 4-32 深度调峰自适应协调控制策略示意图

4.5.1 亚临界机组机炉协调控制策略优化

相对常规调峰模式，机组在深度变负荷过程中负荷变化范围更大，控制对象的时变性、非线性及锅炉响应惯性加大，相应地对协调控制品质的要求更高。在解决低负荷的安全性及主要辅助系统自动回路的适应性问题后，在常规协调控制策略的基础上进行针对性的深度优化，提升 AGC 方式下负荷的适应能力，提高功率变化的快速性以及一次调频动作的安全性。

4.5.1.1 协调锅炉主控策略设计

燃煤机组承担深度调峰功能时，按照调度要求，此时的 AGC 及一次调频功能均需正常投入，并对各项响应指标仍进行量化考核。但此时机组在接近安全边界条件方式下运行，锅炉的惯性更大、非线性问题更加突出，主要设备的调节线性与正常调峰时差异明显，运行风险较高。如图 4-33 所示，要确保协调控制系统（CCS）及其主要辅助调节系统有良好的调节品质，一方面应通过策略优化来改善被控对象被加剧的非线性特性问题；另一方面，建立模糊控制规则表，运用模糊控制算法对重要回路的 PID 参数进行实时调整，解决锅炉的大迟延、大惯性引起的超调量大、调整时间长、不易稳定等缺点。另外，在机组深度变负荷过程中，对煤、风、水等回路采用智能化前馈加速超调策略，大幅度减小难以驾驭的反馈超调的使用，使必需的超调量及时和可控。

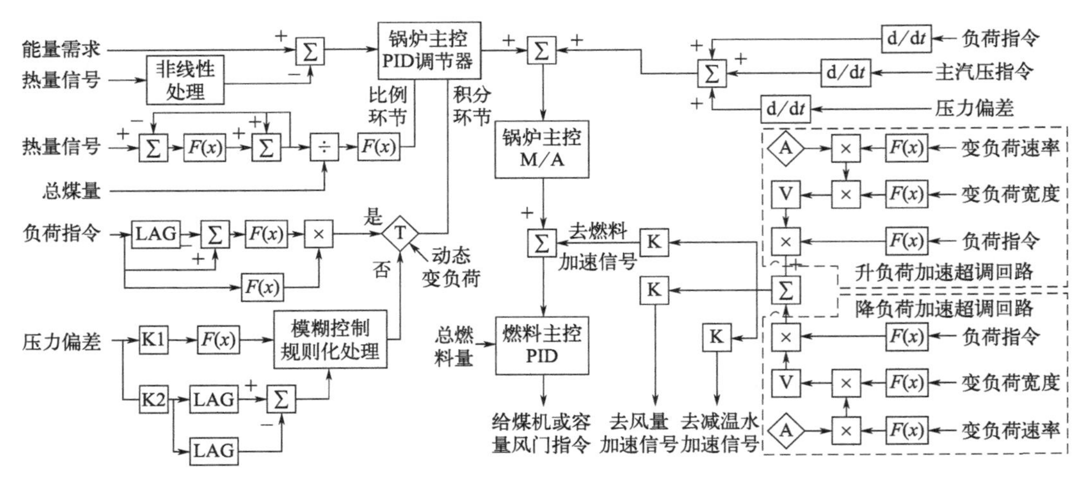

图 4-33　协调控制方式锅炉主控示意图

需要注意的是加速超调信号应区分正常调峰与深度调峰等不同模式，在深调模式下，合理修正煤量指令，一次风、二次风回路的负荷微分前馈作用以及水量控制，使其能够充分合理匹配，保证锅炉的燃烧稳定。

4.5.1.2　压力安全约束回路设计

电网调峰正常情况下，AGC 指令以同向连续或反复小阶跃信号进行调节，但由于风电、光电的随机性和间歇性作用影响，电网出力大幅度快速变化逐渐成为一种常态，此时，为满足电网频率快速调整，机组负荷会发生一次升降到位的情况。在煤质变化较大及风、煤、水相对不匹配时间较长等因素作用下，会产生较大的压力偏差，从而导致风、煤、水产生大幅度波动，尤其在锅炉承担深度调峰任务时，对锅炉燃烧的扰动非常明显，机组更容易到达运行边界下限，运行风险较高。

基于上述情况，需设计合理的压力安全约束条件（如图 4-34 所示），在压力与实际

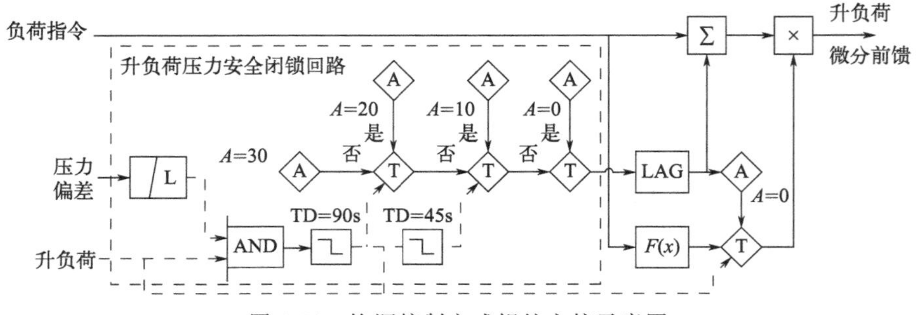

图 4-34　协调控制方式锅炉主控示意图

负荷的变化趋势反向且偏差值超过一定的安全限值时，合理减小甚至闭锁主要的微分前馈信号，对风、煤、水的快速变化量进行相应调整，待压力回归安全范围后，通过微分时间的改变，逐级释放闭锁信号，使锅炉热量信号平稳变化，适应汽轮机的能量需求，保证负荷响应的快速性以及主汽压力的稳定。

4.5.1.3 给水调节的优化设计

亚临界锅炉由于有汽包这个中间环节，且给水流量不直接作为锅炉跳闸的条件，而伴随着机组负荷下降，锅炉水动力平衡所需的水流量逐步下降，此时给水系统既要维持必需的给水母管压力和流量，又要确保入口流量不低于安全运行所需最小流量，其关键是需合理确定再循环阀的开启时间并制定合理的控制策略。再循环阀常规控制为根据厂家给定的电泵最小流量值设定入口流量同开度之间的函数进行开环控制，在负荷较低时，将会造成再循环阀在临界区频繁开闭，实际给水量和汽包水位难以稳定，而且容易造成给水泵再循环门的泄漏，影响机组经济运行。为保证给水系统控制的平稳，需对给水再循环控制策略进行优化设计。

(1) 采用PID+流量前馈联合控制

采用一定强度流量所对应的阀门开度作为调节前馈，保证阀门开启及时性及快速性；利用PID积分环节消除偏差的作用，对前馈进行抑制，加快控制收敛并消除偏差。前馈作用区分开、关两种工况，开启时采用快速回路，关闭时采用慢速回路，减小前馈作用带来的调节振荡。

(2) PID环节采用变参数控制

根据汽泵流量设定值与测量值偏差，对PID比例和积分作用进行双向变参数控制。当汽泵流量大于设定值时，适当减弱比例作用，重点减弱积分作用，防止偏差较大时因积分作用过强引起调节阀关闭幅度过大，进而导致汽泵流量过低；当汽泵流量下降至接近设定值一定范围后，逐渐加强比例和积分调节作用，防止因调节作用偏弱导致再循环阀开启速度过慢，引起汽泵流量下降过低。

(3) 对调节阀开启速率分区间进行限制

根据汽泵流量设定值与测量值偏差对再循环调节阀开启速率进行限制，限制方法为：

$$\mathrm{OT}(t)=\mathrm{AV}(t-1)+f_3(x)$$

式中 $\mathrm{OT}(t)$——本处理周期开度上限；

$\mathrm{AV}(t-1)$——上一处理周期开度指令；

$f_3(x)$——流量偏差对应的控制器每周期开启速率，通过分区进行速率限制，能够根据实际流量的安全裕量，动态调整再循环阀的开启速率。

采用对PID调节器上限按照控制器处理周期进行开度限制的方式，相比对PID输出指令进行限速，能够消除因速率限制输出与PID输出出现偏差时产生的回调死区，从而提高调节品质。

(4) 对再循环指令下限进行动态限制

为保证汽泵入口流量满足安全运行要求，采用汽泵入口流量测量值对汽泵再循环开度下限予以限制，一方面作为保证汽泵安全运行的措施，另一方面防止调节回路过调引起再循环开度过小。

给水泵再循环控制原理如图 4-35 所示。

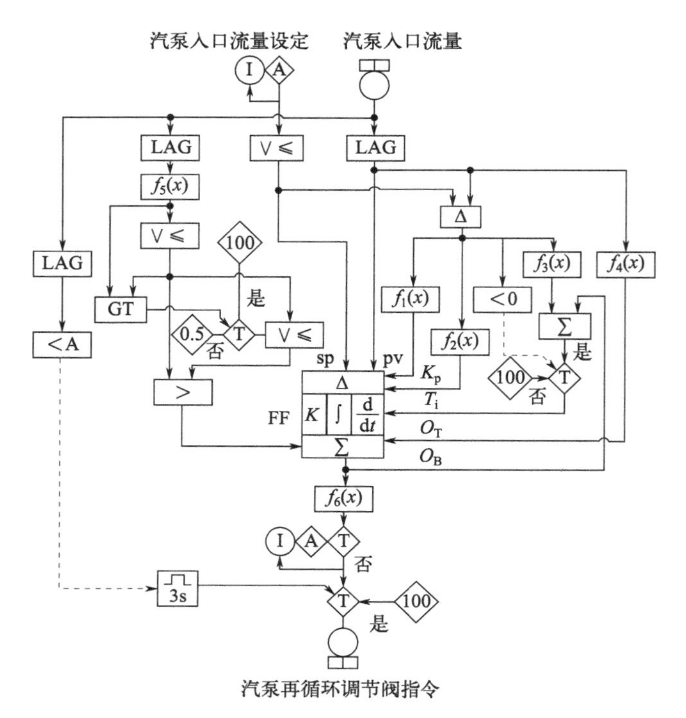

图 4-35 给水泵再循环控制原理

(5) 阀门流量特性曲线优化

优化汽泵再循环调节阀流量特性曲线，保证流量指令与实际流量线性化。保持汽泵出口压力，测取不同阀门开度下再循环流量，得到阀门开度对应的流量变化特性，据此特性对阀门开度指令进行修正。

(6) 风烟系统安全性

锅炉稳燃需要炉膛内有适量的过量空气系数、合理的一次风流速和二次风配合。一次风速变化会使锅炉内煤粉气流的着火时间以及炉膛温度水平发生变化，燃烧稳定性受到影响。因此，选择最佳的一次风速并给予适当的二次风强度使二次风同燃烧煤粉气流的混合更加强烈有利于燃烧稳定。锅炉降负荷过程中，要合理降低一次风压及二次风量，通过分析判断燃烧参数和设备状态，确定边界运行条件，设置安全调节下限。需特别注意，所有辅机运行下限与边界运行条件应保持适当的冗余量，在确保设备安全的基础上，增强 AGC 在深调模式变负荷时各系统对锅炉燃烧有一定的抗扰能力。

(7) 辅助系统自动调节适应性

机组正常调峰时，各主要辅助子系统均处于动态特性较好的线性区，此时其调节性能容易满足协调控制系统的需要。但在调峰深度不断下降的过程中，各系统的调节机构逐步接近安全调节下限，调节裕量减小、线性度差等问题突出，同时机组变负荷过程中的风、煤、水动态响应特性发生变化，非线性特征明显加强，各系统间的耦合影响明显，导致自动调节系统的调节品质和适应性变差，抗干扰能力减弱。因此，在合理确定调峰下限的过程中必须考量各主要子系统的调节能力和调节品质，结合设备特性的变化以及相互间的耦合影响因素，制定针对性的控制策略，确保各项控制指标在允许范围内，能够满足机组深度变负荷的需要。

4.5.2 超(超)临界机组机炉协调控制策略优化

超（超）临界机组广泛采用以锅炉跟随为基础的协调控制策略，以保证电负荷快速、准确地响应电网负荷调控的同时协调锅炉与汽轮机之间的能量平衡。受锅炉响应滞后特性影响，控制策略中引入变负荷前馈控制，通过加强变负荷过程中入炉煤量、给水流量及风量的改变，补偿机炉之间的能量失衡，以减小压力偏差。保持合理的水煤配比是超（超）临界直流锅炉干态运行的控制重点。典型的水煤配比控制策略有中间点温度控制和焓值控制两种，同时又可分为水跟煤、煤跟水及水煤复合控制三种形式。这种以锅炉跟随为基础、水煤配比为重点的间接能量平衡协调控制策略，能够发挥汽轮机快速调节特点，满足电负荷响应的快速性和准确性。该控制策略通过变负荷前馈的补偿，能够减小动态过程中能量失衡，通过控制水煤配比有效保证机组安全运行。其控制结构清晰、目标明确，控制原理符合超（超）临界机组运行特性，能够较好地协调汽轮机与锅炉之间的能量平衡关系。

超（超）临界机组锅炉最低稳燃及干湿态转换负荷决定了机组深度调峰低限，超（超）临界锅炉最低稳燃负荷普遍为（30%～35%）P_e，干湿态转换负荷一般在（25%～30%）P_e之间。深度调峰自动控制优化可按以下4个阶段开展。

(1) (40%～50%)P_e 区间

机组仍具有较大的安全运行裕度，通过自动控制系统优化调整，保证AGC控制指标，减少机组投运后AGC考核。参考近年各类型机组调试结果，此项工作已成为精细化调试常规内容。

(2) 最低稳燃负荷至40% P_e 区间

结合燃烧调整及辅机安全运行措施，完善低负荷阶段自动控制功能，优化调节参数，实现协调控制连续投入，在保证安全运行的前提下确定合理的负荷变动能力。

(3) 干湿态转换负荷至最低稳燃负荷区间

负荷低于最低稳燃负荷，采取稳燃控制措施，减小燃料量、给水流量等重要参数的变化速率并进行限制，防止机组转入湿态，实现协调控制连续稳定投入。在具备条件的情况下，配合机组蓄能利用、高低旁等辅助调峰控制手段。

(4) 湿态运行区间

原协调控制及水煤比等控制策略已无法适应湿态工况，研究机组运行方式对自动控制的需求，完善干湿态转换、全程给水等控制功能。

4.5.2.1 干态运行下机炉协调控制策略优化

低负荷运行期间保证锅炉安全运行并提高控制指标是自动控制需要解决的主要问题，二者中保证低负荷安全运行是首要控制任务。这一过程控制优化调整主要内容如下。

(1) 基础曲线优化

根据燃烧调整结果，优化完善适用于低负荷运行的设定值函数，使其更为精准地逼近需求值，减小对运行参数及控制过程带来的影响。

1）设定值函数优化

根据机组低负荷运行实际工况对包括水、煤、风系统，汽轮机主辅系统，锅炉燃烧系统，协调控制系统的特性研究，从而可以提高深度调峰负荷下的运行效率和控制系统投自动率，进一步实现机组的全负荷自动调节。同时，在深度调峰负荷范围内进行变负荷试验，确定各负荷工况下的锅炉燃烧系统动态关系，包括风煤动态比、煤水动态比、一次风压动态量等，进行送风、给水和一次风压的动态参数调整，以适应深度调峰变负荷工况下的响应要求，完善深调工况下各主要调节量设定值曲线。

2）滑压曲线

合理的滑压曲线是指机组在变负荷及一次调频动作过程中具有足够的调节裕度，同时保证汽轮机调节阀节流损失尽可能小，同时深度调峰低负荷阶段，在保证汽轮机调节阀具有安全开度的前提下，适当提高主蒸汽压力设定值，适应降负荷过程中锅炉特性以减小主蒸汽压力偏差，防止调节器超调过多。这就要求结合机组的实际运行过程按照不同的负荷点对滑压曲线进行相应的修正，结合变负荷过程汽轮机运行状况，形成合理的滑压曲线。

(2) 主要控制策略优化

① 增加汽轮机主控辅助压力调节功能，在主蒸汽压力偏高时通过汽轮机平衡锅炉产能，防止持续降负荷导致汽轮机调节阀关闭过小影响汽泵等系统的安全运行。汽轮机主控辅助调压控制原理如图 4-36 所示。

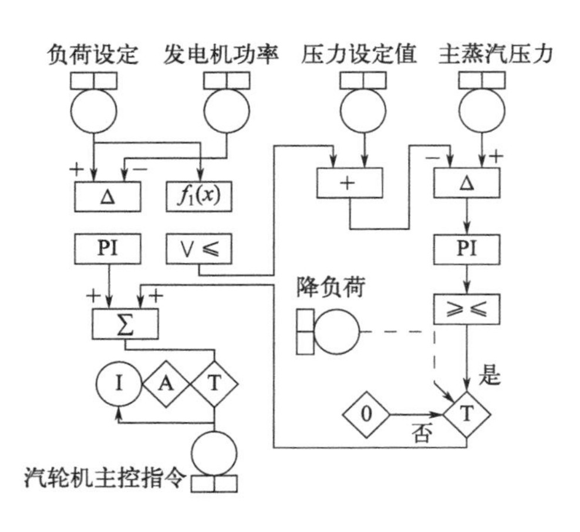

图 4-36　汽轮机主控辅助调压控制原理

图 4-36 中 $f_1(x)$ 为根据负荷设定值变化的压力偏置，负荷在 40% P_e 以上时采用较大压力偏置，避免调压回路动作；负荷在 40% P_e 以下时，随负荷降低逐渐减小压力偏置至 0.5MPa，压力调节 PID 输出区间为 0%～10%，该回路仅在降负荷过程中使用。

② 低负荷运行期间，燃料量和给水流量接近最低边界值，调节裕量减小。单纯采取水跟煤或煤跟水控制，可能出现给水或燃料下降幅度过大导致水煤比失调情况。因此在燃料或给水达到低限时，采用水煤复合控制策略，其控制原理如图 4-37 所示。

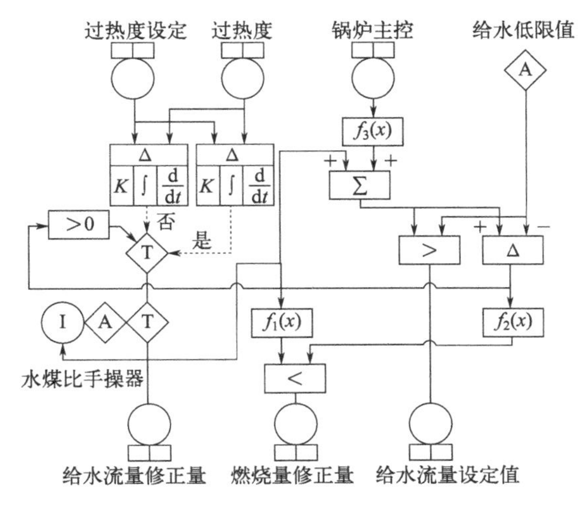

图 4-37　水煤比复合控制原理

由图 4-37 可见，过热度偏高时加水不减煤，过热度偏低时加煤不减水，利用燃料量及给水流量上调能力保证水煤比关系。回路中设置 2 个 PID 调节器以适应燃料与给水对温度影响特性的不同，$f_1(x)$ 及 $f_2(x)$ 为给水流量对应燃料需求量，以保证水煤比关系。

Ⅰ. 随负荷下降逐渐降低负荷变化速率，减小变负荷前馈，减小滑压速率，增加压力设定惯性时间，减弱动态过程中锅炉主控调节强度等。

Ⅱ. 采用分仓配煤、炉内掺烧的锅炉，启停磨煤机对入炉煤质发热量影响显著，容易引起水煤配比关系大幅度改变，因此对单台磨煤机的煤质独立进行热值校正，以减小启停磨煤机对水煤比影响。

Ⅲ. 接近负荷低限时自动减弱前馈强度，为缓解由此引起的主蒸汽压力偏差增大，变负荷结束时根据压力偏差动态延缓前馈回收速率，根据不同负荷变化速率决定前馈刹车时机，其控制原理如图 4-38 所示。

Ⅳ. 考虑低负荷阶段锅炉安全运行需求，降负荷时燃料和给水流量等下降速率减弱问题，为适应锅炉出力下降减缓过程，汽轮机负荷应相应地降低负荷下降速率，在锅炉主控缓速下降保证安全的前提下，可考虑采用协调控制耦合变凝结水流量、高加旁路、变背压、变供热抽汽等辅助负荷调节技术，提高负荷下降速率以满足 AGC 控制指标要求。

(3) 闭锁及限制条件优化

① 强化低负荷时水煤交叉限制。根据负荷高低动态调整水煤交叉限制幅度，负荷越低，限制范围越小。

② 设置燃料量、给水流量、总风量最低限值，防止低于安全保证值。

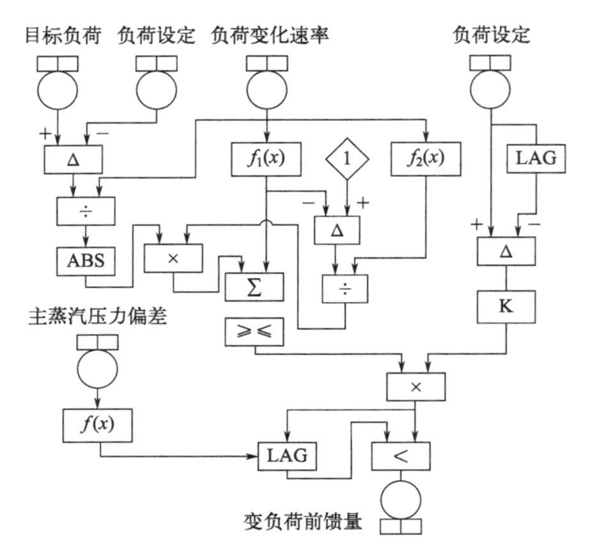

图 4-38　变负荷前馈控制原理

③ 增加负荷指令及锅炉主控禁降功能。送风机、引风机、一次风机、汽泵转速、燃料量、给水流量、总风量、汽轮机主控达低限或水煤比调节输出超限、过热度超限、水冷壁温过高时，闭锁负荷指令及锅炉主控继续下降。

(4) 汽泵再循环控制优化

采用PID+前馈控制、变参数、开启速率分区限速、开度动态下限等控制策略，保证锅炉给水流量及汽泵流量的精准稳定控制。

(5) 主要调节阀流量特性曲线优化

对过热减温水、再热减温水、喷氨流量等重要调节阀门进行流量特性曲线优化，保证执行机构指令与控制量线性度，提高控制品质。

(6) 调节参数优化调整

低负荷阶段，炉内热负荷、蓄热量、烟气流量大幅度减小，系统抗扰动能力减弱，锅炉响应特性也与高负荷有所不同。对锅炉主控、水煤比、氧量、给水流量、送风量、炉膛负压、汽泵再循环、凝泵再循环、过热减温水、烟气挡板等回路采用变参数、多变量前馈等控制优化手段，精细化整定调节参数，提高低负荷阶段子回路的控制指标。

4.5.2.2 干/湿态自动转换控制策略优化

超临界直流锅炉具有经济性、可靠性和环保特性高及启动速度快等诸多优点，该锅炉除结构和亚临界汽包炉有所区别外，存在着较大的差别是在机组启停和深度调峰过程中需要经过一个干/湿态转换阶段，这个阶段是工质循环流动和一次强制流动相互转换的阶段，转换过程中主蒸汽压力、主蒸汽温度、过热度、储水箱水位及燃料量等参数均会变化。由于没有成熟的控制技术，干/湿态转换多采用人工手动操作方式，造成机组干/湿态频繁切换、转态时间长、水冷壁极易超温等问题频繁出现，影响机组的稳定运行。因此，研究超临界机组干/湿态自动转换的控制方法很重要。以下分析了超临界机组给水常规控制方式在干/湿态转换时的特点，针对采用中间点温度控制的超临界机组给水控制系统，设计了超临界机组干/湿态自动转换控制策略。

（1）干/湿态CCS模式控制方式

湿态运行方式下的CCS协调控制和干态模式下的CCS协调控制有一定的差别。干态运行模式下CCS协调控制方式的侧重点在于给水主控对过热度的控制。在湿态运行方式下，不存在过热度，此时的给水流量并没有太大的变化，CCS协调控制方式侧重点是对储水箱水位的控制，保证储水箱液位在稳定范围内。试验机组在调峰中不使用炉水循环泵，采用储水箱溢流阀对储水箱水位进行控制。

（2）干/湿态转换判断

干/湿态转换判断逻辑如图4-39所示。

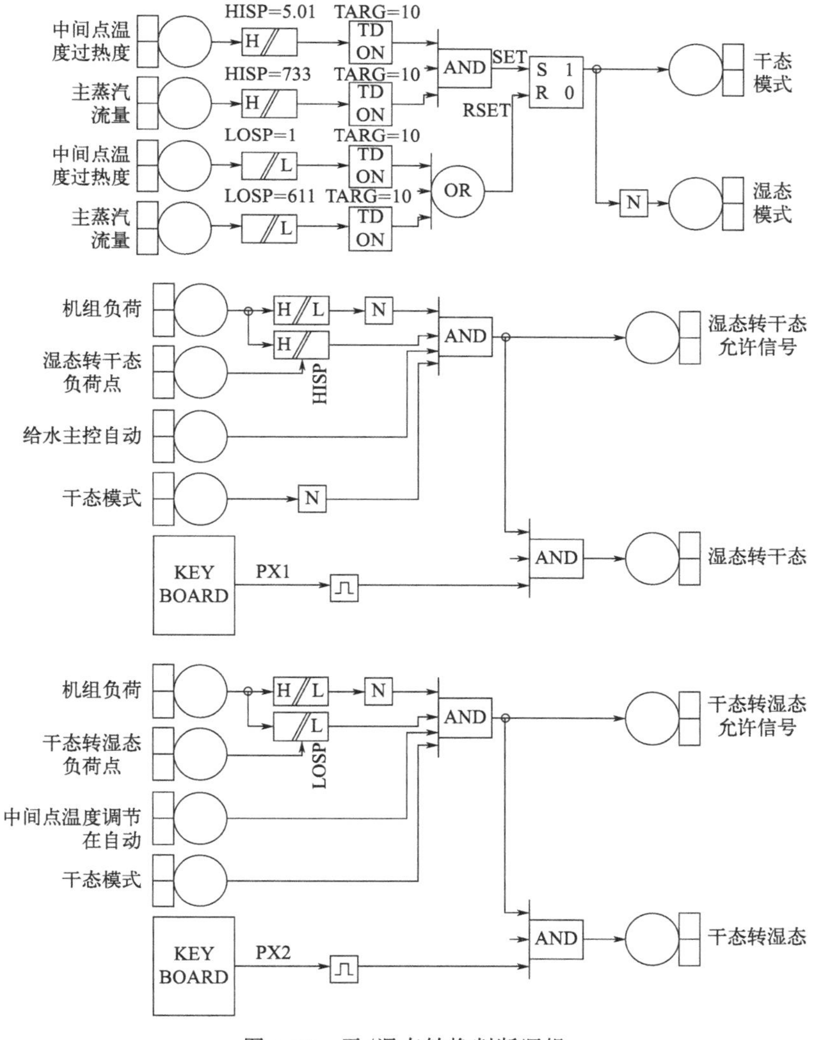

图4-39　干/湿态转换判断逻辑

(3) 干态转湿态控制策略

1) 主参数预调整

顺控开始，将主蒸汽温度、主蒸汽压力设定值预先向湿态方式下的设定值调整，减少给煤量，降低主蒸汽温度和锅炉实际过热度到合适范围值，缓慢打开汽泵再循环门至100%开度。汽动给水泵会在此过程中自动调节省煤器入口的给水流量，保证转换稳定。完成条件为主蒸汽温度低于550℃，实际过热度低于25℃，蒸汽压力转换到湿态模式下对应压力，主给水波动在30t/h以内，给水泵转速在3000～5000r/min，汽泵再循环门全开。

2) 给水主路切旁路

开启给水旁路调门前、后电动门后，给水调门会缓慢打开，最后保持在全开位置，主给水电动门会缓慢关闭至零位，最后主给水调节门投自动。汽动给水泵自动调节转速稳定给水。完成条件为主给水旁路调门在自动且反馈正常，旁路调节门前、后电动门全开，主给水电动门全关，给水流量波动在正常范围内，汽动给水泵转速正常。

3) 转换运行方式

为稳定主蒸汽压力，防止波动，将机组干态CCS模式转换成TF模式，汽轮机主控调节蒸汽压力。将储水箱冲洗管路电动阀打开，为储水箱建立液位做准备。此时主蒸汽过热度应在正常范围内。完成条件为机组转换为TF控制方式，实际过热度正常，储水箱冲洗管路电动门开启。

4) 等待水位建立，进入湿态模式

干预煤水调节，给水维持最小流量不变，减少给煤量，中间点温度和焓值会降低。中间点过热度持续降低，储水箱中的水位升高，当水位开始建立并高于0.5m时，将储水箱溢流阀投入自动，此时储水箱水位设定在10m（为了保证湿态运行的稳定性和安全性，基本在储水箱高度中间位置），储水箱溢流阀自动控制保证水位及波动正常。完成条件为储水箱液位高于0.5m。

5) 投入湿态CCS模式

机组运行方式由TF模式转换为湿态CCS模式，干态转湿态过程结束。

(4) 湿态转干态控制策略

1) 转换运行方式

将机组湿态协调控制方式转换为汽机跟随方式运行，增加稳定性。同时，现场运行稳定，储水箱液位在正常范围内，储水箱溢流阀在自动状态。完成条件为机组转换为TF控制方式，储水箱液位在正常范围，储水箱溢流阀在自动。

2) 开始等待过热度建立

增加给煤量为升负荷补充热量，同时维持给水流量在水冷壁最小流量附近。此时储水箱液位逐渐降低至零位，中间点过热度逐渐升高。完成条件为中间点过热度大于1℃，储水箱液位低于0.5m。

3) 关闭储水箱调门及调门后电动门

当过热度开始建立时，工质已成为饱和干蒸汽，储水箱将不再产生液态水，顺控发脉冲指令及时关闭储水箱调门及调门后电动门，防止工质浪费，造成热损失。完成条件为储水箱调门切手动且开度小于2%，储水箱冲洗管路及调门后电动门关闭，实际过热度大于5℃。

4）给水旁路切主路

缓慢将主给水旁路调门全开，随后打开主给水电动门至全开位，再将主给水旁路调门缓慢关闭，主给水旁路调门前、后电动门关闭。完成条件为主给水旁路调门在手动且开度小于2%，旁路调节门前、后电动门关闭，主给水电动门全开。

5）关闭给水泵再循环门

进入干态运行缓慢关闭给水泵再循环调门至合适位置，此时给水泵出口流量指令降低，给水泵转速自动调节在合适范围内，保证给水流量的稳定。完成条件为锅炉已完全转入干态运行方式，负荷大于30%BMCR，负荷波动变化稳定，过热度正常，给水波动小于50t/h。

6）投入干态CCS模式

机组运行方式转换为干态CCS模式，湿态转干态过程结束。

4.5.2.3 湿态运行下机炉协调控制策略优化

直流锅炉干态与湿态运行方式差异较大，干态期间为直流方式运行，控制上以水煤配比控制为核心。湿态运行方式类似汽包炉但又有所不同，湿态运行期间基本保持给水流量不变，通过燃料量改变控制入炉热负荷进而影响蒸发量，由此引起的分离器水位变化通过溢流阀进行控制。分离器对工质和热量的缓冲能力远小于大型汽包，蒸汽流量及热负荷的变化对水位的影响更为显著，自动控制难度更大。湿态运行时，通过水煤比控制过热度的策略已不适用，主蒸汽温度等参数与干态运行期间差异较大。为进一步挖掘超超临界机组深度调峰能力，应从全程给水控制、干/湿态转换、分离器水位精准控制策略进行优化和完善。

(1) 给水控制策略

机组在湿态模式、湿态转干态过程、干态模式、干态转湿态模式下的给水自动调节可按照下述步骤进行自动控制。

中间点温度调节如图4-40所示，给水自动调节如图4-41所示。

1）超临界机组处于湿态运行方式

给水控制主要调节锅炉本生流量，本生流量设定值由运行人员手动设定。此时，炉水循环泵处于运行状态，中间点温度未产生过热度。

2）超临界机组负荷升至干湿态转换控制点

通过自动判断或人工确认，开始湿态转干态过程。湿态转干态过程中，炉水循环泵运行，给水控制调节净给水流量，中间点温度控制建立过热度。

超临界机组湿态转干态过程中，给水控制被调量由锅炉本生流量转化为净给水流量，给水控制设定值由人工设定的本生流量设定值转化为锅炉主控指令对应的给水流量指令与中间点温度控制给水指令校正量之和；中间点温度控制被调量为中间点温度，设

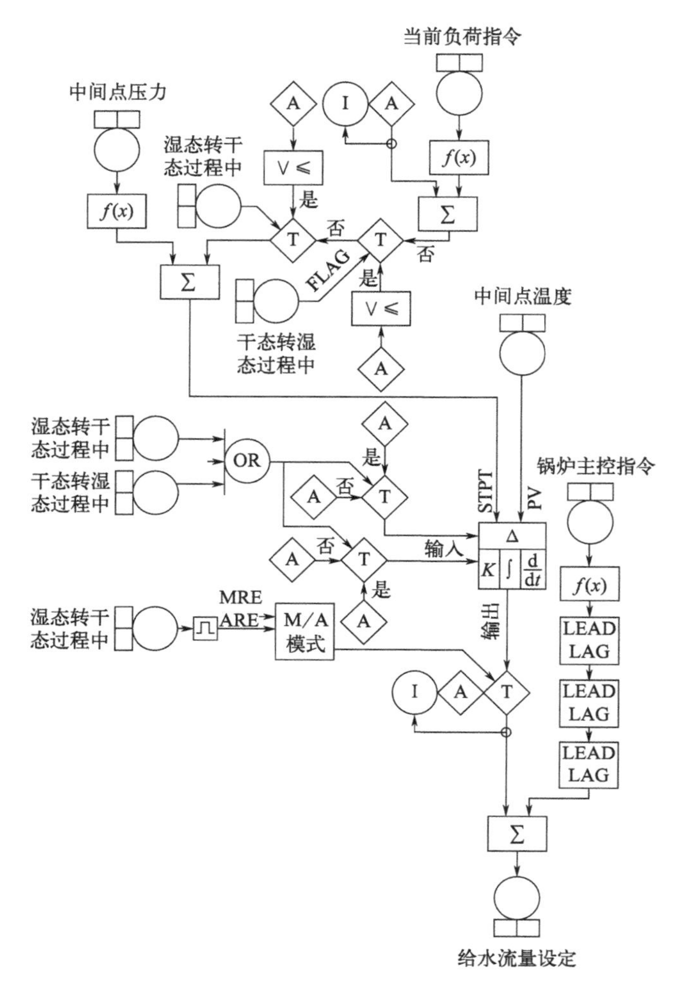

图 4-40 中间点温度调节

定值为中间点压力对应的饱和温度与经过速率限制的初始过热度之和，PID 模块的比例、积分系数为干/湿态转换系数。

3）超临界机组中间点温度过热度超过干态

判断是否超过门槛值且超过后保持一定时间，机组即处于干态运行阶段。干态运行时，炉水循环泵停运，给水控制调节净给水流量（净给水流量＝主给水流量），中间点温度控制正常调节中间点温度。

超临界机组干态运行阶段，给水控制被调量为净给水流量（循环水流量为零，净给水流量＝主给水流量），给水控制设定值为锅炉主控指令对应的给水流量指令与中间点温度控制给水指令校正量之和；中间点温度控制被调量为中间点温度，设定值为中间点压力对应的饱和温度、当前负荷指令对应的过热度、人工设定偏置三者之和，PID 模块的比例、积分系数为干态系数。

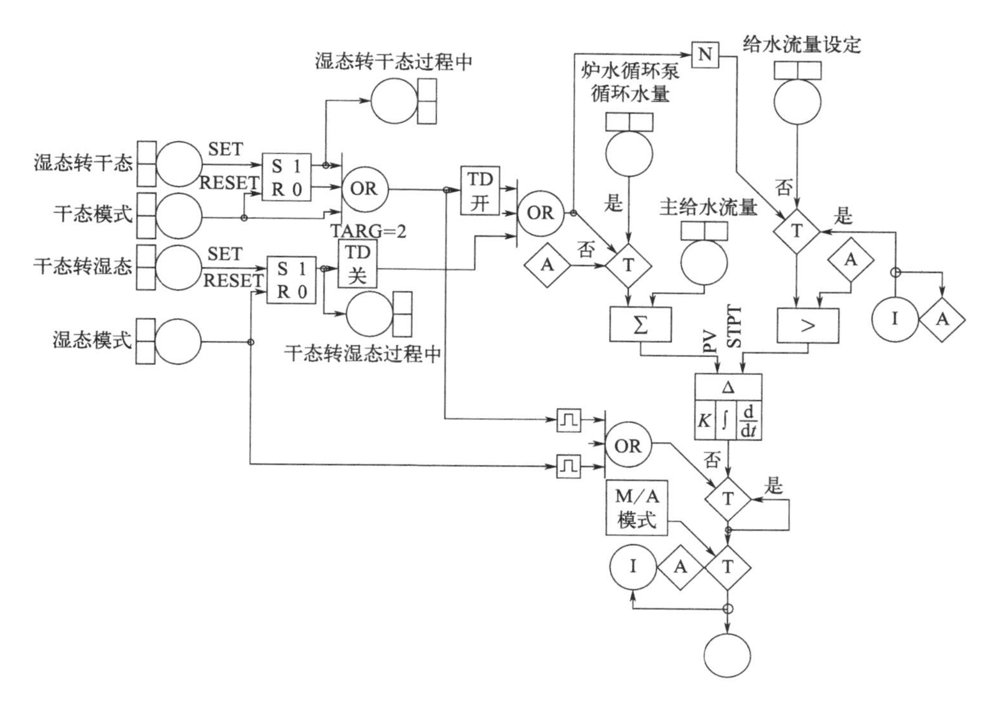

图 4-41　给水自动调节

4）超临界机组负荷减低至干态转湿态控制

通过自动判断或人工确认，开始干态转湿态过程。干态转湿态过程中，炉水循环泵停运，给水控制调节净给水流量（炉水循环泵停运时，循环水流量为零，净给水流量＝主给水流量；转为湿态后，炉水循环泵联启，净给水流量＝主给水流量－循环水流量），中间点温度控制逐步减少过热度至零。

超临界机组干态转湿态过程中，给水控制被调量为净给水流量（炉水循环泵停运时，循环水流量为零，净给水流量＝主给水流量；转为湿态后，炉水循环泵联启，净给水流量＝主给水流量－循环水流量），给水控制设定值为锅炉主控指令对应的给水流量指令与中间点温度控制给水指令校正量之和；中间点温度控制被调量为中间点温度，设定值为中间点压力对应的饱和温度与经过速率限制的零过热度之和，PID 模块的比例、积分系数为干/湿态转换系数。

（2）汽水分离器储水箱液位控制

汽水分离器液位控制的目的是通过锅炉再循环流量调节阀、储水箱液位调节阀和炉水循环泵热备用疏水阀来维持分离器储水箱液位在设定范围内。

对于未配置锅炉水循环泵的直流锅炉，湿态运行时由 2～3 个疏水阀来控制分离器储水箱的水位。由于该水位和汽包锅炉的汽包水位信号重要性相当，所以对这几个疏水阀门的可靠性要求相当高，应尽最大可能将这几个阀门投入自动控制方式，仅靠运行人员手动控制很难维持水位在正常值。控制策略设计中，对于这种控制对象，常规的PID控制器无法达到满意的效果，而采用随分离器储水箱水位经函数发生器直接给出疏水阀门开度的开环控制方式效果更佳。这几个疏水阀一般根据水位高低串联工作。

对于配置了锅炉水循环泵的直流锅炉，为了控制分离器储水箱液位，在湿态运行时除了上述疏水阀门必须保留外，还需要增加炉水循环泵出口流量的控制功能。如果分离器储水箱水位高，就增大锅炉水循环泵出口流量；反之亦然。锅炉点火启动初期，锅炉蒸发量很小，而省煤器入口给水流量要维持在锅炉最小给水流量之上，此时仅仅依靠锅炉水循环泵往往不足以控制汽水分离器储水箱的水位，实际上此时由锅炉水循环泵和疏水阀门来共同控制，随着锅炉负荷的增大，锅炉产生的蒸汽量和最小给水流量之间的差距逐渐减小，疏水阀门的作用逐渐减弱，直至仅靠锅炉水循环泵出口流量即可单独控制汽水分离器储水箱的水位。当锅炉进入干态运行方式时，锅炉水循环泵停止运行。

1）锅炉水循环泵出口流量控制

锅炉再循环水流量控制的目的是通过将锅炉在湿态运行期间所产生的疏水再循环，达到回收热量和提高锅炉效率的效果。锅炉再循环水流量的设定值根据分离器储水箱液位经函数发生器给出。在锅炉水循环泵投入运行的情况下，根据储水箱液位的高低，锅炉水循环泵出口流量的设定值发生变化，通过锅炉流量再循环阀PI调节器，调节锅炉水循环泵出口再循环流量来保证汽水分离器储水箱液位。当锅炉流量再循环阀即将关闭时，锅炉水循环泵停止运行。同样，当锅炉水循环泵停止运行时，锅炉流量再循环阀强制关闭。

2）储水箱液位调节阀

储水箱液位调节阀又称361阀或WDC阀，此阀是根据汽水分离器储水箱液位的函数来控制。如前文所述，为每一个液位调节阀单独配备控制回路，可投入自动控制也可由运行人员给定阀位。自动时，储水箱液位经函数发生器转化的阀位设定控制分离器疏水阀依次开启。在控制上，当分离器疏水调节阀出口阀关闭时，将强制关闭疏水调节阀。

4.6　深度调峰机组基于MPC控制方式的机炉协调控制策略

为满足电网调峰调频的需求，深度调峰的研究不断深入，调峰负荷下限将降至30% P_e 以下，此时不仅涉及锅炉燃烧稳定性的要求，对于超临界的直流锅炉，同时也面临着干/湿态转态的问题。因干态和湿态工况下，机组协调控制存在较大的差异，特别是给水控制，如何实现干湿态转态的顺利进行，以及转态过程中保证机组参数运行在安全范围内，是制约深度调峰下限的关键点。

在现代的生产过程中，人们对生产过程的安全、高效、优质、低耗的要求不断提高，追求着更大的经济效益，因而对控制的要求也越来越高。但是在复杂被控过程中经常遇到的各种约束条件、多变量和强耦合、非线性、大时滞、难建立精确的模型、不确定性严重、多控制目标等问题，导致常规 PID 控制系统难以维持平稳运行，更不能实现卡边操作，造成企业原材料和能源的消耗增加。近十多年来，国内外控制界将先进控制技术引入生产过程控制，并结合生产工艺特点对生产过程控制进行优化，充分发挥系统的内在潜力，降低生产过程的成本和能耗，提高生产过程的运行效率。

为了克服理论和应用的不协调，人们试图针对被控系统的特点，寻找一种对模型要求低、在线计算方便、控制综合效果好的控制方法。模型预测控制（MPC）就是在这种情况下发展起来的一类新型计算机控制算法，它利用对象的历史信息和模型信息，通过在未来时段上优化过程输出来计算最佳输入序列，如图 4-42 所示。该算法能显式地处理有约束的多输入、多输出系统的控制问题，通过在线滚动优化，求解出未来一段时间以内的最优解，并实时修正误差，鲁棒性好，对模型精度要求不高，因此得到了广泛的重视和应用。

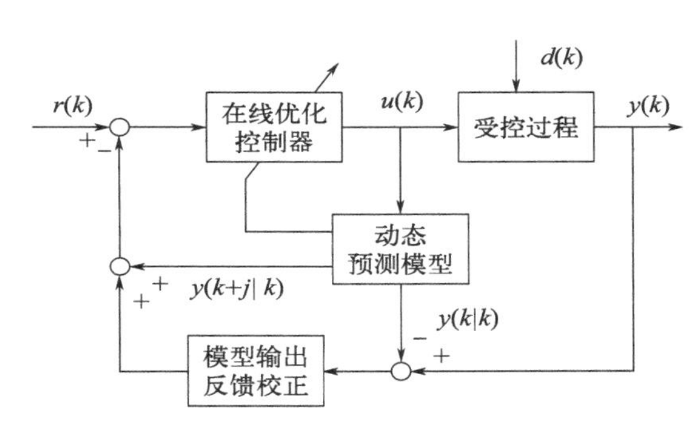

图 4-42　预测控制的原理图

模型预测控制算法形式多种多样，常见的有动态矩阵控制、模型算法控制、模型预测启发控制、广义预测控制等。虽然这些控制算法的名称不同、表达形式和控制方案不同，但它们的基本思想非常类似，其基本原理可归结为预测模型、滚动优化和反馈校正。

多变量模型预测控制系统首先根据过程特性自动设计多通道测试信号，并对过程实施激励测试；然后采用多变量系统辨识算法，获取多变量耦合模型，并对模型质量进行评价。

（1）多变量系统激励测试

传统的通道测试方法是采用单变量阶跃测试方法，产生测试数据用于系统辨识。该方法存在下述缺点：首先是阶跃测试时间长，需要大量的时间和人力；其次是各输入变量不是同时加测试信号，使交叉作用对输出的影响就不能充分表现，所得出的模型与实际系统的动态特性存在较大误差；最后是阶跃信号的变化过于缓慢，在中高频段上不包含足够的功率，不能激发足够的过程动态信息。

与阶跃测试方法相比，多变量测试方法是对所有的输入变量同时施加预先设计的测试信号，对系统生产运行的影响小，测试时间短。其关键点在于设计一组互不相关的多变量测试信号，以消除多个输入信号之间的相互作用。另外，在控制器开环的情况下，对系统进行通道测试，会产生不必要的安全风险，造成很大的损失。为解决此问题，需进行闭环测试技术的研究。

多变量系统从多变量闭环测试的角度出发，设计多变量系统激励测试模块。该模块根据对象过程特性，自动设计互不相关的多变量测试信号，确保测试信号在各频段上包含足够的功率，充分激发过程动态信息，满足预测控制对于控制模型的要求，节省测试时间；支持闭环测试，减少对系统的干扰。

（2）辨识建模

系统辨识将系统看成是一个黑箱子，在其输入端加一定的实验信号，通过测量到的输入、输出数据，经某种算法（如最小二乘算法）辨识出反映对象输入与输出关系的数学模型。辨识建模主要包括实验设计、模型结构选定、模型参数估计、模型检验四个步骤（图 4-43）。

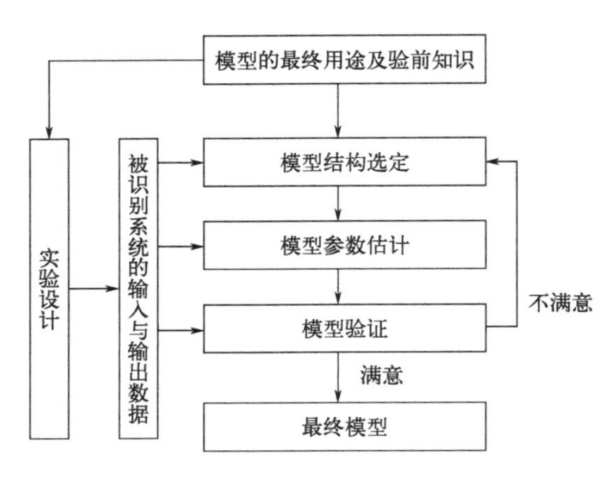

图 4-43　系统辨识步骤

模型结构选定就是确定模型的阶次和纯滞后，它是辨识建模的最重要阶段，是决定模型质量的关键性的一步。通常，一个初步选择的模型结构，经估计其参数后，倘若在模型验证阶段它不符合要求，就不得不重新选定模型结构，再次进行参数估计和模型验证，只有在获得满意的验证结果后才可以认为最终判定的模型结构是有效的。对于单变量系统，主要有 F 检验法、FPE 法、AIC 法和 MDL 法等阶次辨识方法，比较成熟；对于多变量系统，模型结构辨识问题比较复杂，需要确定一组 Kronecker 不变量，主要有 Guidorzi 法、残差分析法，目前在理论上和实践上都没有很好地加以解决。

验证已辨识出的模型是否可以接受和应用，它在多大程度上反映出被识别系统对象的特性，是必须经过验证的。传统的模型验证方法是：利用估计数据或新数据进行仿真，模型残差的白色性检验，模型残差和输入数据间的相关性检验。这些方法只能说明模型与测试数据的拟合程度，不能给出模型品质的定量评价，十分依赖辨识人员的个人经验。

针对已有辨识方法的模型结构选择、模型验证评价的难题，拟通过基于渐近理论的系统辨识算法，开发多变量系统辨识软件，提供以下功能：

① 根据过程数据，自动选择模型结构参数，获取多变量耦合模型；

② 能进行辨识模型质量评估，提供优良中差四个等级评价；

③ 支持积分特性、零时延特性等特殊过程变量的模型辨识功能。

4.6.1 亚临界机组机炉协调控制策略优化

对于亚临界机组，协调控制操作变量包括锅炉主控、汽轮机主控、给水控制；被控变量主要包括主汽压力、机组负荷、汽包水位。由于汽包的存在给水控制并不影响机组压力以及机组负荷，只对汽包水位有影响，一般采用经典三冲量控制即可解决汽包水位控制问题。

在亚临界锅炉的协调控制中，最大的问题是锅炉主控、汽轮机主控与主汽压力、机组负荷之间的强耦合关系，汽包的存在导致亚临界机组锅炉响应滞后大、惯性大，针对此问题，采用 MPC 技术可从根源上解决强耦合、大惯性、大滞后问题。

在复杂系统中经常遇到的各种约束条件、多变量和强耦合、大惯性和大时滞、难建立精确的模型、不确定性严重等问题给控制系统设计带来了很大的困难。为了克服理论和应用的不协调，人们试图寻找一种对模型要求低、在线计算方便、控制综合效果好的控制方法。

模型预测控制就是在这种情况下发展起来的一类新型先进控制算法，它利用对象的历史信息和模型信息，通过在未来时段上优化过程输出来计算最佳输入序列，如图 4-44 所示。该算法能显式地处理有约束的多输入、多输出系统的控制问题，通过在线滚动优化，求解出未来一段时间以内的最优解，并实时修正误差，鲁棒性好，对模型精度要求不高，因此得到了广泛的重视和应用。

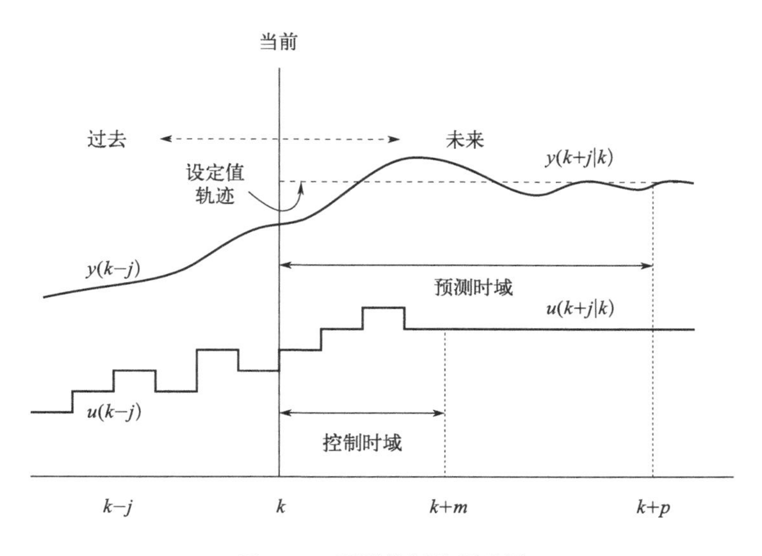

图 4-44　预测控制的原理图

模型预测控制算法形式多种多样，常见的有动态矩阵控制、模型算法控制、模型预测启发控制、广义预测控制等。虽然这些控制算法的名称不同、表达形式和控制方案不同，但它们的基本思想非常类似，其基本原理可归结为：预测模型、滚动优化和反馈校正。

(1) 预测模型

预测控制是一种基于描述系统动态特性模型的控制算法，这一模型就被称为预测模型（图 4-45）。它的功能是根据被控对象的历史信息和未来输入，预测系统的未来输出。预测模型具有展示系统未来动态行为的功能，可以利用预测模型来预测未来时刻被控对象的输出变化及被控变量与其给定值的偏差，作为控制作用的依据，得到比常规控制更好的控制效果。

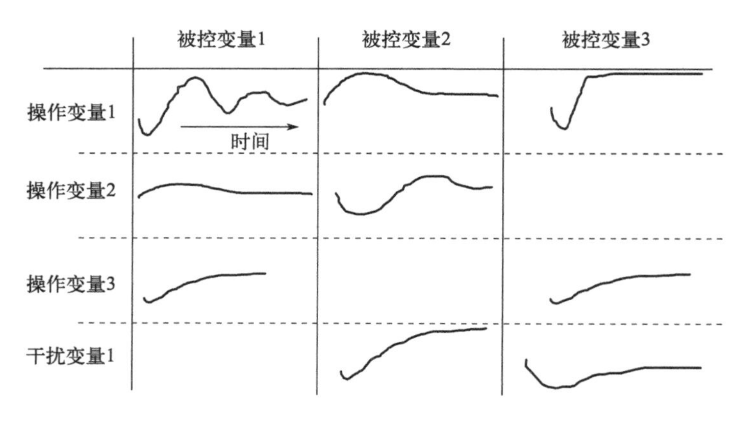

图 4-45 预测模型示意图

(2) 滚动优化

预测控制的最主要特征是在线优化。但是，预测控制的优化与传统的最优控制有很大的差别，主要表现在预测控制的优化是一种有限时段的滚动优化。虽然在理想情况下不能导致全局最优，但由于实际上不可避免地存在模型误差和环境干扰，这种建立在实际反馈信息基础上的反复优化，能不断顾及不确定性的影响并及时加以校正，比只依靠模型的一次性优化有更强的鲁棒性。

滚动优化示意图见图 4-46。

(3) 反馈校正

由于实际系统中存在的非线性、时变性、模型失配、干扰等因素，反馈策略是不可缺少的。滚动优化只有建立在反馈校正的基础上才能体现出它的优越性。因此，在每一个采样周期，首先检测对象的实际输出，利用这一反馈信息对基于模型的预测进行修正；然后再进行新的优化。因此，预测控制中的优化不仅基于模型，而且利用了反馈信息，因而构成了闭环优化。

反馈校正示意图见图 4-47。

综上所述，MPC 是一种基于模型、滚动优化并结合反馈校正的优化控制算法。预测控制综合利用实时信息和模型信息，对目标函数不断进行滚动优化，并根据实际测得的对象输出修正或补偿预测模型。这种策略更加适用于复杂系统，并在复杂系统控制中获得了广泛的应用。

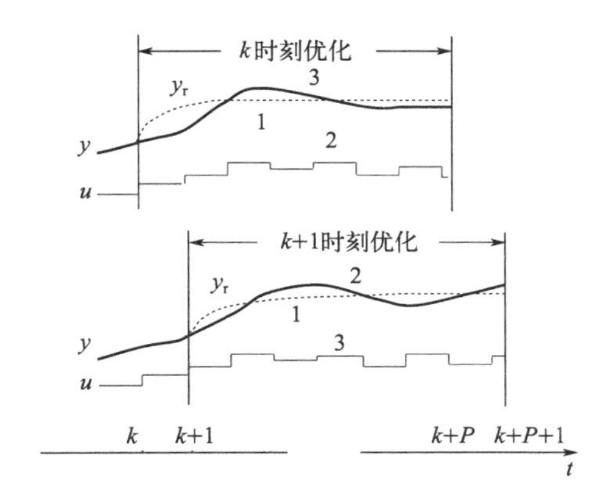

图 4-46　滚动优化示意图

1—参考轨迹 y_r；2—最优控制作用 u；

3—最优预测输出 y

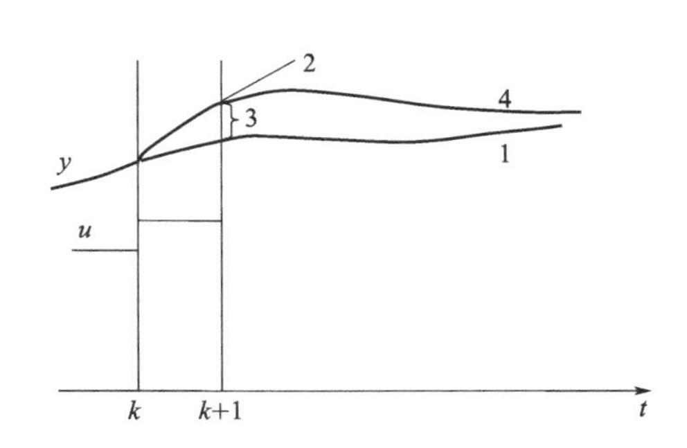

图 4-47　反馈校正示意图

1—k 时刻的预测输出；2—$k+1$ 时刻实际输出；

3—预测误差；4—$k+1$ 时刻校正后的预测输出

4.6.2　超（超）临界机组机炉协调控制策略优化

超（超）临界机组机炉协调相比较亚临界锅炉来说，增加了中间点过热度控制，减少了汽包水位控制，由于分离器出口直接为超临界蒸汽，没有汽包的缓冲，给水量将直接影响机组负荷与主蒸汽压力，耦合度更高，控制难度增大。

4.6.2.1　干态运行下机炉协调控制策略优化

超（超）临界机组干态下机炉协调控制器操作变量为锅炉主控、汽轮机主控、给水控制，被控变量为负荷、压力、中间点温度。采用 MPC 技术，通过预测控制算法进行解耦，从而解决超临界机组干态下的强耦合问题。

在深度调峰过程中，超临界机组干态负荷跨度大，机组响应的非线性问题将变得突出，常规控制模式下通过修改 PID 不同负荷下的 PID 参数来缓解非线性带来的控制品质下降，对于 MPC 来说，由于算法的先进性，对于系统非线性的容忍度远大于 PID，但为取得更好的控制效果采用模型增益调度与非线性变换方法解决系统大范围变工况所导致的非线性控制问题。

被控对象变工况操作，导致过程变量会在很大范围内变动，表现出强烈的非线性特征，使得采用线性模型的输出预测与实际偏差较大，进而导致控制性能低劣，达不到优化控制的目的，因而必须基于非线性模型进行预测和优化。因此，拟采用如图 4-48 所示的模型增益调度方法：针对不同的操作区域建立相应的局部线性模型，在此基础上对线性模型集通过调度机制选择合适的当前模型，基于此模型设计 MPC 控制器，以提高闭环系统的控制效果。

通过变量变换，把非线性模型在变换域内转化为线性模型，实现非线性补偿，提高闭环系统的控制精度。

4.6.2.2　干/湿态自动相互转换控制策略优化

干/湿态转态过程中，涉及汽泵的运行方式、给水控制、燃料控制、中间点过热度控

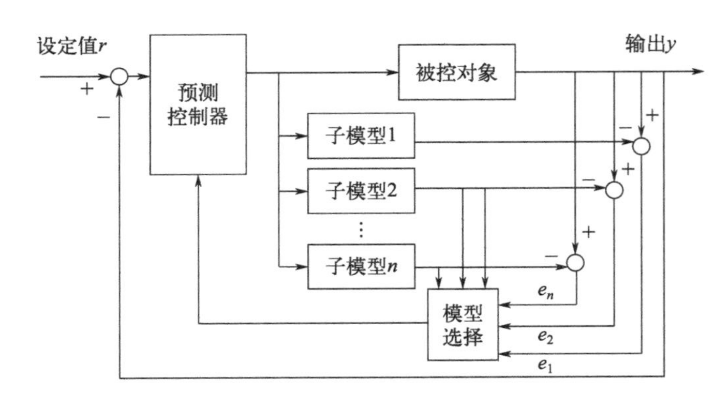

图 4-48　模型增益调度结构

制/中间点焓控、蒸汽温度控制、汽水分离器水位控制、循环泵自动启停等方方面面，通过以上方面的优化工作，增加相应的控制逻辑、自动启停技术，从而实现干/湿态自动转态。

(1) 给水再循环阀自动控制优化

给水再循环的主要作用是在机组在低负荷运行过程中，保证给水泵运行的最低流量，保护给水泵，防止出现给水泵汽蚀等问题。在深度调峰过程中，给水流量不断下降，给水泵转速不断下降，给水泵组入口流量必将低于给水泵最低流量，此时需要给水泵再循环阀逐步开启，控制给水泵组入口流量大于给水泵最低流量，为防止给水泵再循环在控制给泵组入口流量过程中出现回来波动，造成给水流量的大幅扰动，需对给泵再循环控制方式进行优化。

(2) 给水泵汽源自动切换优化

给水泵汽源一般分为三路，分别为四抽、高排、辅助蒸汽。其中，一般运行过程以四抽为主要汽源，当四抽汽源无法满足调节要求时，小机会开启高调门，高排蒸汽进入小机进行调节，当负荷继续下降，此时四抽和高排汽源都无法满足调节要求时，则需切换至辅助蒸汽。此过程中，因各汽源之间蒸汽的压力和品质不同，此切换过程需进行逻辑优化和试验，保证切换过程的稳定，防止给水泵转速出现大幅波动，从而造成给水流量的扰动，影响机组安全。

(3) 给水泵组自动撤出及自动并泵优化

如出现长时间深度调峰时，考虑到机组运行经济性及给水控制的稳定性，可考虑单泵运行，一台汽泵组自动撤出，维持最低转速，处于热备用状态，当负荷回升时，再自动进行并泵，实现双泵运行。因此，需增加给水泵组自动投撤判断逻辑及相关 SCS、MCS 控制逻辑。

(4) 优化干/湿态判断逻辑

完善干/湿态判断逻辑、干/湿态自动切换的允许条件逻辑，包括干/湿态自动切换对各辅机手自动的要求、相关运行参数的要求、异常情况下自动切换终止的判断与相关报警等。

（5）给水控制逻辑优化

对给水控制逻辑干/湿态下的控制方式进行优化，同时对干/湿态转态过程中的给水控制增加一定的辅助逻辑，加速干/湿态的转换，防止出现机组在干/湿态之间来回切换。

（6）燃料控制逻辑优化

对干/湿态转态过程中的燃料控制增加一定的辅助逻辑，加速干/湿态的转换，防止出现机组在干/湿态之间来回切换。

（7）增加干/湿态转换过程中相关闭锁逻辑

干/湿态转换过程是一个有较大时间跨度的过程，此过程中需维持负荷、给水、燃料、风量等相对稳定，需在相关的控制中增加必要的闭锁逻辑，保证转态过程中机组运行的安全性。

（8）优化汽水启动系统相关逻辑

其中包括汽水启动再循环泵自动启停逻辑、再循环泵出口调节阀控制阀等控制逻辑。

（9）优化储水箱液位控制逻辑

湿态工况下，机组运行模式与汽包炉相似，需要控制合适的储水箱水位，故需对361阀控制逻辑进行优化并对控制参数进行整定。

（10）重要参数控制边界确定

① 给水下限，涉及再循环的控制、给水流量单双泵控制变参数。

② 负荷低限、燃料下限、单台磨煤机出力限制。

③ 给水流量低联启电泵定值。

4.6.2.3 湿态运行下机炉协调控制策略优化

超临界机组湿态下与亚临界机组没有本质区别，但由于状态不同，在采用MPC技术时，需要针对湿态进行重新建模。由于超临界机组湿态下负荷率低，燃烧不稳定，因此会带来更多的不可测干扰，控制难度大。为提高MPC品质，引入扰动自适应技术，通过对不可测扰动和未建模动态的在线自适应预估，提高系统的模型预测精度，改善控制系统的扰动抑制效果。

模型预测控制是基于过程模型来预测多变量系统的未来响应，并据此计算控制作用。因此，模型预测精度是影响MPC闭环控制品质的关键因素。然而，实际被控系统过程特性复杂，往往还受各种时变扰动的影响，自适应技术是解决该类问题的一种有效手段。自适应扰动预估模块采用时间序列（ARMA）模型在线辨识不可测扰动模型，进而对未来的扰动做出预估，提高系统的模型预测精度。

由于被控系统通常在某个固定工作点附近运行，其输入变量不是充分激励的，如果不外加激励信号，在线辨识难以得到高质量的过程动态模型。然而，扰动通常是频繁变化的，在无需外加激励信号的情况下，可以辨识出质量较高的扰动模型。对于系统的不可测扰动，可采用时间序列（ARMA）模型在线辨识，在每个控制周期对未来的扰动做出预估，提高系统的模型预测精度，进而改善MPC系统的扰动抑制效果。在线辨识模型质量对整个控制器的性能影响至关重要。为了更快、更好地跟踪时变扰动的动态特性，模块中主要应用一种带遗忘因子的多次迭代递推伪线性回归（multi-iteration pseudo-linear regression，MIPLR）算法。

多次迭代思想如图4-49所示，即每个采样周期进行一次递推计算，每次递推过程中采用N个数据（1个新数据和$N-1$个老数据）进行N_{iter}次迭代。这里值得注意的是即使$N_{iter}=1$，也符合多次迭代思想，因为每个数据被间接地使用了N次。将多次迭代思想用在伪线性回归（PLR）算法上，便得到了多次迭代递推伪线性回归算法。

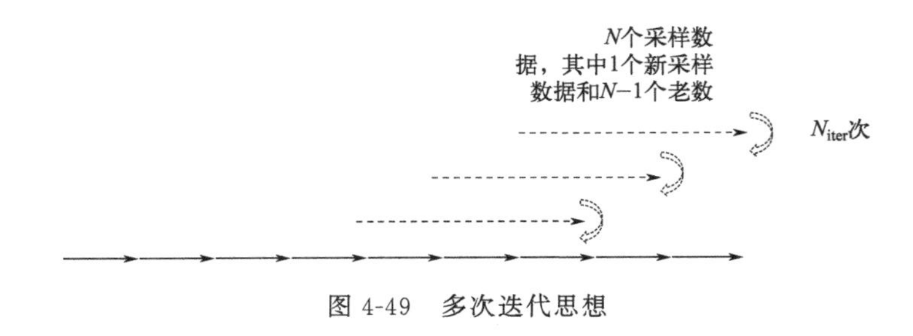

图4-49　多次迭代思想

第5章

环保设施深度调峰技术

5.1 概述

受电源结构改变及用电需求增长放缓等因素影响，在网运行燃煤机组按照电网调度命令超常规调峰的频次、时间、深度都在增加。深度调峰不仅考验机组运行的可靠性和经济性，同时对环保设施的稳定运行及污染物的达标排放造成一定影响。

5.2 脱硝系统深度调峰技术

5.2.1 系统简介

一般意义上的氮氧化物（NO_x）包括 N_2O、NO、NO_2、N_2O_3、N_2O_4、N_2O_5 等，但对大气造成污染的主要是 NO 和 NO_2，我国氮氧化物的排放量中 70%来自煤炭的直接燃烧，电力工业又是我国的燃煤大户，因此火力发电厂是 NO_x 排放的主要来源之一。

在煤的燃烧过程中，NO_x 的生成量和排放量与燃烧方式，特别是燃烧温度和过量空气系数等密切相关，燃烧形成的 NO_x 可分为热力型、燃料型和快速型 3 种。其中快速型 NO_x 生成量很少，可以忽略不计。

① 热力型 NO_x 是指当炉膛温度在 1350℃以上时，空气中的氮气在高温下被氧化生成 NO_x，当温度足够高时，热力型 NO_x 可达 20%。过量空气系数和烟气停留时间对热力型 NO_x 的生成有很大影响。

② 燃料型 NO_x 指的是燃料中的有机氮化物在燃烧过程中生成的 NO_x，其生成量主要取决于空气燃料的混合比。燃料型 NO_x 占 NO_x 总生成量的 75%～90%。过量空气系数越大，NO_x 的生成率和转化率也越高。对常规燃煤锅炉而言，NO_x 主要通过燃料型生成途径产生。

目前进入工业应用的成熟的燃煤电厂烟气脱硝技术主要包括选择性催化还原（SCR）、选择性非催化还原（SNCR）和 SNCR/SCR 联用技术。

(1) SNCR 脱硝技术

SNCR 脱硝技术是指在锅炉炉膛出口 900～1100℃的温度范围内喷入还原剂（如 NH_3）将其中的 NO_x 选择性还原成 N_2 和 H_2O。SNCR 工艺对温度要求十分严格，对机组负荷变化适应性差，对于煤质多变、机组负荷频繁变动的电厂，其应用受到限制。大型机组脱硝效率一般只有 25%～45%，SNCR 脱硝技术一般只适用于老机组改造且对 NO_x 排放要求不高的区域。

(2) SCR 脱硝技术

SCR 脱硝技术是指在 300～420℃的烟气温度范围内喷入氨气作为还原剂，在催化剂的作用下与烟气中的 NO_x 发生选择性催化反应生成 N_2 和 H_2O。SCR 烟气脱硝技术具有脱硝效率高、成熟可靠、应用广泛、经济合理、适应性强等特点，特别适合于煤质多变、机组负荷频繁变动以及对空气质量要求较高的区域的燃煤机组上使用。SCR 脱硝效率一般可达 80%～90%，可将 NO_x 排放浓度降至 $100mg/m^3$（标态，干基，6% O_2）以下。

(3) SNCR/SCR 联用技术

SNCR/SCR 联用是指在烟气流程中分别安装 SNCR 和 SCR 装置。在 SNCR 区段喷入液氨等作为还原剂，在 SNCR 装置中将 NO_x 部分脱除；在 SCR 区段利用 SNCR 工艺逃逸的氨气在 SCR 催化剂的作用下将烟气中的 NO_x 还原成 N_2 和 H_2O。SNCR/SCR 联用工艺系统复杂，而且脱硝效率一般只有 50%～70%。

5.2.2 原理及工艺流程

5.2.2.1 SCR 技术简介

选择性催化还原（selective catalytic reduction，SCR）的核心技术是用氨催化还原促使烟气中 NO_x 大幅度净化，以满足日趋严格的 NO_x 排放标准。

选择性催化还原的基本原理是利用氨（NH_3）对 NO_x 的还原功能，使用氨气（NH_3）作为还原剂，将体积浓度<5%的氨气通过氨气喷射格栅（AIG）喷入温度为 300～420℃的烟气中，与烟气中的 NO_x 混合后，扩散到催化剂表面，在催化剂作用下氨气（NH_3）将烟气中的 NO 和 NO_2 还原成无公害的氮气（N_2）和水（H_2O）。这里的“选择性”是指氨有选择地与烟气中的 NO_x 进行还原反应，而不与烟气中大量的 O_2 作用。整个反应的控制环节是烟气在催化剂表面层流区和催化剂微孔内的扩散。

SCR 反应化学方程式如下：

$$4NO+4NH_3+O_2 \longrightarrow 4N_2+6H_2O \tag{5-1}$$

$$2NO_2+4NH_3+O_2 \longrightarrow 3N_2+6H_2O \tag{5-2}$$

在燃煤烟气的 NO_x 中，NO 约占 95%，NO_2 约占 5%，所以化学反应式（5-1）为主要反应，实际氨氮比接近 1∶1。

SCR 技术通常采用 V_2O_5/TiO_2 基催化剂来促进脱硝还原反应。脱硝催化剂使用高比表面积专用锐钛型 TiO_2 作为载体，钒（V_2O_5）作为主要活性成分，为了提高脱硝催化剂的热稳定性、机械强度和抗中毒性能，往往还在其中添加适量的 WO_3、MoO_3、玻璃纤维等作为辅助添加剂。

催化剂活性成分 V_2O_5 在催化还原 NO_x 的同时，还会催化氧化烟气中 SO_2 转化成 SO_3[式(5-3)]。在空气预热器换热元件 140～220℃低温段区域，SO_3 与逃逸的 NH_3 反应生成高黏性 NH_4HSO_4[式(5-4)]，黏结与黏附烟气中的飞灰颗粒，加快空气预热器元件堵塞与腐蚀。为此，除严格控制氨逃逸浓度小于 3×10^{-6}外，应尽可能减少 V_2O_5 含量，并添加 WO_3 或 MoO_3，控制催化剂活性，抑制 SO_2 向 SO_3 转化，通常要求烟气经过催化剂后的 SO_2 向 SO_3 的转化率低于 1%。

$$2SO_2+O_2 \longrightarrow 2SO_3 \tag{5-3}$$

$$SO_3+NH_3+H_2O \longrightarrow NH_4HSO_4 \tag{5-4}$$

SCR 技术是当前世界上主流的烟气脱硝工艺，自 20 世纪 70 年代在日本燃煤电厂开始正式商业应用以来，目前在全世界范围内得到广泛的应用。作为一种成熟的深度烟气 NO_x 后处理技术，无论是新建机组还是在役机组改造，绝大部分煤粉锅炉都可以安装 SCR 装置。其具有如下特点：

① 脱硝效率高达 95%，NO_x 排放浓度可以控制到 50mg/m³(标态，干基，6% O_2）以下，是其他任何一项脱硝技术都无法单独达到的。

② 催化剂在与烟气接触过程中，受到气态化学物质毒害、飞灰堵塞与磨损等因素的影响，其活性逐渐降低，通常 3～4 年增加或更换一次催化剂。对于废弃催化剂，由于富集了大量痕量重金属元素，需要谨慎处理。

③ 会增加锅炉烟道系统阻力 900～1200Pa。

④ 系统运行会增加空气预热器入口烟气中 SO_3 浓度，并残留部分未反应的逃逸氨气，两者在空气预热器低温换热面上易发生反应形成 NH_4HSO_4，进而加快空气预热器冷端的堵塞和腐蚀，因此需要对空气预热器采取抗 NH_4HSO_4 堵塞的措施。

5.2.2.2 SCR 技术分类

烟气脱硝 SCR 工艺根据反应器在烟气系统中的位置主要分为高灰型、低灰型和尾部型三种类型。

(1) 高灰型 SCR 工艺

脱硝催化剂布置在省煤器和空气预热器之间，烟气中粉尘浓度和 SO_2 含量高，工作环境相对恶劣，催化剂活性下降较快，需选用低 SO_2 氧化活性、大节距、大体积催化剂。但其烟气温度合适（300～400℃)，经济性最高，是目前燃煤电厂烟气脱硝的主流布置形式。

(2) 低灰型 SCR 工艺

脱硝催化剂位于除尘器和脱硫设施之间，烟气中粉尘浓度低，但 SO_2 含量高，可选用低 SO_2 氧化活性、小节距、中体积催化剂。但为了满足催化剂反应活性温度要求，需相应配置高温除尘系统，目前此项工艺仅在日本有所应用。

(3) 尾部型 SCR 工艺

脱硝催化剂位于脱硫设施后，烟气中粉尘浓度和 SO_2 含量都很低，可选用低 SO_2

氧化活性、小节距、小体积催化剂。但由于烟气温度低于80℃，与低灰型布置形式类似，需要采用烟气-烟气换热或外部热源加热方式将烟气温度升至催化剂活性反应温度，系统复杂，同样只适用于烟气成分复杂或者空间布置受到限制的特定情况，此种布置形式在垃圾焚烧厂中有较多应用。

5.2.2.3 还原剂选择

还原剂的选择是影响SCR脱硝效率的主要因素之一，还原剂应具有效率高、价格低廉、安全可靠、存储方便、运行稳定、占地面积小等特点。目前，常用的还原剂有液氨、氨水和尿素三种。

(1) 液氨法

液氨由专用密闭液氨槽车运送到液氨储罐，液氨储罐输出的液氨在液氨蒸发器蒸发成氨气，并将氨气加热至常温后，送到氨气缓冲罐备用。缓冲罐中的氨气经调压阀减压后，送入各机组的氨气/空气混合器中，与来自风机的空气充分混合后，通过喷氨格栅(AIG)喷入烟气中，与烟气混合后进入SCR催化反应器。液氨法在国内的运行应用较多。

(2) 氨水法

通常是用25%的氨水溶液，将其置于存储罐中，然后通过加热装置使其蒸发，形成氨气和水蒸气。可以采用接触式蒸发器法或喷淋式蒸发器法。氨水法对储存空间的需求较大，且运行中氨水蒸发需要消耗大量的能量，运行费用较高，国内应用非常少。

(3) 尿素法

分为水解技术与热解技术。其中水解技术包括AOD法(由SiiRTEC NiGi公司提供)、U2A法(由Wahlco公司和Hammon公司提供)和NOxOUT Ultra热解技术(Fuel Tech公司提供)。目前在国内应用较多。

三种方法的性能比较见表5-1。

表5-1 三种方法的性能比较

项目	液氨法	氨水法	尿素法	
			尿素水解法	尿素热解法
还原剂	液氨	氨水	尿素	
还原剂存储条件	高压	常压	常压,干态	常压,干态
还原剂存储形态	液态	液态	微粒状	微粒状
还原剂运输费用	便宜	贵	便宜	便宜
反应剂费用	便宜	较贵	贵	贵
还原剂制备方法	蒸发	蒸发	水解	热解
技术工艺成熟度	成熟	成熟	成熟	成熟

续表

项目	液氨法	氨水法	尿素法	
			尿素水解法	尿素热解法
系统复杂性	简单	复杂	复杂	复杂
系统响应性	快	快	慢(5～10min)	慢(5～10min)
产物分解程度	完全	完全	不完全	不完全
潜在管道堵塞现象	无	无	有	无
还原剂制备副产物	无	无	CO_2	CO_2
设备安全要求	有法律规定	需要	基本上不需要	基本上不需要
占用场地空间	≥1500m²	≥2000m²	很小，<400m²	很小，<400m²
固定投资	最低	低	高	最高
运行费用	最低	高	高	最高

使用氨水作为脱硝还原剂，对存储、卸车、制备区域以及采购、运输路线国家没有严格规定，但运输量大，运输费用高，制氨区占地面积大，而且在制氨过程中需要将大量的水分蒸发，消耗大量的热能，运行成本高昂。

由于液氨来源广泛、价格便宜、投资及运行费用均较其他两种物料节省，因而目前国内 SCR 装置大多都采用液氨作为 SCR 脱硝还原剂；但同时液氨属于危险品，对于存储、卸车、制备、采购及运输路线国家均有较为严格的规定。

尿素制氨工艺安全成熟可靠，占地面积小，而且国家目前对尿素作为脱硝还原剂在存储、卸车、制备、采购及运输路线方面尚无要求，但由于尿素需要使用专用设备热解或水解制备氨气，设备投资成本高，而且尿素价格高，制氨过程中需要消耗大量的热量，运行成本高，所以在国内仅有部分城市电厂因安全和占地等因素不得已而使用尿素作为脱硝剂。虽然尿素制氨有水解和热解两种工艺，但由于水解法存在启动时间长、跟踪机组负荷变化的速度较慢、腐蚀严重等问题，国内使用尿素作为脱硝剂采用尿素热解工艺作为制氨工艺的较多。

5.2.2.4 催化剂系统

催化剂是整个 SCR 系统的核心和关键，催化剂的设计和选择是由烟气条件、组分及性能目标来确定的，设计的基本要求包括：

① 催化剂设计应充分考虑锅炉飞灰的特性，合理选择孔径大小并设计有防堵灰措施，确保催化剂不堵灰。

② 催化剂模块应具备有效防止烟气短路的密封系统，密封装置的寿命不短于催化剂的寿命。

③ 催化剂应采用模块化设计，缩短更换催化剂的时间。

④ 催化剂能在烟气温度不高于 420℃ 的情况下长期运行，同时催化剂应能承受运行

温度 450℃不少于 5h 的考验，而不产生任何损坏。

目前进入商业应用的 SCR 脱硝催化剂的矿物组成比较接近，都是以 TiO_2（含量 80%～90%）作为载体，以 V_2O_5（含量 1%～2%）作为活性材料，以 WO_3 或 MoO_3（含量 3%～7%）作为辅助活性材料，具有相同的化学特性。但外观形状的不同导致其物理特性存在较大差异，主要可分为蜂窝式、平板式与波纹式三种形态。

① 蜂窝式催化剂。采取整体挤压成型，适用于燃煤锅炉的催化剂节距范围为 6.9～9.2mm，比表面积为 410～539m^2/m^3，单位体积的催化剂活性高，相同脱硝效率下所用催化剂的体积较小，一般适合于灰含量低于 30g/m^3 的工作环境（可用极限范围为 50g/m^3 以内）。为增强催化剂迎风端的抗冲蚀磨损能力，通常上端部 10～20mm 长度采取硬化措施。

② 平板式催化剂。以不锈钢金属筛板网为骨架，采取双侧挤压的方式将活性材料与金属板结合成型。其结构形状与空气预热器的受热面相似，节距为 6.0～7.0mm，开孔率达到 80%～90%，防灰堵能力较强，适合于灰含量高的工作环境。但因其比表面积小（280～350m^2/m^3），要达到相同的脱硝效率，需要较大体积的催化剂。此外采用板式催化剂设计的 SCR 反应器装置，相对荷载大（体积大）。

③ 波纹式催化剂。以玻璃纤维作为骨架，孔径相对较小，单位体积的比表面积最高。此外，由于壁厚相对较小，单位体积的催化剂重量低于蜂窝式与平板式。在脱硝效率相同的情况下，波纹式催化剂所需体积最小，且由于密度较小，SCR 反应器体积与支撑荷载普遍较小。由于孔径较小，一般适用于低灰含量的烟气环境。

目前商用的电厂脱硝催化剂类型只有平板式催化剂、蜂窝式催化剂和波纹式催化剂三种，其中波纹式催化剂由于开发时间较晚，再加上自身结构和制备工艺的局限性，一般只能用于粉尘含量较低的场合（≤10g/m^3），其在全球电厂的市场占有率不到 10%。绝大多数电厂采用平板式和蜂窝式催化剂，两者占市场份额的 90%以上，是市场的主流。目前平板式催化剂与蜂窝式催化剂在燃煤电厂脱硝中份额相当，平板式催化剂在抗灰堵和安全性方面独具优势，从安全性角度会优先选择平板式催化剂，但蜂窝式催化剂比表面积大，体积需求量小，从经济性上会优先选择蜂窝式催化剂。一般在燃煤电厂烟气脱硝中不推荐波纹式催化剂，可根据烟气条件、技术经济性综合比较，选用蜂窝式或平板式催化剂。两种催化剂的技术经济比较见表 5-2。

表 5-2　蜂窝式催化剂和平板式催化剂的技术经济性比较

项目	蜂窝式催化剂	平板式催化剂
结构	均一结构	以不锈钢筛网板作为载体
活性	强	较强
比表面积	大	较大
体积	中等	较大
重量	中等	较重

续表

项目	蜂窝式催化剂	平板式催化剂
单价	高	较高
催化剂投资成本	高	高
长期性价比	高	高
防堵性能	较强	强
耐磨损性能	强	强
使用寿命	长	长
SO_2 氧化性	强	较强
耐 As 中毒性	—	强
CaO 适应性	强	强
高灰适用性	较强	强
SO_2 适应性	一般	较强
燃煤高灰占有率	较高	高
适用范围	高尘及低尘均适用	高尘及低尘均适用
优缺点	(1)比表面积大、活性高； (2)在超高灰(大于30g)应用较为困难； (3)会发生整体性坍塌； (4)应用范围广，可以对工艺改造生产其他类型的催化剂	(1)比表面积小、活性小、所需体积量大； (2)在超高灰有很好的应用； (3)内部有筛板，机械强度较好，不会发生整体性坍塌； (4)仅能用于燃煤电厂脱硝领域

此外，虽然蜂窝式和平板式催化剂的加工工艺不同，但其化学特性接近，都能够满足不同脱硝效率要求，并有大量的应用。为了加强不同类型催化剂的互换性及装卸的灵活性，均将催化剂单体组装成标准化模块尺寸。为了提高蜂窝式催化剂抗飞灰冲蚀的能力，通常将约 20mm 高度的迎风端采取硬化措施。

5.2.3 改造路线、方法与技术

5.2.3.1 深度调峰脱硝系统注意事项及建议

脱硝系统的投运受入口烟气温度的限制，部分机组在 20%～30%负荷时脱硝入口烟气温度仅 270℃左右，低于最低喷氨温度（一般为 300℃），影响催化剂的使用效果，降低脱硝效率，且氮氧化物（NO_x）与氨气（NH_3）反应不充分，易因氨逃逸较大产生大量的具有黏性的硫酸氢铵（NH_4HSO_4），造成催化剂及空气预热器的堵塞。所以当 SCR 入口烟温低于下限值时，一般电厂均设置 SCR 退出运行。目前国内环保要求异常严格，按小时均值考核电厂，SCR 退出运行，不仅影响到超低排放电价的获取和机组的年利用时间，甚至造成环保事件，因此脱硝系统需要进行宽负荷技术改造。

目前国内燃煤电厂锅炉宽负荷脱硝主要的改造技术方案共有省煤器烟气旁路方案、省煤器给水旁路方案、省煤器入口热水再循环方案、省煤器分级改造方案 4 种。

以某 300MW 亚临界机组为例，对各种宽负荷脱硝改造方案的技术经济性进行简单对比，对比结果如表 5-3 所列。

表 5-3　某 300MW 亚临界机组宽负荷脱硝改造方案技术经济性对比

方案	总费用/(万元)	工期/d	温升/℃	调节特性	对锅炉运行影响
省煤器烟气旁路	400 左右	40(停机 30d)	30 左右	调节性能好	高负荷锅炉效率不变，低负荷效率微降，具体效率降幅与烟温升幅有关
省煤器给水旁路	600 左右	25 (停机 2～3 周)	15～20	调节性能好	
省煤器入口热水再循环	1400 左右	30 (停机 2～3 周)	35	调节性能好	
省煤器分级改造	1800 左右	85(停机 65d)	＞30	不能调节，不可逆	锅炉效率固定不变

根据锅炉负荷与 SCR 入口烟温的关系，需明确 SCR 入口烟温的提升量，选用合适的技术工艺，避免改造后不能适应当地调峰负荷的要求。

5.2.3.2　烟道改造技术路线

随着国家环保指标的不断收紧和核电项目的大量建成投运，国内火电厂一方面承受着排放指标的压力，另一方面面临着机组长期处于低负荷运行的现实。因此，对目前投运较多的 SCR 脱硝设备进行升级改造，保证低负荷下的脱硝投运，以进一步降低机组 NO_x 排放量势在必行。

目前国内绝大部分超（超）临界锅炉在低负荷运行时，SCR 脱硝烟道处进口烟温均低于下限温度，为保证催化剂的安全，绝大部分电厂均选择在低负荷时不投脱硝设备，导致脱硝设备整体投运率不高。随着国家《排污费征收标准管理办法》的执行，通过对 NO_x 的排放量实施惩罚性收费来补贴严格实施排放控制的电厂，脱硝设备投运率不高的弊端开始显现出来。

国内在提高 SCR 脱硝设备投运率方面所采取的措施基本集中于运行方面，如选择硫分较低的煤种，通过降低烟气中 SO_x 浓度来减少硫酸氢铵的生成；严格控制适当的喷氨量，对 NH_3 输入量的控制应要求既能保证 NO_x 的脱除效率，又能保证较低的氨逃逸量，防止多余的 NH_3 与烟气中的 SO_x 反应形成铵盐，导致催化剂失活和空气预热器堵塞；在 SCR 脱硝烟道处进口烟温较低时，加强催化剂区域及空气预热器区域的吹扫，尽量减少硫酸盐形成后的大量堆积等。国内很少有电厂通过相应的设备改造来保证机组低负荷时的脱硝设备投运，改造状况及运行经验有待补充。国外脱硝设备在投运初期，也存在入口烟温不达标问题，其关于提高 SCR 进口烟温的改造思路主要集中于烟气旁路、水旁路、分级省煤器、热水再循环等方面。

（1）烟气旁路方案

图 5-1 为 SCR 脱硝烟气旁路改造示意图。从图中可以看出，该方案的设计思路是从后竖井烟道下方、省煤器管组处后包墙引出一路未经受热面吸热降温的烟气旁路至 SCR 进口烟道处，在与经过省煤器吸热后的低温烟气混合后，进入 SCR 脱硝催化剂区域，进行催化还原反应。

从技术及经济性看，该方案对现有设备的改动较小，对现有设备的可利用空间要求不高，仅仅增加了烟道及闸板门等附属部件，投资相对较小，但为提高入口烟温，该方案在一定程度上也降低了锅炉效率，影响了机组经济性能。从设备可靠性方面考虑，目前国内多数电厂的轨道式热风闸板门均存在不同程度的变形、卡涩等问题，稳定性不高，且该处由于运行环境恶劣（高温、粉尘大），对挡板的可靠性提出了更高的要求，特别是当机组在长时间高负荷运行后，突然开启该旁路时，能否正常开启均需充分考虑。

欧美、日本部分早期建成的电厂装设有 SCR 脱硝旁路烟道，但其出发点主要在于防止锅炉启停或爆管时，部分易于凝结的烟气造成催化剂堵塞等安全问题，针对提高 SCR 进口烟温而考虑的省煤器烟道旁路虽有研究，但鲜有投产。旁路烟道在实际运行过程中所产生的积灰、挡板门变形与卡涩等问题值得参考借鉴。

（2）分级省煤器方案

图 5-2 为 SCR 脱硝分级省煤器改造方案的示意图。由图可以看出，该方案将原布置于后烟井处的部分省煤器管组移至 SCR 脱硝催化剂后方，再由连接管道将前后省煤器连通，通过减少后烟井处省煤器管组的吸热量来提高 SCR 脱硝设备进口烟温，并保证空气预热器进口温度不变，在保证不影响锅炉效率的基础上改进低负荷工况下烟温较低的问题。

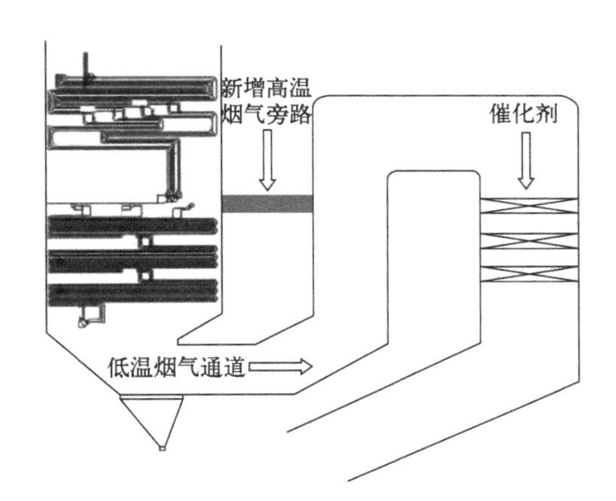

图 5-1　SCR 脱硝烟气旁路改造示意图

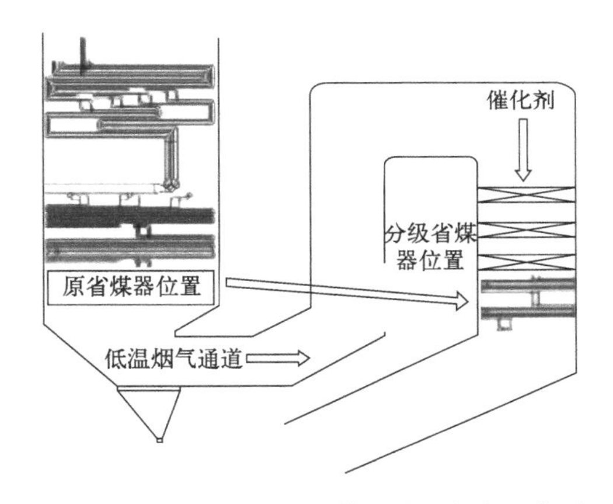

图 5-2　SCR 脱硝分级省煤器改造方案示意图

从技术及经济性看，该方案对现有设备改动较大，需将原省煤器管组切割吊装移位，焊口较多，工作量较大，且要求催化剂下方的烟道具有一定空间；由于增加了管组及内部工质，需对现有脱硝钢梁承重情况进行校核；现有设备的可利用率较高。从设备可靠性方面考虑，由于烟气经过了脱硝催化剂的还原反应，需加强对催化剂下方省煤器管组腐蚀情况的监测。该方案将省煤器的位置进行了调整，可通过增加鳍片管省煤器的面积来进一步降低锅炉烟温，以进一步提高锅炉效率和机组经济性。

（3）省煤器水旁路方案

图 5-3 为省煤器水旁路方案示意图。该方案将省煤器进口管道的部分供水直接引至省煤器中间联箱或出口联箱，通过减少省煤器管组内工质对高温烟气的吸热量，保证

SCR 入口烟温不会太低。

该方案对现有设备改动不大，只是在原来的基础上新增加了水旁路管道及相应的泵、阀门等设备，相对于其他方案来说，工作量不大，改造费用较低，但对锅炉效率有一定影响，且该方案对 SCR 脱硝设备进口烟温提高有限，50%以上负荷时，可保证脱硝设备的投运，但负荷更低时，无法进一步控制烟温，当机组长时间处于低负荷运行时，无法保证投运率。

(4) 省煤器水旁路与热水再循环综合方案

图 5-4 为省煤器水旁路与热水再循环综合改造方案示意图。该方案是在单纯省煤器水旁路的方案上演变而来，可弥补水旁路方案在更低负荷时无法保证烟温满足要求的缺点。该方案的思路是将经过省煤器管组加热的给水部分返回省煤器进口集箱，经充分混合后，提高省煤器管内工质的温度，减小管组内外温差，减少给水的吸热量，从而保证烟气温度满足下限要求。

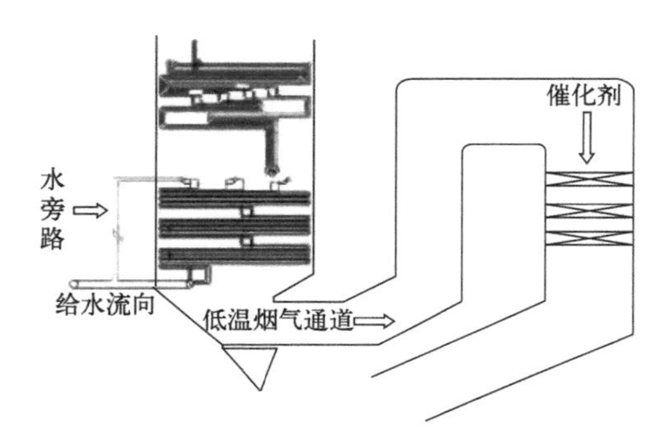

图 5-3 省煤器水旁路方案示意图

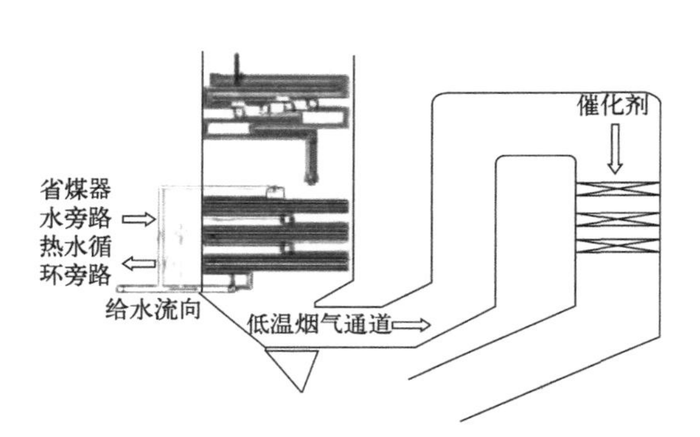

图 5-4 省煤器水旁路与热水再循环综合改造方案示意图

该方案在省煤器水旁路的基础上，增加了热水循环管道及相应的泵、阀门等元件，施工量较小，检修工期较短，维护较为简单。据估算，采用该方案，基本可保证 35%及以上负荷工况的脱硝投运，可进一步保证机组在长时间低负荷工况下的脱硝投运率。但该方案投资较高，对高压泵及阀门的稳定性提出了更高要求，且在一定程度上影响了机组的经济性能。

烟气旁路改造方案对现有设备的改动较小，投资少，但该方案在提高烟气温度的同时，降低了锅炉效率，影响了机组的经济性；分级省煤器改造方案对现有设备改动较大，在保证不影响锅炉效率的情况下，解决了低负荷工况下烟温低的问题，目前在国内电厂已有实际应用，反馈较好；省煤器水旁路方案对现有设备改动不大，改造费用较低，但对锅炉效率也有一定影响；省煤器水旁路与热水再循环综合改造方案能保证低负荷时的烟气温度，但也降低了机组运行的经济性。

5.2.3.3 宽负荷催化剂

机组低负荷运行给脱硝系统带来了巨大挑战，常规脱硝催化剂由于活性较低且易在低温因硫酸氢铵（ABS）的沉积而快速失效，因而无法在低负荷下安全投运。宽温脱硝催化剂具有低温高活性和高温较低的 SO_2/SO_3 转化率，可实现脱硝系统在 240～420℃ 宽温区间经济、安全投运，作为一种全负荷脱硝技术正在逐步推广应用中，对提高脱硝系统灵活性、促进我国能源转型发展具有重要的支撑作用。

机组在低负荷运行时偏离原有设计条件，烟气参数与正常高负荷运行时差异较大，对燃煤电厂各项设备运行产生不利影响，例如提高机组的实际运行煤耗、影响锅炉的冷却、降低脱硝系统对 NO_x 的控制能力、增加了喷氨量和硫酸氢铵的生成量。这不仅显著增加了机组的运行成本，同时给锅炉、催化剂、空气预热器和电除尘系统的运行带来较大的安全风险。深度调峰和污染物超低排放具有一定技术矛盾，除了锅炉低负荷稳燃技术和热电解耦外，脱硝设施的宽负荷投运改造也是火电机组灵活性改造的重点工作之一。

(1) 机组低负荷运行对脱硝系统的影响

1）影响烟气工况参数

由于锅炉负荷降低，稳燃较为困难，因此会进行燃烧调整，锅炉燃烧时 O_2 含量增加提高了过量空气系数，导致烟气中 NO_x 浓度增高。由于出口 NO_x 需要始终控制在 $50mg/m^3$ 以下，因此低负荷下对脱硝催化剂的效率要求有所提高。低负荷下燃烧不完全，烟气中还会残存未完全烧结的碳，导致 CO 的含量增加，可作为还原剂提高催化剂的反应性能。

烟气温度和流量与负荷几乎呈现正线性相关关系，但随着负荷的降低，受到锅炉过量空气系数显著增高等因素影响，往往烟气量较负荷的等比例折算值更大。随着低负荷下烟气流量的下降，反应器催化剂孔内流速降低至 2～3m/s，而 BMCR 工况下，催化剂孔内流速一般在 5～7m/s，孔内流速的降低将不可避免地导致催化剂积灰风险的增加。因此，机组低负荷运行时要适度提高反应器蒸汽和声波吹灰器的运行频率，加强反应器内的吹灰，防止催化剂积灰堵塞。

2）影响 SO_2/SO_3 转化率

锅炉运行时，其内部的 SO_2 与 O_2 在高温下可直接进行反应，同时飞灰中 Fe_2O_3、Al_2O_3 等可以通过催化作用促进 SO_3 的生成。烟气在进入脱硝系统前，根据燃烧方式的不同，一般已有 0.5%～1%的 SO_2 被氧化为 SO_3，其中，直接反应和催化反应对 SO_3 的生成贡献分别占比 30%～40%和 60%～70%。此外，飞灰中的 CaO、MgO 和残碳对 SO_3 有吸附作用。多种因素综合影响炉内 SO_2 向 SO_3 的转化过程。

SO_2 在 SCR 脱硝催化剂上的氧化是导致 SO_3 生成的另一大主要原因，SO_2/SO_3 转化率一般与催化剂中活性组分（例如 V_2O_5）含量、烟气组分、烟气温度有关。活性组分含量的增加和 O_2 浓度的增加可促进 SO_2 的氧化过程，H_2O 和 NH_3 浓度的增加抑制 SO_2 氧化；烟气流速的降低促使 SO_2 与催化剂的接触时间增加，导致 SO_2 氧化率增高；而 SO_2 的氧化率则受温度的影响最大，这主要是由于温度显著影响催化剂的氧化能力。此外，催化剂在运行时因不断吸附飞灰中的金属氧化物，例如 Fe_2O_3 等，可导致氧化率的提高。多个研究结果表明，在机组低负荷运行时，烟气温度是影响 SO_2/SO_3 转化率最大的因素，其数值仅为锅炉 BMCR 负荷 50%以下。

3）影响脱硝系统效能

机组低负荷运行时，脱硝系统烟气温度一般在 240～310℃，显著低于常规催化剂适宜的运行温度窗口（310～420℃），温度的降低会导致脱硝催化剂本征活性的降低，但同时由于烟气量的降低，对催化剂处理烟气的能力也降低了要求。因此，脱硝效率共同受催化剂活性和烟气量的影响。工程上采用脱硝潜能来反映脱硝系统的运行能力，反映了烟气流动条件和催化剂效率对脱硝系统的综合影响。一般来讲，机组负荷高于 50%时，烟温处于 310～420℃时，随运行负荷降低，SCR 入口烟气流量和温度降低，二者综合作用，使大多数机组的脱硝潜能略有提高。烟温处于 240～310℃时，由于低负荷下烟气量的降低不如温度的降低更显著，因此脱硝潜能随负荷降低而下降。由此可见，机组低负荷时，依靠常规催化剂在低温下直接运行是无法满足脱硝系统的性能要求的。

4）影响设备的安全运行

低负荷下烟气温度过低，SCR 脱硝系统中的 NH_3 会与烟气中的 SO_3 生成硫酸铵（ammonium sulfate，AS）和硫酸氢铵（ammonium bisulfate，ABS）。当 NH_3/SO_3 摩尔比大于 2 时，主要形成硫酸铵，硫酸铵是一种干燥粉末物质，无腐蚀性，易通过吹灰清除。而随着 NH_3/SO_3 摩尔比的降低，主要生成为硫酸氢铵。硫酸氢铵的形成温度受很多因素的影响，如 NH_3、SO_3 和 H_2O 浓度及飞灰浓度等，变化范围在 190～240℃，图 5-5 显示了 SO_3 在电厂各设备中随烟气流动和温度降低的形态转化过程，可见硫酸氢铵主要在脱硝系统和空气预热器系统处凝结。

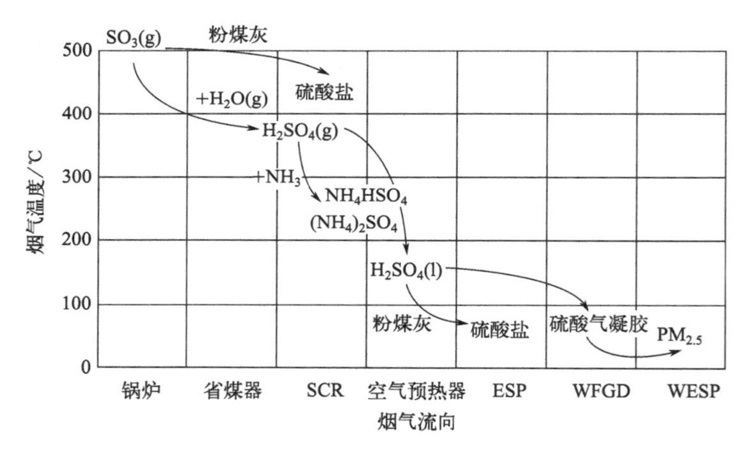

图 5-5　SO_3 在各设备中随烟气流动和温度降低的形态转化过程

ESP—电除尘器；WFGD—湿法脱硫；WESP—湿式电除尘器

同时，由于低温下催化剂的活性不足，NH_3 逃逸增加，进一步加剧了空气预热器冷端元件沉积 ABS 而产生腐蚀和积灰的问题，造成换热效率下降，增加引风机的电耗。研究表明，若氨逃逸增加到 2～3μL/L 时，空气预热器运行半年后其阻力增加 30%～50%，对引风机的运行能耗造成很大的影响。此外，ABS 会吸附飞灰黏附在电除尘内的阳极板或阴极线上，导致除尘效率的降低，并混入粉煤灰中，降低粉煤灰的品质，提高综合利用的难度。

5）造成催化剂低温失效

因毛细管作用，硫酸氢铵在催化剂孔内的凝结温度区间会提高至 240～300℃，与机组低负荷运行时脱硝系统的温度相当，因此脱硝催化剂运行会存在风险。ABS 结露温度（ammonium bisulfates generation temperature，ABST）是特定浓度下的 NH_3 和 SO_3 在催化剂孔隙中开始凝结生成硫酸氢铵的温度，可以作为脱硝催化剂最低投运温度的指标。如图 5-6（书后另见彩图）所示，一旦脱硝系统运行温度低于 ABST，催化剂表面微孔就容易因缓慢沉积 ABS 而堵塞，影响 NO 和 NH_3 向活性位的扩散过程，而使催化剂失去催化活性而失效。

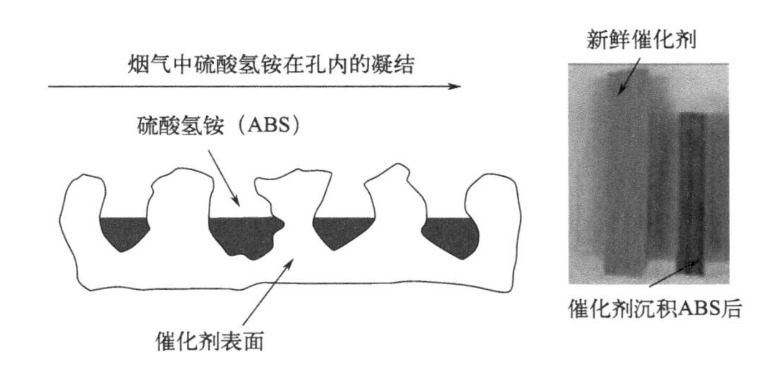

图 5-6　硫酸氢铵在催化剂孔内的结露示意图以及催化剂失效情况

ABST 可根据多种模型计算，不同模型的计算结果会有所差异，常用的为 Matsuda 模型［式(5-5)］和 Menasha 模型［式(5-6)］。其主要与烟气中 SO_3、NH_3 和 H_2O 及催化剂微孔尺寸相关。最低喷氨温度（minimum NH_3 injection temperature，MIT）为 ABST 以上 15℃，最低连续喷氨温度（minimum continuous operation temperature，MOT）是考虑了脱硝反应器中烟气温度在 MIT±10℃范围内波动，取 MIT 以上 10℃计算而得。图 5-7 显示出不同模型下催化剂中硫酸氢铵结露温度情况（书后另见彩图）。

$$p_{NH_3}(1atm)\times p_{SO_3}(1atm)=1.14\times10^{12}\times e^{[-53000/(RT)]} \tag{5-5}$$

$$p_{NH_3}(1atm)\times p_{SO_3}(1atm)=2.97\times10^{13}\times e^{[-54950/(RT)]} \tag{5-6}$$

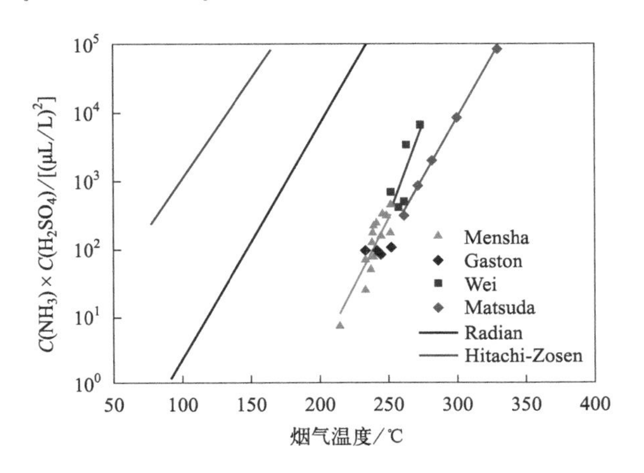

图 5-7　不同模型下催化剂中硫酸氢铵结露温度曲线

对于某些燃用高碱煤的锅炉来说，烟气中的灰分与 SO_3 会生成气态金属硫酸盐，主要为 Na_2SO_4、K_2SO_4 以及极少量的 $NaHSO_4$ 等。少量的低熔点金属硫酸盐如 $NaHSO_4$ 在 190～270℃为液态，可能会导致催化剂严重结垢和反应器堵塞，因此低负荷运行也需要考虑燃煤煤质对催化剂和脱硝系统的影响。

(2) 宽负荷脱硝技术

机组低负荷运行时 O_2 含量、烟气流速、SO_2 氧化率变化等影响均可以通过调整锅炉和脱硝系统运行参数来消除，例如降低二次风补给量、加快吹灰器频率等。但温度的降低会严重影响催化剂活性和寿命，无法通过运行条件的优化加以弥补。因此，针对低负荷条件下脱硝催化剂无法投运的难题，大致可通过工程改造手段提高烟气温度适应催化剂或优化脱硝催化剂配方，以提高活性和稳定性来适应低温运行。

采取工程改造的方式可以使低负荷下脱硝系统入口烟温升至常规催化剂的最低运行温度以上，例如省煤器分级改造、省煤器水侧旁路改造、省煤器烟气旁路改造以及省煤器热水再循环等。以上方案基本实现 20%～30%额定负荷下脱硝入口烟温高于 310℃，即常规脱硝催化剂的最低投运温度，因此可保证机组正常调峰负荷内脱硝全程投入，但是这些技术普遍改造成本高，施工周期较长（25～65d），且影响锅炉效率，系统复杂度较高。

通过应用在低温下具有更高活性的脱硝催化剂直接替代常规脱硝催化剂，拓宽脱硝温度区间至 240～420℃，也可满足烟气在全负荷工况下脱硝达标，降低 NH_3 逃逸。一般行业也通常将能适应该温度区间，高 SO_2 浓度烟气条件下的脱硝催化剂定义为宽温脱硝催化剂。相比于宽负荷工程改造技术，宽温脱硝催化剂因可适应低温烟气特点而具有投资低、适应性强、运行成本低且不影响上下游装置安全运行等显著优点。宽温催化剂需要承受低温烟气环境，很容易受 H_2O 的抑制及硫酸氢铵（ABS）的沉积而失活，造成寿命减短，因此也需要关注其低温下的运行稳定性。

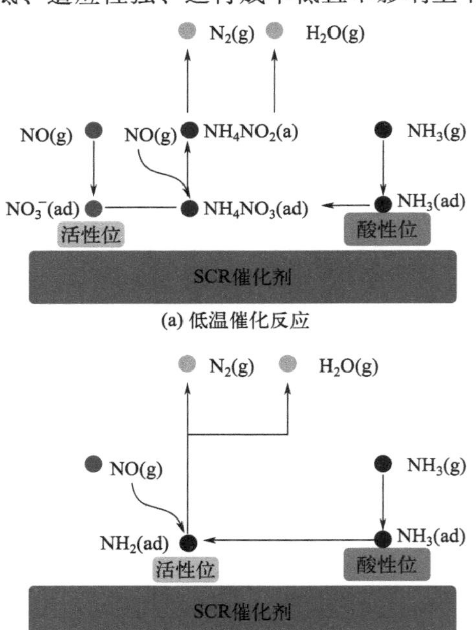

图 5-8 钒系催化剂低温和高温下主要发生的脱硝反应途径

a—活化态；ad—吸附态；g—气态

(3) 宽温脱硝催化剂

1) 低温活性的提高

宽温催化剂首先要解决的是如何提高催化剂低温活性的问题，研究者对催化剂低温反应机理进行了深入研究，进而进行了配方的开发和改性。脱硝反应低于特定温度下主要遵循 Langmuir-Hinshelwood 机理，高于此特定温度是 Eley-Ridal 机理，这个特定温度与催化剂的体系、酸性和氧化还原特性相关，大部分的研究结果认为是在 200～300℃之间。在低温时，NH_3 吸附在 Lewis 酸性位上，NO 吸附于活性位并被氧化生成吸附态［NO_3^-］，其与吸附态的 NH_3 形成中间物种［$NH_3 \cdots NO_3^-$］，随后分解生成 N_2 和 H_2O。在高温时，只需要 NH_3 吸附在催化剂表面，并与气态 NO 发生反应（图 5-8）。

因此，为提高脱硝催化剂的低温活性，需要构建催化剂适宜酸性和较强氧化还原性能相协调的化学特性，而目前比较适宜的宽温脱硝催化剂材料体系主要包括钒系、锰系和铈系催化剂三类。由于钒系催化剂的活性组分 V_2O_5 与 SO_2 反应生成的 $VOSO_4$ 依然具有脱硝活性，因此其适于在电力领域高 SO_2 浓度烟气下的大规模应用。而锰系、铈系催化剂更易于与 SO_2 反应而生成金属硫酸盐而中毒，实际应用效果目前受到较大的限制，近几年主要在钢铁、水泥、垃圾焚烧窑炉的脱硫后烟气脱硝中得到了小规模的应用。

钒系宽温脱硝催化剂的开发主要是在常规 V_2O_5/WO_3-TiO_2 催化剂上进行元素掺杂改性，例如 Ce、Sb、Mo 等。较多的报道认为 TiO_2 载体具有很强的抗 SO_2 中毒和抗硫酸氢铵沉积能力，因而被认为是比较合适的宽温脱硝催化剂的载体。近些年，锰系催化剂的研究主要集中在活性物种、载体种类、制备方法等。研究结果表明，不同前驱体配合适当焙烧条件获得多种锰的氧化物，发现 MnO_2 单位面积活性最高，Mn_2O_3 选择性最好；对锰系催化剂的活性位物种进行了研究，认为锰系催化剂的活性物种是 Mn_2O_3 和 Mn_3O_4；比较了 CeO_2、TiO_2、Al_2O_3 和 SiO_2 载体对锰系催化剂活性的影响，发现以 Al_2O_3 为载体的锰系催化剂性能优于以 TiO_2 为载体的催化剂；以醋酸锰和硝酸锰为前驱体，分别浸渍制备了 MA-MnO_x/TiO_2 和 MN-MnO_x/TiO_2，发现在 200℃以下，前者活性远高于后者，并把原因归结于受前驱体影响，以醋酸锰为前驱体制备的催化剂上形成了大量高分散的活性物种 Mn_2O_3，而后者形成活性较差的 MnO_2。铈系脱硝催化剂可分为金属氧化物复合催化剂、载体催化剂等。单一的 CeO_2 催化剂在 300～500℃且部分表面硫酸化的条件下，性能表现较好，但随着反应时间延长硫酸化程度加深，其出现了明显的失活情况；与 CeO_2 催化剂相比，CeO_2-MnO_x、CeO_2-SbO_x、CeO_2-CuO 等复合氧化物催化剂性能更好，其在 200～450℃的范围内，具有超过 80%的转化效率；负载型铈系催化剂的载体主要有 TiO_2、分子筛、Al_2O_3、活性炭等，其相比于复合氧化物催化剂，脱硝性能有进一步的提高。

2）催化剂抗中毒改性

宽温脱硝催化剂在应用中很容易受 H_2O 和 SO_2 的影响，活性降低，使用寿命减短。对宽温催化剂进行了耐 SO_2 中毒和 ABS 沉积能力的改性一直是此领域的研究重点。

3）催化剂配方的优化

有学者使用量子化学理论筛选可促进 V_2O_5/TiO_2 催化剂抗硫中毒的元素 Se、Sb 等，通过实验验证了 Sb 改性 V_2O_5/TiO_2 催化剂低温下的抗硫中毒性能优于 10%WO_3-V_2O_5/TiO_2，并发现添加 Sb 后脱硝反应途径可不受 SO_2 影响。随后其又引入 Ce 元素，Ce 的添加可进一步提高 Sb-V_2O_5/TiO_2 催化剂的抗硫中毒能力，增强脱硝性能，其认为这是由于 Ce 的添加增加了催化剂的酸性位和提高了 NO 的氧化能力，并减弱了 SO_2 的氧化和硫酸铵的沉积。

可提高 Mn 系催化剂耐硫耐水的改性元素有 Fe、Eu、Ho、W、Co 和 Ni 等。向 Mn/TiO_2 催化剂中添加 Fe，通过提高 MnO_x 的分散性提高了抗硫抗水能力；发现稀土 Eu 添加可提高催化剂的稳定性，并将此归结于 Eu 和 Mn 的相互作用，Eu 可防止

Mn 物种团聚；向 MnO_x-CeO_2 催化剂中加入 Co 或 Ni，发现 Co 或 Ni 的添加可提高 NO 氧化能力，使改性后催化剂的反应途径不受 SO_2 影响。W、Ho 等对 Mn 系催化剂性能的改性作用与 Fe、Eu、Co 和 Ni 等类似，都归功于与 Mn 的相互作用，提高了 Mn 的分散性以及催化剂的酸性，减弱了 SO_2 氧化能力及抵抗硫酸铵沉积等。铈系催化剂主要是通过掺杂其他过渡金属，例如 Fe、La 和 Cu，提高酸性，利用载体包覆活性组分等方式提高其抗 H_2O 和 SO_2 中毒的能力，主要是采用了抑制 SO_2 吸附、加入牺牲剂和保护 CeO_x 活性中心等方法来实现。

4）催化剂孔结构的优化

根据 Matsuda 模型可知，硫酸氢铵在催化剂孔内的凝结温度随着毛细孔径的增大而降低，通过理论计算可知，当催化剂毛细孔径 $d>50nm$ 时，硫酸氢铵在催化剂孔内的凝结温度与其在气相的凝结温度几乎相同，此时毛细孔隙现象将不再影响硫酸氢铵凝结温度。在催化剂挤出成型中，可通过加入活性炭、表面活性剂等烧失型造孔剂提高催化剂的孔隙尺寸，有利于抑制硫酸氢铵的凝结沉积。但孔径的扩大可能带来一定的不利影响，例如催化剂强度略微降低，比表面积的下降，加速飞灰中碱、As 和 Fe_2O_3 等的累积等。

5）SO_2 氧化率的控制

宽温催化剂低温活性提高往往会存在高温 SO_2/SO_3 转化率过高的副作用，需要避免运行在锅炉 BMCR 下 SO_3 大量生成，对催化剂、空气预热器及后续环保设备造成不利影响。可见，宽温催化剂主要技术难点是在提高低温活性的同时，还需针对 SO_2/SO_3 转化率进行有效的控制，也可进一步降低低温运行下硫酸氢铵的生成。

① 催化剂上 SO_2 的氧化机理。如图 5-9 所示，SO_2 在 V_2O_5-WO_3/TiO_2 催化剂上的氧化过程为，气相中的 SO_2 吸附于 V_2O_5 团簇表面并与其上的$(Ti—O)_3V^{5+}═O$ 物种中的 V—O—Ti 碱性氧配位形成 $V^{5+}—O—SO_2$ 中间体，然后 $V^{5+}—O—SO_2$ 键断裂形成气态 SO_3，同时造成氧空位，V^{5+} 被还原为 V^{3+}；最后，V^{3+} 再次被解离吸附的 O 氧化为 V^{5+}。动力学研究表明，在中低温脱硝条件下，SO_2 在 V_2O_5-WO_3/TiO_2 催化剂上的氧化属于化学反应控制的反应。通过控制 V_2O_5 含量、V 价态、催化剂酸碱性等可以从催化反应机理角度改变 SO_2 氧化反应。锰系和铈系催化剂上 SO_2 氧化的机理与

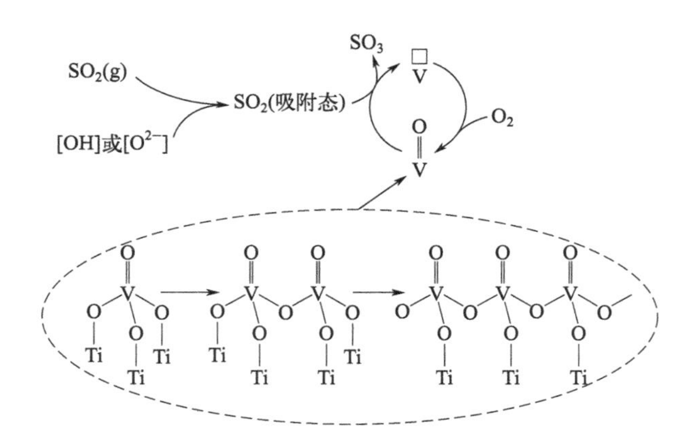

图 5-9 钒系脱硝催化剂上 SO_2 向 SO_3 转化的反应机理

钒系类似，其上丰富的活性氧可以促进中间物种—SO_3 的形成，但同时铈系催化剂由于碱性氧化物特性更易于吸附 SO_2，促进了 SO_2 氧化过程。

② 活性物种含量控制。催化剂中活性物质含量的提高会导致其氧化性能的增强，增强对 SO_2 的氧化能力。例如钒系催化剂，随着催化剂中 V_2O_5 含量的增加，V_2O_5 先后以单体钒氧物种、团聚态钒氧物种和 V_2O_5 晶体的形式存在，氧化性逐渐增强。团聚态的 VO_x 物种在所有物种中脱除 NO_x 的能力更强，尤其在低温区域。由图 5-10 可见，当 V_2O_5 含量<1.2%时，脱硝效率随着 V_2O_5 的增加显著提高，而 SO_2 氧化率提高不显著；当 V_2O_5 含量>1.2%时，SO_2 氧化率呈指数增长，而脱硝效率几乎不增加。在工程设计时，提高脱硝系统的整体效率，通常可以采用提高催化剂体积量或者提高催化剂中 V_2O_5 含量两种方案，但为了有效控制脱硝系统的 SO_2 氧化率，需要首先在配方设计时将催化剂中的 V_2O_5 含量控制在 1.2%以下，再通过测算决定催化剂装填体积量。

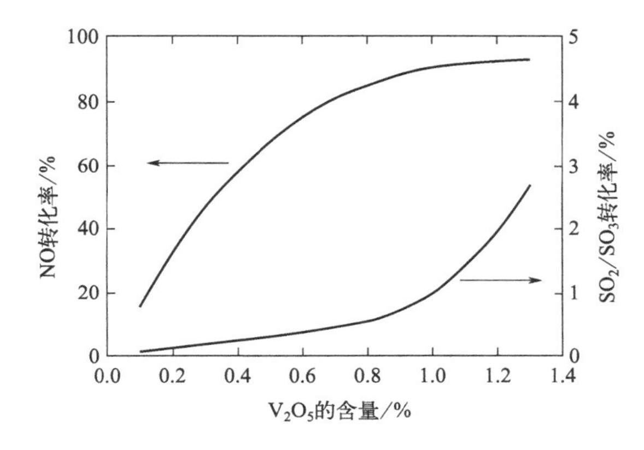

图 5-10 脱硝催化剂上脱硝转化率和 SO_2/SO_3 转化率随着 V_2O_5 含量的变化

③ 催化助剂优化。根据 SO_2 的氧化机理可知，特定的金属氧化物可以通过抑制 SO_2 的吸附和氧化来有效降低 SO_3 的生成。实验证实，添加 SiO_2、MoO_3、Nb_2O_5、P_2O_5、杂多酸（磷钼酸）等强酸性氧化物，以及 NiO、Y_2O_3、GeO_2 和 BaO 等抑制氧化剂均可以降低催化剂对 SO_2 的氧化能力。有研究表明，负载稀土氧化物的 V_2O_5-WO_3/TiO_2 也能够有效降低 SO_2/SO_3 转化率。随着运行时间的增加，催化剂中会出现活性组分流失、孔隙率降低、比表面积减小，以及碱金属、碱土金属、As 和 Fe_2O_3 等成分的沉积，这些元素可促进催化剂 SO_2 氧化率的提高。随着 Fe_2O_3 含量增加，催化剂表面吸附氧浓度增加，催化剂的 SO_2 氧化能力增强。因此失效催化剂再生必须去除这些物质才能够有效降低 SO_2 氧化率。

6）催化剂结构优化

在脱硝催化剂中，SCR 反应属于外扩散控制的快速反应，只在催化剂 0.1mm 左右的表面内进行。而 SO_2 氧化是化学反应控制的慢速反应，在整个催化剂壁厚内进行，如图 5-11 所示。对于催化剂外表面的活性组分，脱硝反应和 SO_2 氧化同时进行。而对于催化剂内部的活性组分，只发生 SO_2 氧化反应。脱硝过程中由于没有 NH_3 的竞争吸附和氧化，催化剂内部活性组分对 SO_2 氧化的贡献明显大于等量的外表面活性组分。

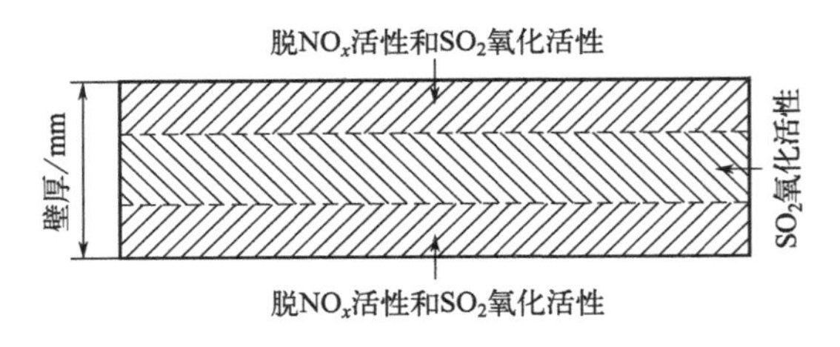

图 5-11　催化剂中脱硝（NO_x）和 SO_2 氧化区域分布

因此，在催化剂设计层面，通过合理控制催化剂活性组分集中在表面 0.1mm 范围内，既可节省成本又可减少 SO_2 氧化。一般来说，平板式和波纹式催化剂的 SO_2 氧化率相比蜂窝式催化剂低，主要是由于其是通过在玻璃纤维或不锈钢网上采用表面涂覆活性组分的方式制造，因而具有较薄的催化剂涂层。对于蜂窝式催化剂，可开发新型的成型方法，尽可能在不降低机械强度的条件下降低其壁厚，或者可以改变催化剂的制造工艺，采取涂覆的方法实现较薄的涂层。新制造工艺通常也可采取两种技术路线：第一种可先挤出成型 TiO_2 或 Al_2O_3 基的蜂窝状载体，通过控制活性组分前驱体溶液的浸渍浓度和时间，实现活性物质在载体表面的可控分布；第二种可以在已成型的陶瓷载体上，通过涂覆催化剂粉体浆液来实现较薄的催化剂涂层。

7）宽温脱硝催化剂的工业应用

国外较多采用燃气机组辅助电网调峰，燃气机组脱硝入口的烟温显著高于常规脱硝催化剂最低使用温度（310℃），因此其研究的低温高活性脱硝催化剂主要应用于 SO_2 含量较低的玻璃、垃圾焚烧和工业窑炉的低温脱硝领域，并未在燃煤电厂应用。例如，Ceracomb 株式会社公布了一种含钒 0.5%～6%、钨 5%～10%的 V/WO_3-TiO_2 脱硝催化剂，温度范围 220～450℃。巴斯夫公司公布了一种含钒 0.5%～5%、钨 8.0%、锑 0.75%～30%的 V-Sb/WO_3-TiO_2 脱硝催化剂，但其在 200～500℃范围内脱硝效率最高不超过 73.4%。

国内部分高校、企业在钒系宽温催化剂领域的研发和应用都较为成熟。北京方信立华研发了适用于 160～400℃低硫烟气的低温活性高的催化剂，在钢铁烧结机、焦化等领域实现大量成熟应用。中国科学院过程工程研究所开发了以偏钛酸、钒前驱体、钨前驱体为主成分的 V_2O_5/WO_3-TiO_2 宽温脱硝催化剂，在 200～400℃范围内具有高活性、耐磨性及优异的抗压强度，主要应用于焦化和玻璃等行业。浙江浙能催化剂技术有限公司应对燃煤机组低负荷低温运行脱硝需求开发了新型宽温脱硝催化剂，产品活性温度窗口为 280～420℃，并应用于温州特鲁莱电厂 3 号、4 号机组。华电光大公司研发了宽温 SCR 板式脱硝催化剂，在钢铁烧结机和部分燃煤电厂等行业进行了应用。国家能源集团北京低碳清洁能源研究院开发的宽温脱硝催化剂产品已成功应用于其内部包括和丰 2 号、布连 2 号机组等多台机组，可实现 260～420℃范围内燃煤机组并网即投脱硝。

锰系和铈系催化剂近些年来主要应用于低 SO_2 浓度条件下的烟气工况脱硝，例如钢铁、水泥、垃圾焚烧窑炉等，其最低运行温度窗口可拓展至 200℃甚至以下。例如，湖北思博盈在焦化领域应用了其开发的锰基催化剂，适应温度范围在250～320℃；华电光大和宁天新材料开发了板式和涂覆稀土铈系催化剂，应用于焦化和工业锅炉，温度窗口可拓展至140～280℃；山东天璨和内蒙古希捷的稀土铈系催化剂也应用于焦化、玻璃和水泥窑炉脱硝领域，温度窗口可达200～300℃。中国科学院长春应用化学研究所将含铈的焦磷酸盐负载于二氧化钛上，在200～600℃较宽的温度范围具有较高的活性。

总体来说，钒系宽温催化剂近些年来在电力机组工程应用的案例正逐步增多，市场前景较为广阔，对于该技术的不断进步和发展具有重要意义。锰系和铈系催化剂虽然在非电力领域实现了应用，但距离推广至燃煤电厂领域机组的深度调峰运行还尚有一定的距离。

8）宽温催化剂在低温下安全运行

宽温催化剂稳定运行受限于硫酸氢铵（ABS）的结露温度（ABST），在ABST以下运行是非稳定的状态，孔内凝结ABS，并随着时间的增加累积，导致催化剂缓慢失效。在运行时间受限条件下，可以通过将烟气温度升至MIT以上促使ABS挥发进行活性可逆的恢复，而当运行温度大幅低于ABST或时间较长时，催化剂孔内的ABS结露速度加快，造成活性不可逆恢复。可见，催化剂孔内ABS的凝结是SCR低负荷投运的主要限制因素，催化剂应尽量避免在ABST以下长期连续运行，一般不得超过24h。

宽温催化剂虽然可以在一定程度上通过提高活性组分含量、改善助剂和载体、优化生产工艺等多种手段提高其本身的抗中毒能力。但由于锅炉产生并进入脱硝系统中的SO_3可达几十毫克每立方米，因此还需要配套一定的工程改造和运行调整，保障催化剂安全运行。例如可采用掺烧一定的低硫煤、碱基吸收剂喷射除SO_3，调整喷氨，加强催化剂上ABS的解吸等方法减弱催化剂表面ABS的沉积效应等，拓宽催化剂的最低投运温度。

9）宽温催化剂的未来发展

宽温脱硝催化剂的应用最近几年才开始，其还处于“边应用、边成熟”的发展状态，烟气特征对催化剂的影响机制也在慢慢被理解，宽温SCR脱硝技术仍有巨大的进步空间，未来主要的技术及发展方向如下。

① 研发高性能宽温脱硝催化剂。我国煤质复杂，准东高碱煤，东北蒙东高砷煤，南方高汞、高硫、高灰煤，直接导致燃煤电厂烟气中含有多种易导致催化剂中毒的成分。政策鼓励采用“生物质利用＋焚烧”处置模式，将垃圾焚烧发电厂、燃煤电厂、水泥窑等协同污泥和生物质燃料作为其处置的补充。掺烧污泥和生物质燃料产生的烟气成分较为复杂，除氮氧化物、硫氧化物外，还有氯化物、重金属等。因此需要持续从催化材料组成、表面微结构设计、创新材料等方面，解决机组低负荷运行时催化剂低温脱硝活性、疏水性与耐铵盐沉积中毒等难题，适应烟气中的碱和重金属成分，减缓催化剂失效。

② 开展复杂烟气工况催化工艺研究。全面开展实际烟气条件下（低温、高尘、高硫等）催化剂性能评价试验，建立反应温度、空速、水蒸气、SO_2等参数与催化剂活性和稳定性之间的关系，为宽温脱硝催化剂的推广应用提供可靠的基础数据。蜂窝催化

剂挤出成型工艺已经成熟，但该工艺对活性组分用量、生产工艺参数有较为严格的要求，并且对于高孔数蜂窝催化剂的成型较为困难。涂覆工艺能显著节约原料、降低催化剂的成本，具有工艺操作简单、强度高、容易再生的优点，适合高孔数、高含量活性组分的蜂窝催化剂制造，可以满足不同领域烟气的脱硝需求。

③ 开发宽温脱硝催化剂的选型设计方法。根据燃煤电厂烟气条件，合理设计脱硝催化剂是脱硝系统正常运行的关键。基于大数据筛选催化剂配方、考虑具体烟气工况的影响，计算催化剂用量、活性成分含量、系统运行耗氨量、喷氨温度、催化剂布置方式及催化剂寿命等技术参数，得到满足工程条件的可用于烟气脱硝的催化剂设计选型参数。在满足脱硝性能要求的前提下，应尽量减少损耗及事故率，提高系统运行效率，降低脱硝系统的运行成本。

④ 探索宽温脱硝催化剂原位/离线再生方法。通过试验及理论计算，获得低温条件下 ABS 在催化剂及反应系统中生成及累积条件（温度、空速、NO/NO_2、水蒸气等），全面评估宽温 SCR 催化剂在低温运行的安全性。同时，开发基于不同材料与中毒物质特征的原位解吸方法与技术，延长催化剂使用寿命。

⑤ 实施脱硝催化剂全寿命管理。宽温脱硝催化剂投资成本较高，且催化剂有使用寿命限制，到期后需加装或更换新的催化剂，增加投资成本。因此应通过加强催化剂管理，规范安装、运行、检测及维护等全寿命管理过程，延长催化剂使用寿命。随着运行时间增加，催化剂的失活不可避免，脱硝催化剂的全寿命管理对延长催化剂的使用寿命具有重要意义。废旧催化剂被定性为危险固体废物，处理难度大，加强废旧催化剂的处理技术研发，包括催化剂的二次再生技术以及从废旧催化剂中提取微量元素、回收有效成分等是未来发展趋势。

燃煤电厂深度调峰辅助新能源消纳利用成为目前煤电行业发展的趋势，宽温脱硝催化剂以其经济性、强适应性和较低的安全运行风险成为燃煤电厂全负荷脱硝的重要技术手段。目前，该技术已经逐步在电厂开展了工业应用，取得了宝贵的工程经验，但还需不断通过多种技术手段解决长期低温运行下硫酸氢铵等毒性物质对催化剂的有害影响。在催化剂方面需要降低 SO_2 转化率，增强催化剂抵抗硫酸氢铵沉积及加速其消解的能力，工程上则需考虑脱除烟气中的 SO_3、改善喷氨的均匀性、优化反应器流场等。研究更高活性的催化剂及相应的脱硝工艺，通过大数据进行催化剂的设计选型，开发催化剂原位在线再生方法和实施寿命管理，是目前电厂深度调峰背景下脱硝催化剂重要的发展方向。

5.2.3.4 碱基喷射脱除 SO_3

在锅炉内，即省煤器和 SCR 反应器间，喷入吸收剂来消除锅炉内产生的 SO_3，这样可以降低 ABS 的生成，同时也可以显著减弱 SCR 脱硝系统后端空气预热器、除尘系统的堵塞和设备腐蚀现象。吸附剂主要以钙、镁、钠基碱性化合物为主，其与 SO_3 反应产物物化性质与粉煤灰类似，可同粉煤灰一起随除尘设备从烟气中脱除，不影响除尘系统粉煤灰、脱硫系统脱硫石膏的综合利用。

目前工业化的技术有锅炉内喷入 CaO、MgO 和 $Mg(OH)_2$ 等，可脱除 HCl、Hg、

As 和 SO_2、SO_3 等，SO_3 的脱除率可达 70%～75%；在省煤器与 SCR 反应器间使用碱基吸收剂喷射技术（alkalinesorbent injection，ASI），不同的吸收剂，喷入的形式不同，可以用干法 $Ca(OH)_2$、MgO、$NaHCO_3$ 等，也可以用湿法 SBS、$Mg(OH)_2$、Na_2CO_3 等。湿法方式可以实现 90%左右的 SO_3 脱除率，而干法方式的 SO_3 脱除率一般在 70%～80%之间。

5.2.3.5 喷氨浓度控制

影响 ABST 的另一个因素的 NH_3 浓度，实际上脱硝过程中 NH_3/NO_x 的摩尔比一般在 0.85～0.95，因此 NH_3 浓度取决于入口 NO_x 浓度。低氮燃烧改造可以显著降低锅炉出口的 NO_x 浓度，并改善其浓度均匀性，可有效降低烟气中的 NH_3 浓度。此外，由于反应器入口处相关设备（尾部烟道、喷氨格栅）设计不合理、喷氨量与烟气流速不均等，NH_3/NO_x 浓度会有偏差，进而导致 NH_3 浓度局部过高与不足，造成 ABS 在烟道截面局部生成过多，这种情况需要优化脱硝设备结构，确保反应器入口烟气流场分布均匀。在运行过程中，因负荷剧烈变化，脱硝系统运行工况会严重偏离设计工况，NH_3/NO_x 浓度在反应器截面处存在偏差，因此需要定期（一般 1 年左右）调整喷氨阀门来优化其均匀性。目前，采用烟道截面分区自动测量和反馈控制的精准喷氨系统能够解决因负荷大跨度变化所导致的喷氨均匀性问题，对宽温催化剂的运行和反应器降低氨逃逸均具有益处。

5.2.3.6 催化剂的分层布置

脱硝反应器中的催化剂一般为三层布置，在实际脱硝反应过程中，每层催化剂对脱硝的贡献率不尽相同，一般第一层催化剂脱硝贡献率为 60%～70%，第二层约 20%，第三层仅约 5%。因此，各层催化剂入口 NH_3 浓度不尽相同，上层的催化剂 ABST 较高，而中下层的催化剂 ABST 较低。因此，在脱硝工程方案设计时，可将具有更强抗 ABS 中毒能力的宽温催化剂放在上面两层，最下层可以使用成本较低、不耐 ABS 中毒的常规催化剂。这样分层布置避免了三层催化剂全部使用较贵宽温催化剂的方案，可以在不降低宽负荷脱硝效果和运行安全性的同时，显著降低环保投资，并提高催化剂更换的灵活性。

5.2.3.7 催化剂中硫酸氢铵的消除

(1) 硫酸氢铵的热分解

催化剂中的硫酸氢铵热分解机理主要有以下两种路径。

① 路径一：硫酸氢铵热分解分硫酸氢铵脱水生成焦硫酸铵［式(5-7)］、焦硫酸铵的分解［式(5-8)］两步进行。

$$2NH_4HSO_4 \rightleftharpoons (NH_4)_2S_2O_7 + H_2O \tag{5-7}$$

$$3(NH_4)_2S_2O_7 \rightleftharpoons 2NH_3 + 2N_2 + 6SO_2 + 9H_2O \tag{5-8}$$

② 路径二：硫酸氢铵热分解只涉及一步，且受一维相边界反应控制，可通过等温法与动力学补偿定律进行验证，即式(5-9)。

$$NH_4HSO_4 \rightleftharpoons NH_3 + H_2O + SO_3 \tag{5-9}$$

路径二只是理论上可行，若无催化剂或其他助剂参与反应，硫酸氢铵受热分解不可能直接生成 SO_3，因而硫酸氢铵主要按路径一进行分解。

（2）硫酸氢铵的催化分解

SCR 催化剂中的一些金属氧化物助剂（WO_3、CeO_2）对硫酸氢铵的分解有一定的催化作用，使其分解过程发生显著变化。目前，对硫酸氢铵与金属氧化物反应的认识尚存分歧，表现为：中间产物的种类各异，多数学者认为反应的中间产物为含金属离子的焦硫酸铵盐或含金属离子的硫酸铵盐；气体产物的种类不同，一些学者认为反应的气体产物主要是 SO_2，而不是 SO_3，同时伴有一定量的 NO 和 N_2 生成。

（3）硫酸氢铵与 NO 的催化反应

硫酸氢铵在 SCR 催化剂的作用下会与 NO 发生催化反应，其吸附模型见图 5-12。微量的硫酸氢铵存在可作为 NH_3 源，对 SCR 反应有促进作用。少量的硫酸氢铵沉积于催化剂表面时呈无定形态，在催化剂的作用下能够在较低的温度下分解。但是，当其沉积量过高时会形成 $(NH_4)_2TiO(SO_4)_2$ 晶体，对催化剂的促进作用逐渐消失，分解反应变得困难。分解促进作用随着硫酸氢铵的晶体化而逐渐减弱，随着 SCR 催化性能的提高而提高。

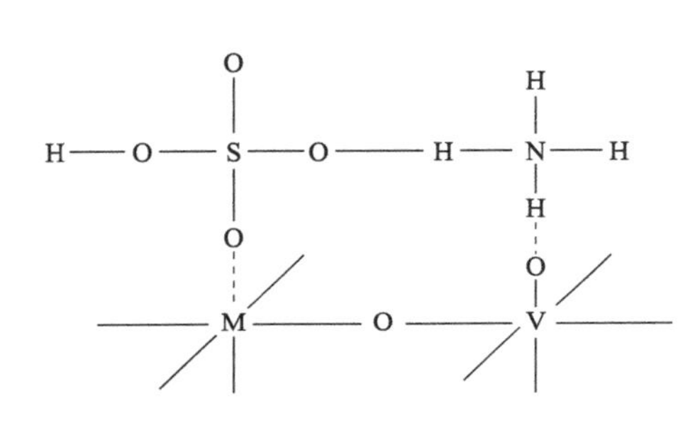

图 5-12 硫酸氢铵在 V_2O_5-MO_x/TiO_2 催化剂上吸附的模型

硫酸氢铵与 NO 催化反应的机理如下：催化剂酸性位会降低硫酸氢铵中的 NH_4^+ 与 HSO_4^- 的作用，破坏 ABS 的氢键，NH_4^+ 在活性位的作用下参与 NO 的反应得以消除。被还原的活性位将剩余的 HSO_4^- 还原为 SO_2，完成完整的氧化还原循环。如图 5-12 所示，与 HSO_4^- 相连的金属 M 离子的电负性越弱，即 S—M—O 键的强度越弱，沉积的 HSO_4^- 越容易被还原。研究表明，Se、Sb、Cu、S、B、Bi、P 等都可以减弱 S—M—O 的强度，促进作用的顺序为 B＞Bi＞Cu＞Sb＞Se＞S＞P。

（4）硫酸氢铵失效后的再生

1）原位解吸再生

基于硫酸氢铵的分解机理，工程上一般通过暂时增加锅炉负荷或设置旁路加热气体等方式提高 SCR 反应装置温度，使沉积在催化剂中的 NH_4HSO_4 分解以恢复催化剂活性，该过程利用了 ABS 的热分解和催化剂促进分解的机理。这种在线方式较为简单可靠，不需要反应器停止运行，催化剂破坏较小。

近十年来，多个催化剂生产企业均对催化剂的低温运行及原位解吸再生策略进行了研究。对日立催化剂的研究结果显示，MOT 之下短时间喷氨运行不超过 4h，再通过提升机组负荷使 SCR 入口温度运行至 MOT，可使已沉积的 ABS 挥发以恢复催化剂活性；康美泰克催化剂在 ABS 露点温度 260℃ 附近连续运行时间超过 70h，此后升温至

382℃，催化剂性能得以恢复（见图 5-13）；托普索催化剂在低温运行一段时间内，在 310～360℃区间内运行活性可恢复，温度较低再生时，活性恢复速度慢一些。西安热工研究院也提出，低温催化剂在 280℃低温运行 6h，催化剂需要在 300℃连续运行 3～4h 才可以恢复活性。需要注意的是宜采用慢速升温方式，一方面防止硫酸氢铵分解速度过快产生的气体对催化剂机械强度造成冲击；另一方面需使分解出的 NH_3 更多地参与到 SCR 反应中，减少 NH_3 逸出量。在升温的同时，加强催化剂吹灰更有利于恢复催化剂活性。

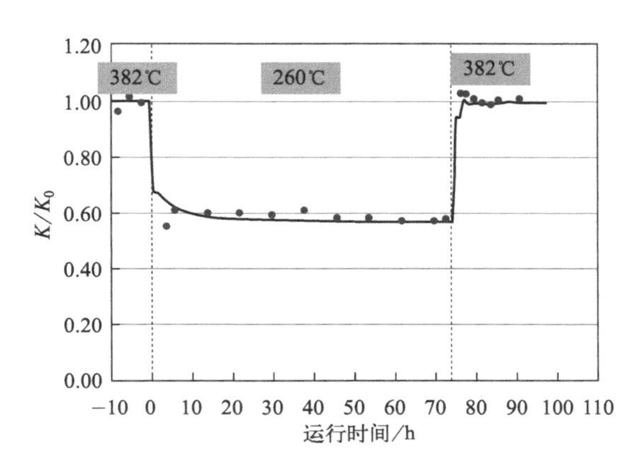

图 5-13　康美泰克催化剂在 ABS 露点温度附近运行后通过高温再生活性得以恢复

2）离线清洗再生

硫酸氢铵在催化剂孔内积累较多时，或催化剂活性无法通过原位热解吸再生恢复时，需要对催化剂进行离线清洗再生处理。通过水或酸性溶液等对中毒催化剂进行洗涤，在清除 NH_4HSO_4 的同时，对催化剂中碱金属和碱土金属等毒性元素同样具有较好的清除效果。但也有一定局限性，如催化剂活性组分流失和结构强度降低、需要电厂检修期内装置停运、再生产生的废水难以处理等。离线清洗可以有效改善钒系催化剂因 ABS 造成的中毒，但对于锰系和铈系催化剂的效果较差，是因为在该体系催化剂上，NH_4HSO_4 会进一步导致活性组分转变为 $MnSO_4$ 和 $Ce(SO_4)_2$，不能通过水洗恢复，而金属硫酸盐热分解的温度亦较高。

5.3 除尘系统深度调峰技术

5.3.1 系统简介

5.3.1.1 电除尘器

电除尘器是利用电场的作用使含尘气体中的粉尘与气体分离的净化设备，国外多称“静电收尘器”，实际上“静电”两字并不确切，因为粉尘粒子荷电后，与气体离子在电场力的作用下会产生微小的电流，并不是真正的静电，但习惯上将所有高电压低电流的现象也归属于静电范围之内，所以把电除尘也称为静电除尘。

电除尘器由本体和电气控制装置两部分构成。电除尘器本体中包括放电极、收尘极、振打机构、气流分布装置、外壳件等。

(1) 电除尘器的优点

① 除尘效率高，在理论上可以达到小于100%的任何效率，在合适的条件下使用电除尘器，其除尘效率最高可达99.9%以上。

② 可以处理大的烟气量，单台电除尘器最大处理烟气量在200万立方米以上。

③ 所收集的粉尘颗粒范围大，能收集100μm以下不同粒级的粉尘，特别是能收集0.1～5μm超细粉尘。

④ 对烟气的含尘浓度适应性好，适用于入口含尘浓度在几克至几百克每立方米。当然在粉尘浓度很高时也可以在前面设置预除尘器（如重力除尘器或旋风除尘器）。

⑤ 运行费用低，一是运行维护工作量少，二是耗能低。

⑥ 容易实现自动化控制，运行管理方便。在现代电除尘器中，供电装置基本上都采用自动控制，可远程操作。

(2) 电除尘器的缺点

① 一次性投资较高。

② 对粉尘有一定的敏感性，如比电阻最适宜的范围是$10^{6}\sim10^{12}\Omega\cdot cm$。

③ 对电除尘器的制造、安装、运行要求比较高，否则就不能达到或不能维持必需的运行参数，除尘效率将降低。

④ 占地面积相对较大，在选用时常受到场地方面一定程度的限制。

5.3.1.2 袋式除尘器

袋式除尘器是一种高效率干式滤尘装置，除尘机理是利用滤料的过滤性能实现除尘作用，主要适用于捕集细小、干燥、非纤维性粉尘。

滤袋是采用纺织的滤布或非纺织的毡制成，利用纤维织物的过滤作用对含尘气体进行过滤，当含尘气体进入袋式除尘器，体积大、密度大的粉尘由于重力的作用沉降下来落入灰斗，含有较细小粉尘的气体在通过滤料时粉尘被阻留，使气体得到净化。

滤料使用一段时间后，由于筛滤、碰撞、滞留、扩散、静电等效应，滤袋表面积聚了一层粉尘，这层粉尘称为初层，在此以后的运行过程中，初层成了滤料的主要过滤层，依靠初层的作用，网孔较大的滤料也能获得较高的过滤效率。

袋式除尘器具有以下优点：

① 除尘效率高，一般在99%以上，除尘器出口气体含尘浓度在数十毫克每立方米之内，对亚微米粒径的细尘有较高的分级效率。

② 处理风量的范围广，小的仅数立方米每分，大的可达数万立方米每分，可用于工业炉窑的烟气除尘，减少大气污染物的排放。

③ 结构简单，维护操作方便。

④ 在保证同样高除尘效率的前提下，造价低于电除尘器。

⑤ 采用玻璃纤维、聚四氟乙烯、聚酰亚胺纤维（P84）等耐高温滤料时，可在200℃以上的高温、酸碱条件下运行。

⑥ 对粉尘的特性不敏感，不受粉尘比电阻的影响。

5.3.2 原理及工艺流程

5.3.2.1 电除尘器

(1) 电除尘的基本过程

电除尘器的除尘过程可分为气体的电离、粉尘获得离子而荷电、荷电粉尘向电极移动、将电极上的粉尘清除到灰斗中4个阶段。

气体在通常情况下是不导电的，但是当气体分子获得一定能量时就可能使气体分子中的电子脱离。这些电子成为输送电流的媒介，气体就有了导电的性能，使气体具有导电本领的过程称为气体的电离。

1）气体的电离和导电过程

气体的电离分为自发性电离和非自发性电离。非自发性电离是在外界能量作用下形成的，如在X射线、紫外光及其他辐射作用下产生一定气体的电离，但其数量很少。自发性电离则是在高压电场作用下形成的，不需特殊的外加能量，电除尘正是建立在气体自发性电离的基础上。

在高压电场电场力的作用下，一个电子沿电力线从负极向正极运动，沿途将与中性原子或分子碰撞而引起电离，随着电压升高，电场强度增加，正负离子获得足够的能量而轰击中性原子使之电离，因此电场中连接不断地产生大量的新离子。这就是气体电离中的“电子雪崩”现象。气体导电过程可用一条曲线来表示，见图5-14。

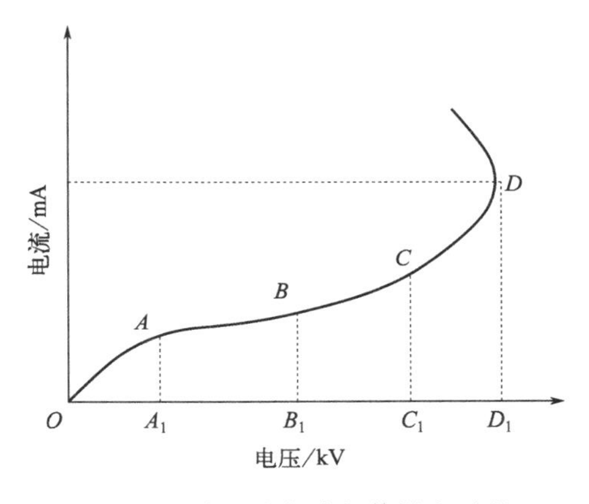

图5-14 高压电场中气体导电过程

图5-14中，在OA阶段，气体中仅存在少量的自由电子，在较低的外加电压下，自由电子做定向运动，形成很小的电流。随着电压的升高，向两极运动的离子也增加，速度加快，而复合成中性分子的离子减少，电流逐渐增大。

在AB阶段，由于电场内自由电子总数未变，虽然电压有所升高，电流也不会增大。但空气中游离电子获得能量，开始轰击气体中的中性分子，电压继续升至B_1点时，由于自由电子加速后超过临界速度，气体中出现快速电子撞击气体分子而产生碰撞电离，电流明显增大，而且电压越高增大越快。B_1点就称气体的起始电离电压。

在BC阶段，随着电场强度的增加，活动度较大的负离子也获得足够的能量轰击中性分子，使电场中导电粒子越来越多。电流急剧增大，在大量气体电离的同时，也有一部分离子在复合，复合时一般有光波辐射而无声响，故该阶段称无声放电段或光芒放电段。

当电压升至C_1点时，则活动度较小的正离子也获得足够的能量轰击中性原子，不断产生新离子，随着电压升高，通过电场的电流得到更大的增大。同时，复合过程也趋激烈，特别是电场强度最高的放电极附近，围绕放电极，不仅可看到点状或条状的光焰，还可以听到咝咝声和噼啪的爆裂声，这种现象称为电晕放电，对应于 C_1 的电压就称临界电晕电压。

在 CD 段，由于电子、正负离子都参与轰击作用，电场的离子浓度大大增加，据推算，$1m^3$ 空间中有1亿个以上的离子，随着电压升高，电极周围的电晕区范围越来越大，电离也如雪崩似进行。当电压升至 D_1 点时，正负电极之间可能产生火花甚至电弧，此时，电极间的气体介质全部产生电击穿现象。电流急剧增大，电压下降而趋止于零。D_1 点的电压称为火花放电电压或临界击穿电压。

CD 段称为电晕放电段，从临界电晕电压至火花放电电压的电压范围，就是电除尘器的电压工作带，电压工作带越宽，允许电压波动的范围越大，电除尘器的工作状况也越稳定，而电压工作带的宽度除和气体的性质有关外，还和电极的结构形式有关。

2）粉尘的荷电及迁移

粉尘需要荷电才能在电场力作用下从气流中分离出来，若人为地想使粉尘粒子荷电，必须让它与离子相合，粉尘荷电量的大小与粉尘粒径、电场强度以及在电场中停留时间有关。通常认为粉尘荷电有两种方式：一种是在外加电场作用下，离子与悬浮的尘粒相碰撞并黏附在尘粒上使之荷电，称为电场荷电或碰撞荷电；另一种是由于离子热运动使离子通过气体扩散，并与电场内的粉尘碰撞后黏附其上使之荷电，称为扩散荷电。一般认为：粒径＜0.2μm，以扩散荷电为主；粒径在0.2～0.5μm，两者均起作用；粒径＞0.5μm，以电场荷电为主。

3）荷电粉尘向电极移动

粉尘荷电后，在电场力的作用下，各自按其所带电荷的极性不同，向极性相反的电极运动，并沉积在上面。在电晕区内的少量带正电荷的粉尘沉积到放电极上，而大量粉尘在电晕区外带负电荷，向收尘极运动，沉积在极板上而被捕集。而粉尘捕集情况就可以表征除尘效率的高低。粉尘捕集与很多因素有关，如粉尘的比电阻、介电常数和密度，气体的流速、温度等，所以要根据具体条件来考虑，有些就需通过试验来确定。

4）电极上的粉尘清除到灰斗中

带电荷的尘粒在到达放电极和收尘板后，吸附在上面，通过振打等方式将粉尘清至灰斗中，这就是一个完整的除尘过程。

（2）电除尘器的分类

1）根据收尘极和放电极配置不同分类

① 管式电除尘器。管式电除尘器的电晕极线装在管子的中心，电晕极和除尘极的异极间距均相等，电场强度变化均匀，但清灰比较困难。由于含尘气体从管子的下方进入管内，向上运动，一般仅适用于立式电除尘器。管式电除尘器一般都用于气体量较小的情况，并采用湿式清灰或电除雾器。

② 板式电除尘器。除尘电极由平板组成，在一系列平行通道间设置放电电极。通

道宽度一般为200～400mm，通道数为几个到几十个甚至上百个，高度为2～15m。除尘器长度视除尘效率而确定。板式除尘器清灰较方便，制作、安装比较容易，是工业中采用最广泛的形式。

板式除尘器由于几何尺寸很灵活，可以做成各种大小。绝大多数采用干式清灰，少数采用湿式清灰。

2）根据气体流向分类

① 立式除尘器。立式除尘器内含尘气流通常由下往上垂直流动，通常做成管式，但也有采用板式的。由于其高度较高，也可以从其上部将净化后的气体直接排入大气，无需另设烟囱。

② 卧式除尘器。卧式除尘器内气流沿水平方向流动，可按生产需要适当增加或减少电场的数目。根据结构及供电的要求，在长度方面设独立的电场，常用的为3～5个电场。这种形式的电除尘器为分电场供电，避免了各电场间相互干扰，在提高除尘效率的同时，更大限度地回收不同成分、不同下落方向的粉尘，且粉尘二次飞扬少于立式电除尘器。

3）根据粉尘的荷电及分离区的空间布置分类

① 单区电除尘器。含尘气体尘粒的荷电和积尘分离是在同一个区域中进行，电晕极系统和除尘极系统安装在这个区域内，是工业排气除尘器中最常见的一种形式。

② 双区电除尘器。在前一个区域内装有电晕极系统以产生离子使含尘气体尘粒荷电，在后一个区域装除尘极系统以捕集粉尘，即粉尘首先在荷电区荷电后再进入分离区。

4）根据放电电极的极性分类

① 正电晕电除尘器。正电晕即在放电电极上施加正极高压，而除尘极为负极接地。正电晕的击穿电压低，工作时不如负电晕稳定。用于净化送风的空气时只能采用正电晕电除尘器。

② 负电晕电除尘器。负电晕即在放电电极上施加负极高压，而除尘极为正极接地。负电晕产生大量对人体有害的臭氧及氮氧化物，用于工业排出气体的除尘时绝大多数采用负电晕电除尘器。

5）根据粉尘的清灰方式分类

① 湿式电除尘器。它是用喷雾或淋水、溢流等方式在除尘极表面形成水膜将吸附于其上的粉尘带走。由于水膜的作用避免了产生二次扬尘，除尘效率较高，同时没有振打设备，工作也很稳定，但是除下来的粉尘为泥浆状，需加以处理，否则将造成二次污染。

② 干式电除尘器。干式电除尘器是通过振打或用刷子清扫而使粉尘落入灰斗中。这种方式回收下来的粉尘呈干燥状态，处理简单，便于综合利用，因而也是常见的一种形式。

③ 电除雾器。它是采用定期供水或蒸汽方式清洗除尘极和电晕极。

④ 干湿混合电除尘器。它先进行干式排灰，后用湿式排灰。

⑤ 移动电极电除尘器。对于一些黏性粉尘及高比电阻的粉尘，用移动电极的方法

清灰，清灰效果好，不易产生二次扬尘，但设计制造精度要求高，成本费用相应也较高。

5.3.2.2 袋式除尘器

(1) 设备结构

袋式除尘器主要由上部箱体、中部箱体、下部箱体（灰斗）、清灰系统、排灰机构及电控系统等部分组成。

(2) 常用的清灰方法

① 气体清灰。气体清灰是借助高压气体或外部大气反吹滤袋，以清除滤袋上的积灰。气体清灰包括脉冲喷吹清灰、反吹风清灰和反吸风清灰。

② 机械振打清灰。分顶部振打清灰和中部振打清灰（均对滤袋而言），是借助机械振打装置周期性地轮流振打各滤袋，以清除滤袋上的积灰。

③ 人工敲打。用人工拍打每个滤袋，以清除滤袋上的积灰。

(3) 常见的结构形式

① 按滤袋的形状分为扁形袋（梯形及平板形）和圆形袋（圆筒形）。

② 按进出风方式分为下进风上出风、上进风下出风和直流式。

③ 按袋的过滤方式分为外滤式及内滤式。

提高袋式除尘器的性能，除了正确选择滤袋材料外，清灰系统对袋式除尘器起着决定性的作用。为此，清灰方法是区分袋式除尘器的特性之一，也是袋式除尘器运行中重要的一环。

5.3.3 改造路线、方法与技术

5.3.3.1 深度调峰对除尘系统的影响

目前除尘系统有静电除尘器、低低温电除尘器、袋式除尘器、电袋除尘器及湿式电除尘器。

(1) 深度调峰对电除尘器的影响

1) 有利影响

当机组调峰至20%时，烟气温度降低，烟尘的比电阻减小，粒子的荷电能力大幅提高，且除尘器入口烟气量减少，除尘器的实际比集尘面积增大，烟气在除尘器内停留时间延长，有利于除尘效率的提高。

2) 不利影响

烟气温度降低，脱硝系统氨逃逸超标，导致生成大量硫酸氢铵（ABS），黏附在极线、极板上，造成阴极线电晕肥大及极板粉尘堆积，导致除尘效率下降。

烟气温度可能低于酸露点，造成灰斗发生板结，影响除灰效果，同时对除尘器本体及设备造成低温腐蚀。

如果机组低负荷投油稳燃，油污伴随飞灰进入电除尘器内，黏附在极板、极线上，造成电晕线肥大和极板粉尘堆积，发生电晕封闭现象，除尘效率下降。

(2) 深度调峰对低低温电除尘器的影响

1) 有利影响

当机组调峰至20%时，烟气温度降低，烟尘的比电阻减小，粒子的荷电能力大幅提高，且除尘器入口烟气量减少，除尘器的实际比集尘面积增大，烟气在除尘器内停留时间延长，有利于除尘效率的提高。

2) 不利影响

烟气温度降低，脱硝系统氨逃逸超标，导致生成大量硫酸氢铵（ABS），黏附在极线、极板上，造成阴极线电晕肥大及极板粉尘堆积，导致除尘效率下降。

如果机组低负荷投油稳燃，油污伴随飞灰进入电除尘器内，黏附在极板、极线上，造成电晕线肥大和极板粉尘堆积，发生电晕封闭现象，除尘效率下降。

(3) 深度调峰对袋式除尘器的影响

对于袋式除尘器，由于不同材质滤袋对烟气温度要求不同，在滤袋选型时需要考虑其最低的运行温度。当机组调峰至20%时，烟气温度降低，需要考虑除尘器入口烟气温度在露点温度10～20℃以上运行，防止布袋酸结露造成腐蚀损坏。

投油稳燃时，未燃尽的油污会附着在布袋上，造成布袋微孔堵塞，除尘器压差增大，除尘器效率下降。

(4) 深度除尘对湿式电除尘器的影响

当机组调峰至20%时，烟气温度降低，烟尘的比电阻减小，粒子的荷电能力大幅提高，且除尘器入口烟气量减少，除尘器的实际比集尘面积增大，烟气在除尘器内停留时间延长，有利于除尘效率的提高。

5.3.3.2 除尘器节能运行改造技术路线

锅炉深度调峰至20%额定负荷，烟气量大幅减少，相对而言除尘器比集尘器面积大，从节能角度出发，除尘器可降低参数运行。对除尘器进行运行参数优化及智能控制改造，使机组在低负荷运行时能自动调整电场运行参数，实现除尘器节能优化运行。

5.4 脱硫系统深度调峰技术

5.4.1 系统简介

大气中的SO_2和NO_x与降水溶合形成酸雨，严重破坏生态环境和危害人体健康，加大癌症发病率，甚至影响人类基因造成遗传疾病。削减二氧化硫的排放量，控制大气二氧化硫污染，保护大气环境质量，是目前及未来相当长时间内我国环境保护的重要课题之一。

二氧化硫污染控制技术颇多，诸如改善能源结构、采用清洁燃料等，而烟气脱硫也是有效削减SO_2排放量不可替代的技术。烟气脱硫的方法很多，根据物理及化学的基本原理，大体上可分为吸收法、吸附法、催化法三种。吸收法是净化烟气中 SO_2 的最重要的、应用最广泛的方法。吸收法通常是指应用液体吸收净化烟气中的 SO_2，因此吸收法烟气脱硫也称为湿法烟气脱硫，其工艺流程见图 5-15。

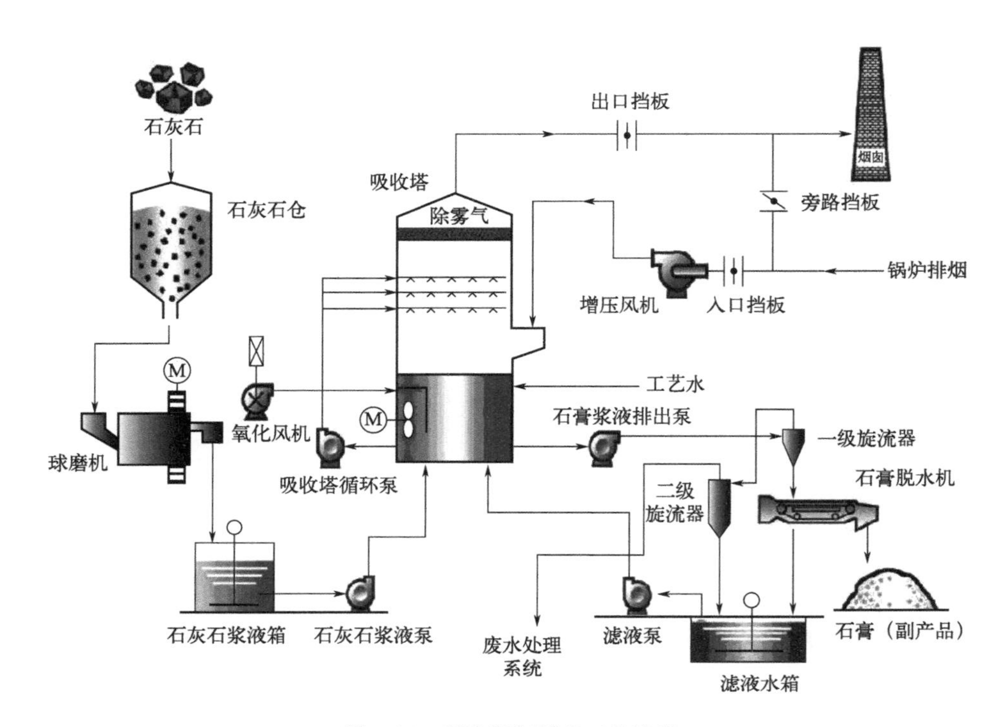

图 5-15　湿法烟气脱硫工艺流程

催化法烟气脱硫是采用催化剂对烟气中二氧化硫进行催化反应，从而将 SO_2 转化为硫酸、单质硫或硫的其他形态回收利用。

5.4.2　原理及工艺流程

5.4.2.1　吸收塔中 SO_2 的脱除原理

烟气中的 SO_2 与浆液中碳酸钙发生反应，生成亚硫酸钙。

$$CaCO_3+SO_2+H_2O \longrightarrow CaSO_3\cdot H_2O+CO_2 \tag{5-10}$$

通过烟气中的氧和亚硫酸氢根的中间过渡反应，部分亚硫酸钙转化成石膏（$CaSO_4\cdot 2H_2O$），化学上称作二水硫酸钙。

$$CaCO_3+SO_2+2H_2O \longrightarrow Ca(HSO_3)_2+H_2O \tag{5-11}$$

$$Ca(HSO_3)_2+\frac{1}{2}O_2+2H_2O \longrightarrow CaSO_4\cdot 2H_2O\downarrow+H_2O \tag{5-12}$$

吸收塔浆液池中剩余的亚硫酸钙通过由氧化风机鼓入的空气发生氧化反应，生成硫酸钙。在该反应过程中直接的氧化是次要的，而主要是通过亚硫酸氢根与氧气的反应完成，反应同式(5-12)。

也有其他的反应，如三氧化硫、氯化氢、氢氟酸与碳酸钙的反应，反应生成石膏、氯化钙、氟化钙化合物。

$$CaCO_3+SO_3+2H_2O \longrightarrow CaSO_4 \cdot 2H_2O+CO_2 \tag{5-13}$$

$$CaCO_3+2HCl \longrightarrow CaCl_2+H_2O+CO_2 \tag{5-14}$$

$$CaCO_3+2HF \longrightarrow CaF_2 \downarrow +H_2O+CO_2 \tag{5-15}$$

石灰石-石膏法湿式烟气脱硫工艺，脱硫装置采用一炉一塔，每套脱硫装置的烟气处理能力为一台锅炉 100%BMCR 工况时的烟气量，石灰石浆液制备和石膏脱水系统为公用系统。脱硫效率可以达到不小于 95%。

5.4.2.2 脱硫系统工艺流程

从锅炉排出的烟气通过增压风机增压后，进入吸收塔反应区，烟气向上通过吸收塔托盘，被均匀分布到吸收塔的横截面上，从吸收塔内喷淋管组喷出的悬浮液滴向下降，烟气与石灰石-石膏液滴逆流接触，发生传质与吸收反应，以脱除烟气中的 SO_2、SO_3、HCl 及 HF。脱硫后的烟气经除雾器去除烟气中夹带的液滴后，从顶部离开吸收塔进入通风烟道，洁净烟气由烟囱排出。

吸收塔浆液池中的石灰石-石膏浆液由循环泵送至浆液喷雾系统的喷嘴，产生细小的液滴与烟气中 SO_2、SO_3 及浆液中石灰石反应，生成亚硫酸钙和硫酸钙。在吸收塔浆池中鼓入空气将生成的亚硫酸钙氧化成硫酸钙，硫酸钙结晶生成石膏（$CaSO_4 \cdot 2H_2O$）。经过滤机脱水得到副产品石膏。吸收塔浆池中的 pH 值由加入的石灰石浆液量控制，pH 值维持在 5.1～5.5。

5.4.2.3 石灰石浆液制备系统

（1）石灰石供应系统

石灰石块由卡车运到脱硫岛，直接倒入卸料斗，上部设钢格栅防止大块的石灰石进入设备。卸料斗的石灰石经振动给料机稳流后送入斗式提升机垂直提升至石灰石筒仓的顶部，经斗式提升机出口的落料管，物料进入筒仓储存，同时，仓顶装有一台袋式除尘器及真空压力释放阀，设 2 个出料口。石灰石筒仓底部呈锥形。

振动给料机为非封闭式，上方配有用于分离大金属的永磁除铁器。

筒仓仓顶设有雷达连续测量料位计，料位计可防止石灰石筒仓加料过满或完全排空。

（2）石灰石浆液制备系统

石灰石湿磨制浆时，石灰石从石灰石筒仓经称重皮带给料机喂入湿式球磨机进行研磨制浆，球磨机总的物料（新的石灰石、水力旋流器底流的浆液和水）在球磨机筒体内被粉碎；浆液通过磨球止回螺旋及滚动筛拦截下大块的石灰石，浆液通过装在球磨机出口的浆液卸料筛进入湿磨排浆罐，根据系统浆液浓度按一定比例加入稀释水后，由调速型湿磨浆液泵将石灰石浆液输入水力旋流分离器，其工艺原理见图 5-16。

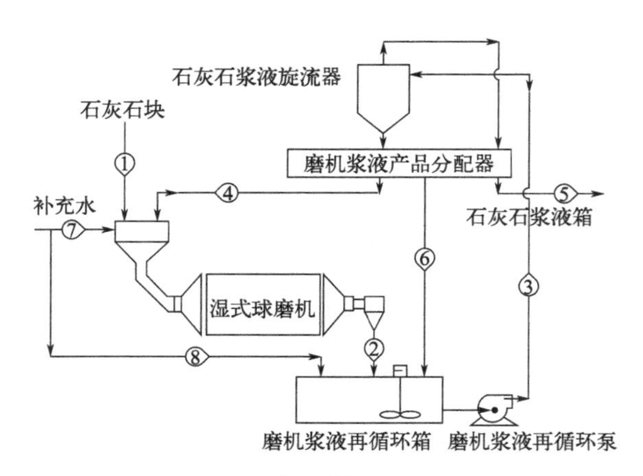

图 5-16 石灰石制备系统流程图

水力旋流分离器将超尺寸的浆液从底流口进入石灰石产品浆液分配箱。

5.4.2.4 烟气系统及设备

① 烟气系统的作用：为脱硫运行提供烟气通道，进行烟气脱硫装置的投入和切除，降低吸收塔入口的烟温和提升净化烟气的排烟温度。

② 系统组成：旁路挡板门、入口挡板门、出口挡板门、脱硫风机、挡板密封风机等。

③ 工艺流程：正常运行时，烟气脱硫装置进、出口挡板门打开，旁路挡板门关闭；原烟气经增压风机进入吸收塔，在吸收塔中脱除 SO_2 后，通过烟囱排放；吸收塔检修时或事故处理，入口挡板和出口挡板关闭，旁路挡板全开，烟气通过旁路烟道经烟囱排放。

(1) 脱硫风机（增压风机）

① 作用：用以克服烟气脱硫装置产生的流动阻力。

② 形式：可分为动叶可调轴流式、静叶可调轴流式、离心式，目前大多采用静叶可调式。

③ 静叶可调轴流式脱硫风机的特点：其气动性能介于离心式风机和动叶可调轴流式风机之间；可输送含有灰分或腐蚀性的大流量气体，具有优良的气动性能，高效节能，磨损小，寿命长；结构简单，运行可靠，安装维修方便，具有良好的调节性能。

(2) 烟气挡板

① 作用：进行烟气脱硫的投入和切除。

② 组成：原烟气挡板、净烟气挡板和烟道旁路挡板。

③ 烟气挡板概况：烟道旁路挡板采用单轴双挡板的型式，而且具有 100%的气密性，具有快速开启的功能，全关到全开的开启时间应≤15s；烟气脱硫入口原烟气挡板和出口净烟气挡板为带密封气的单轴双挡板，具有 100%的气密性，每个挡板全套包括框架、挡板本体、电动执行器、挡板密封系统及所有必需的密封件和控制件等；挡板密封空气系统应包括密封风机及其密封空气站，密封气压力至少维持比烟气最高压力高

500Pa，密封空气站配有电加热器。

(3) 烟气再热和排放装置

1) 烟气排放形式

一般有两种烟气排放形式：一种是烟气再热后通过烟囱排放；另一种是不加热烟气直接通过湿烟囱或冷却塔排放。

2) 采用湿烟烟囱排放应注意问题

① 烟气扩散：要防止烟气下洗，烟囱出口处流速应大于排放口处风速的 1.5 倍，一般在 20～30m/s。

② 烟囱降雨：通常发生在烟囱下风向数百米内，有烟气再热器的烟气脱硫装置排烟也可能发生这种降雨，但湿烟囱排烟更容易出现。

③ 湿烟道和湿烟囱的防腐：用耐酸砖砌烟囱，在混凝土烟囱内表面做钢套，内喷涂 1.5mm 厚的乙烯基酯玻璃鳞片树脂。

5.4.2.5 吸收系统

(1) 吸收系统组成

SO_2 吸收系统、浆液循环系统、石膏氧化系统、除雾器。

(2) 工艺流程

石灰石浆液通过循环泵从吸收塔浆池送至塔内喷嘴系统，与烟气接触发生化学反应吸收烟气中的 SO_2，在吸收塔循环浆池中利用氧化空气将亚硫酸钙氧化成硫酸钙。石膏排出泵将石膏浆液从吸收塔送到石膏脱水系统。

1) 吸收塔

① 布局划分：吸收区、脱硫产物氧化区和除雾区，内部结构见图 5-17。

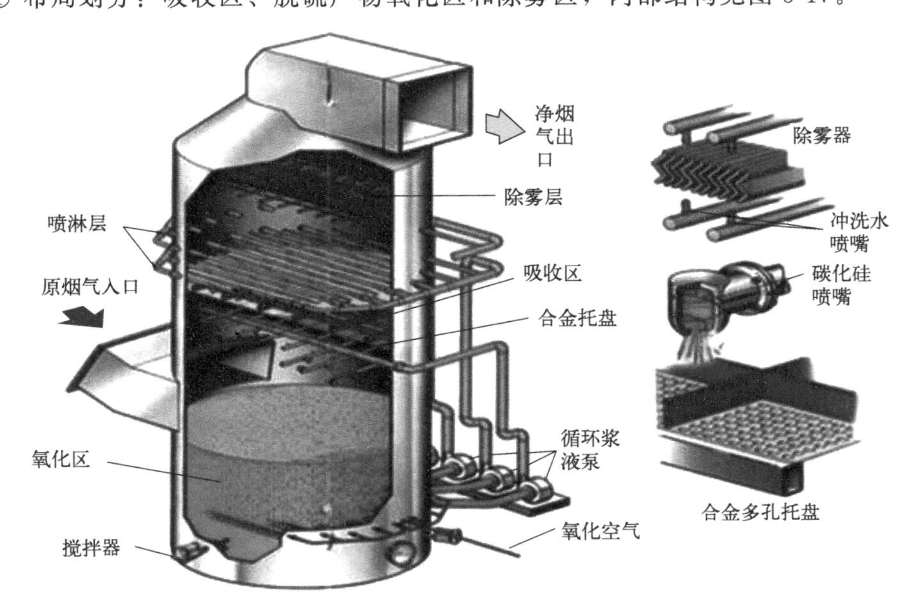

图 5-17　吸收塔内部结构图

② 结构类型：填料塔、喷淋塔、鼓泡塔、液柱塔、液幕塔、文丘里塔、孔板塔。

吸收塔自下而上可分为3个主要的功能区：

① 氧化结晶区：该区即为吸收塔浆液池区，主要功能是石灰石溶解、亚硫酸钙的氧化和石膏结晶。

② 吸收区：该区包括吸收塔入口及其以上的1层托盘和3层喷淋层，其主要功能是用于吸收烟气中的酸性污染物及飞灰等物质。

③ 除雾区：该区包括两级除雾器，用于分离烟气中夹带的雾滴，降低对下游设备的腐蚀、减少结垢和降低吸收剂及水的损耗。

塔体的设计应尽可能避免形成死角，同时采用搅拌器来避免浆液池中浆液沉淀。吸收塔底面设计应能完全排空浆液。吸收塔烟道入口段应能防止烟气倒流和固体物堆积。至少应提供足够的吸收塔液位、pH值（至少两个）、温度、压力、除雾器压差等测点，以及石灰石浆液和石膏浆液的流量测量装置。

烟气通过吸收塔入口从吸收塔浆液池上部进入吸收区。在吸收塔内，热烟气通过托盘均布与自上而下浆液（3层喷淋层）接触发生化学吸收反应，并被冷却。脱硫浆液由各喷淋层多个喷嘴喷出。浆液[含碳酸钙（镁）、亚硫酸钙（镁）、硫酸钙（镁）、氯化物、氟化物及惰性物质、飞灰和各种溶质]从烟气中吸收硫的氧化物（SO_x）以及其他物质。在液相中，硫的氧化物与碳酸钙反应，形成亚硫酸钙和硫酸钙。

2）浆液循环系统

主要设备是浆液循环泵，用于循环石灰石浆液，浆液循环泵必须进行防腐耐磨设计。

3）氧化系统

① 主要设备：氧化风机、氧化装置等。

② 氧化方式：自然氧化、强制氧化，目前广泛采用强制氧化方式。

③ 强制氧化方式：异地、半异地、就地氧化，目前广泛采用就地强制氧化方式。

④ 强制氧化主要特点：氧化空气分布均匀、氧化空气用量较少、氧化效率高、压降小。

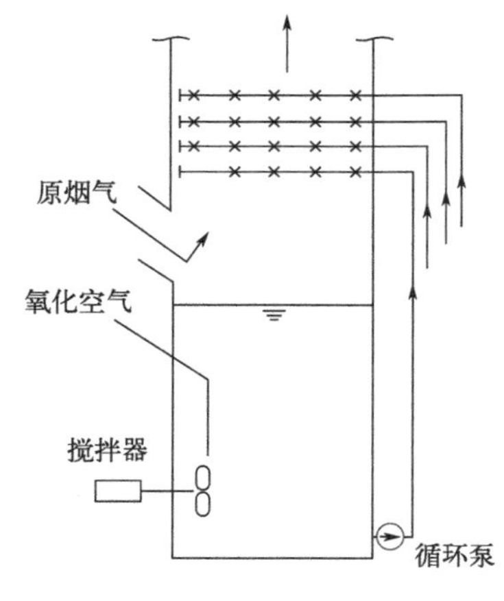

图5-18　强制氧化装置示意图

⑤ 氧化风机的作用：烟气中本身含氧量不足以发生氧化反应生成亚硫酸钙，因此，需提供强制氧化系统为吸收塔浆液提供氧化空气，强制氧化装置示意见图5-18；氧化系统将把脱硫反应中生成的半水亚硫酸钙（$CaSO_3 \cdot \frac{1}{2}H_2O$）氧化为二水硫酸钙（$CaSO_4 \cdot 2H_2O$），即石膏，氧化空气系统将为这一过程提供氧化空气。

4）除雾器

① 除雾器的工作原理：当带有液滴的烟气进入除雾器通道时，由于流线的偏折，在惯性力的作用下实现气液分离，部分液滴撞击在除雾器叶片上被

捕集下来。

② 除雾器的组成：由除雾器本体及冲洗系统（有单面冲洗和双面冲洗两种形式）组成。

除雾器本体由除雾器叶片、卡具、夹具、支架等按一定结构组装而成。

除雾器常见布置方式见图 5-19。

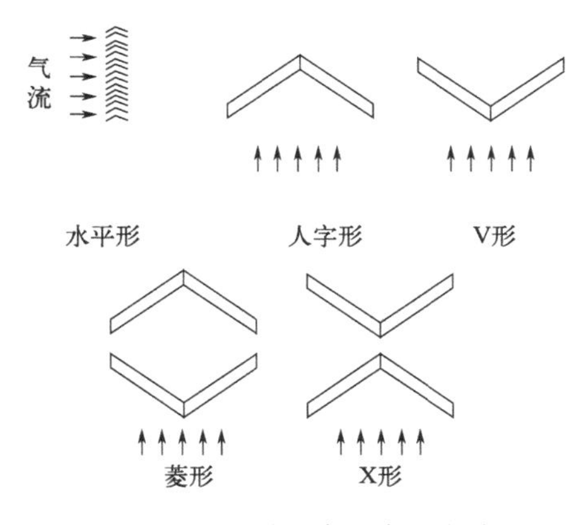

图 5-19 除雾器常见布置方式

除雾器冲洗系统主要由冲洗喷嘴、除雾器冲洗泵、管路、阀门、压力仪表及电气控制部分组成。其作用是定期冲洗由除雾器叶片捕集的液滴、粉尘，保持叶片表面清洁，防止叶片结垢和堵塞，维持系统正常运行。

③ 除雾器除雾效率：指除雾器在单位时间内捕集到的液滴质量的比值，是考核除雾器性能的主要指标。

④ 除雾器系统压力降：指烟气通过除雾器通道时所产生的压力损失。

⑤ 除雾器烟气流速：烟速过高或过低均不利于除雾器的正常运行，根据不同除雾器叶片结构及布置方式，设计流速通常选定在 3.5～5.5m/s。

⑥ 除雾器叶片间距：叶片间距一般设计在 20～95mm，目前最常用的叶片间距为 30～50mm，除雾器叶片的形式见图 5-20。

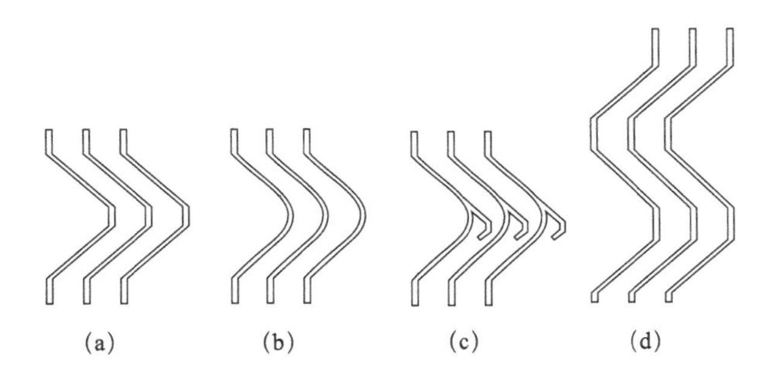

图 5-20 除雾器叶片形式

⑦ 除雾器冲洗水压：除雾器水压一般根据冲洗喷嘴的特征及喷嘴与除雾器之间的距离等因素确定。

⑧ 除雾器冲洗水量：一般情况下除雾器端面上瞬时冲洗水量为 $1\sim4m^3/(m^2 \cdot h)$。

⑨ 除雾器冲洗覆盖率：根据不同工况条件，冲洗覆盖率一般可以选在 100%～300%之间。

⑩ 除雾器冲洗周期：冲洗周期是指除雾器每次冲洗的时间间隔，除雾器的冲洗周期主要根据烟气特征及吸收剂确定，一般以不超过 2h 为宜。

5.4.2.6 脱硫石膏脱水系统及设备

(1) 系统组成

主要由水力旋流器、真空皮带脱水机、真空泵、滤液箱、废水箱、石膏仓等组成。

(2) 系统概述

吸收塔的石膏浆液通过石膏排出泵送入石膏水力旋流站浓缩，浓缩后的石膏浆液既可以进入真空皮带脱水机，也可以抛弃。进入真空皮带脱水机的石膏浆液经脱水处理后表面含水率小于10%，由皮带输送机送入石膏储存间存放待运，可供综合利用。

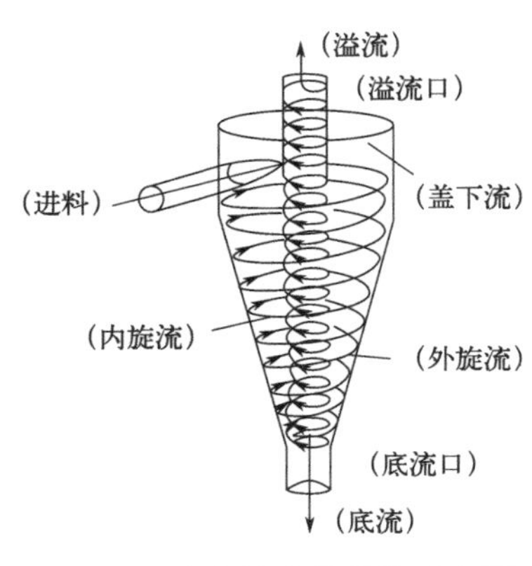

图 5-21　水力旋流器结构示意图

石膏旋流站出来的溢流浆液一部分返回吸收塔循环使用，一部分进入废水旋流器，底流返回吸收塔，上部清液进入废水箱，泵送至废水处理区域。石膏旋流站浓缩后的石膏浆液全部送到真空皮带机进行脱水运行，水力旋流器结构示意见图5-21。

为控制脱硫石膏中Cl^-、F^-等成分的含量，确保石膏品质，在石膏脱水过程中用工业水对石膏及滤饼、滤布进行冲洗，石膏过滤水收集在滤液箱中，然后用泵送到吸收塔。

(3) 石膏脱水系统

脱水机主要有真空皮带脱水机、真空筒式脱水机、离心筒式脱水机、离心螺旋式脱水机等类型。我国所有石灰石湿法烟气脱硫装置均采用水平真空皮带脱水机作为二级脱水设备。

真空皮带脱水机的工作原理如下所述：

石膏旋流器底流浆液通过进料箱输送到皮带脱水机，均匀地排放到真空皮带脱水机的滤布上，依靠真空吸力和重力在运转的滤布上形成石膏饼。石膏中的水分沿程被逐渐抽出，石膏饼由运转的滤布输送到皮带机尾部，落入石膏仓。在此处，皮带转到下部，滤布冲洗喷嘴将滤布清洗后，转回到石膏进料箱的下部，开始新的脱水工作循环。滤液收集到滤液水箱。从脱水机吸来的大部分空气经真空泵排到大气中，其工艺流程见图5-22。

真空皮带脱水机的主要部件及功能如下：

① 脱水皮带：脱水皮带连接真空盘和滤盘表面的皮带，对滤布起支撑传动作用，皮带上的脱水孔为滤布上面的水和空气提供了通道。

② 皮带轮：具有驱动皮带、张紧皮带、支撑和校正皮带等功能。

③ 脱水机电机：脱水机电机转速用来控制滤饼厚度和脱水速率，其速度由电机变频器进行控制调整。

④ 皮带滑动支撑装置：皮带滑动支撑装置起支撑皮带作用，它配备水力润滑系统

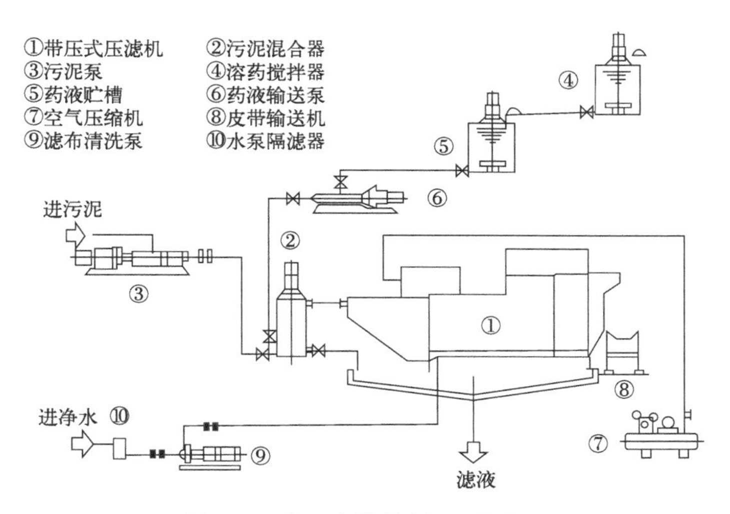

图 5-22 真空皮带脱水机工艺流程

以减少皮带滑动支撑与皮带之间的摩擦。

⑤ 滤布转轴和皮带支撑转轴：支撑皮带和滤布转动。

⑥ 滤布校正器：用来控制脱水机滤布中心位置。

⑦ 皮带推力轴装置：用来防止皮带跑偏。

⑧ 真空盒：真空盒采用不锈钢、玻璃钢或高密度聚氯乙烯制造，布置在皮带下面，其干燥孔位于输送皮带中央，作为皮带和滤布脱水滤液的排放通道；在水平的方向上有一狭长槽，通过此槽将滤液排走。

⑨ 空气室：通过空气室供给空气浮力，支撑输送皮带。

⑩ 滤布：用于石膏脱水，形成石膏滤饼；滤布紧贴在输送皮带上面，能够连续地过滤和清洗。

⑪ 滤布张紧装置：由张紧轮、张紧滚动轴承组成，利用重力作用将滤布张紧。

⑫ 进料口：用于石膏浆液进料。

每台真空皮带脱水机配置一台水环式真空泵，铸铁制造。真空泵采用三角皮带传动，并有适当的防护装置。每台真空皮带脱水机配一个气液分离罐。

5.4.2.7 废水处理系统

脱硫装置浆液内的水在不断循环的过程中，会富集重金属元素和 Cl^- 等，一方面加速脱硫设备的腐蚀，另一方面影响石膏的品质，因此，脱硫装置要排放一定量的废水，进入烟气脱硫废水处理系统，经中和、絮凝和沉淀、泥浆脱水等一系列处理过程，达标后排放。

废水处理系统包含脱硫装置废水处理系统、化学加药系统、污泥脱水系统，常见的工艺流程见图 5-23。

废水处理系统主要由废水箱、三联箱、澄清池、排泥泵、出水箱、清水泵、风机、脱水机等部分设备组成。首先来自吸收塔的浆液经废水旋流站自流至废水处理系统的废水缓冲储存箱内贮存，废水从废水缓冲贮存箱自流到反应槽中和箱中，废水缓冲贮存箱

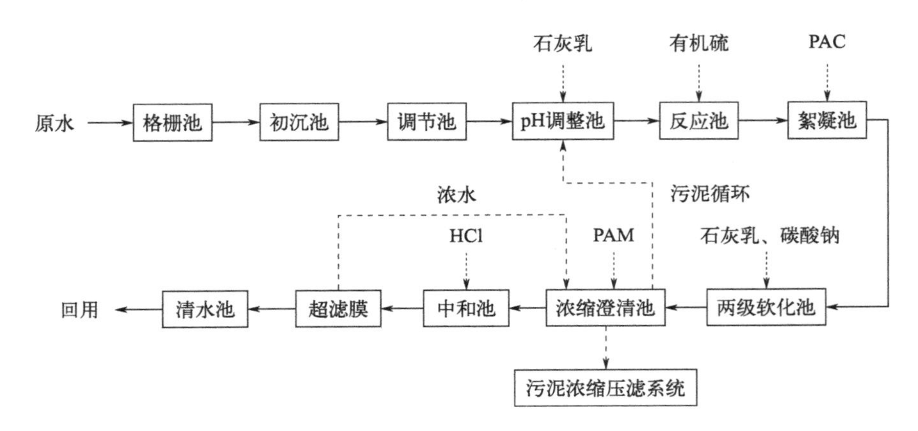

图 5-23 废水处理系统工艺流程

PAC—聚合氯化铝；PAM—聚丙烯酰胺

中需设置曝气装置。

在中和箱中，废水的 pH 值采用加石灰乳的方式调节至 9.5～11（根据现场调试确定）范围内，此过程大部分重金属形成微溶的氢氧化物从废水中沉淀出来。

反应槽中不能以氢氧化物形式沉淀的重金属，采用加入有机硫药液，使残余的重金属与有机硫化物形成微溶的化合物，以固体的形式沉淀出来。

在絮凝系统中，通过加入聚铁和絮凝剂等药剂，使水中的悬浮物、沉淀物形成易于沉降的大颗粒絮凝物。

$Ca(OH)_2$ 加药量通过 pH 值控制调节，絮凝剂和有机硫等的加药量根据废水流量按比例加入。

在澄清/浓缩池中，絮凝物和水得到分离。絮凝物沉降在底部，在重力浓缩作用下形成浓缩污泥，浓缩污泥通过刮泥装置排出（刮泥装置在澄清/浓缩池的底部中心圆锥上有中心驱动装置）。污泥通过澄清/浓缩池底部管道由泵抽走。澄清水由周边溢出箱体，自流至下一级清水箱。

从澄清/浓缩池上部集水箱中出来的澄清水流入清水箱中，连续检测排放水的 pH 值，pH 值超过最高限 9 时，向废水中加入盐酸，调节 pH 值到 6～9 范围后回收用于电厂调湿灰渣或者排放。

5.4.2.8 脱硫系统的运行影响因素

(1) 烟气脱硫效率

烟气脱硫效率表示脱硫能力的大小，一般用百分比表示，是衡量脱硫系统技术经济性的最重要的指标。脱硫系统的设计脱硫效率为在锅炉正常运行中，并注明在给定的钙硫摩尔比的条件下，所能保证的最低脱硫效率。脱硫效率除了取决于所采用的工艺和系统设计外，还取决于排烟烟气的性质等因素。

脱硫效率也是考核烟气脱硫设备运行状况的重要指标，是计算 SO_2 排放量的基本参数。对于连续运行的脱硫设备，入口 SO_2 的浓度是随时间变化的，而且变化幅度有时很大，因此，实时计算的脱硫效率也是随时间变化的。因此，某一监测时段内设备的脱硫效率，应取整个时段内脱硫效率的平均值。在计算脱硫效率时，只计入 SO_2 的脱除率，而通常不考虑 SO_3 的脱除率。

（2）钙硫摩尔比（Ca/S）

从化学反应的角度，无论何种脱硫工艺，在理论上脱除 1mol 的硫需要 1mol 的钙。但在实际反应设备中，反应的条件并不处于理想状态，因此，一般需要通过增加脱硫剂的量来保证吸收过程的进行。钙硫摩尔比就是用来表示达到一定脱硫效率时所需要钙基吸收剂的过量程度，也说明在用钙基吸收剂脱硫时钙的有效利用率。一般用钙与硫的摩尔比表示，即 Ca/S 值，所需的 Ca/S 值越高，钙的利用率则越低。

湿法脱硫工艺的反应是在气相、液相和固相之间进行的，反应条件比较理想。因此，在脱硫效率为 90%以上时，其钙硫摩尔比略大于 1，目前国外脱硫公司的先进技术一般不超过 1.05，最佳状态可达 1.01～1.02。

（3）吸收塔内的烟气流速

烟气流速是指设计处理烟气量的空塔截面流速，以 m/s 为单位，因此烟气设计流速决定了吸收塔的横截面面积，也就确定了塔的直径。烟气设计流速越高，吸收塔的直径越小，可降低吸收塔的造价。但是，烟气流速越高，烟气与浆液的接触和反应时间相应减少，烟气携带液滴的能力相应增大，升压风机的电耗也加大。

比较典型的逆流式吸收塔烟气流速一般在 2.5～5m/s 范围内，大多数的烟气脱硫装置吸收塔的烟气设计流速选取为 3m/s，并趋向于更高的流速。国外烟气脱硫装置的运行经验表明，在 SO_2 脱除率恒定的情况下，液气比随着吸收塔烟气流速的升高而降低，带来的直接利益是可以降低吸收塔和循环泵的初投资，虽然升压风机的电耗要增加，但可由循环泵降低的电耗冲减。

（4）液气比

液气比是指洗涤每立方米烟气所用的洗涤液量，单位是 L/m^3。液气比是决定脱硫率的一个主要参数。液气比增大，意味着在同样的烟气量下，喷淋的浆液量增多，烟气与浆液的接触条件将更好，有利于 SO_2 的吸收。但是，循环的浆液量加大，浆液循环泵的功率消耗将显著加大，增加运行费用。

通常，对于喷淋塔，液气比的范围一般在 $8\sim25L/m^3$。

（5）系统 pH 值

浆液的 pH 值是烟气脱硫装置运行中需要重点检测和控制的化学参数之一，它是影响脱硫率、氧化率、吸收剂利用率及系统结垢的主要因素之一。浆液的 pH 值高，意味着碱度大，有利于碱性溶液与酸性气体之间的化学反应，对脱除 SO_2 有利，但会对副产物的氧化起抑制作用。降低 pH 值可以抑制 H_2SO_3 分解为 SO_3^{2-}，使反应生成物大多为易溶性的 $Ca(HSO_3)_2$，从而减轻系统内的结垢倾向。浆液的 pH 值是靠补充新鲜的石灰石浆液来维持的。通常，吸收塔浆液池的 pH 值维持在 5.4～5.8 之间。

5.4.3 改造路线、方法与技术

5.4.3.1 深度调峰对脱硫系统的影响

(1) 浆液起泡

锅炉投油必然有未燃尽的油污及煤粉进入吸收塔，吸收塔会发生起泡现象。吸收塔浆液的液泡，是由浆液表面作用而生成，是气体在浆液中的分散体系。吸收塔内的烟气因托盘持液层和吸收塔喷淋层的浆液不断连续分割、撞击，产生大小不一的液泡，当液泡表面张力较大时，泡沫的体积较大；反之，当液泡表面张力较小时，泡沫的体积也较小。液泡表面张力较小的液泡易破裂，难以持久存在。表面张力较大的液泡则状态稳定，不易破灭。所以，在浆液中生成的不易破裂的气泡上升到浆液表面，不断聚集，就形成了液泡层。显然，吸收塔内浆液产生稳定的液泡，需同时满足3个条件，即烟气与浆液连续不断地接触、烟气与浆液的密度相差超过一定值、浆液表面张力较小。

烟气脱硫系统运行时，吸收塔循环浆液泵将浆液连续提升，经喷嘴雾化喷出后与对流烟气充分接触，氧化空气进入吸收塔，浆液经搅拌器（或脉冲悬浮泵）搅拌使气体与液体连续又充分的接触，这两个方面的原因是泡沫产生的首要条件。吸收塔浆液因发电机组长时间低负荷运行，浆液中燃油成分、灰分、有机物超标，SO_2 与吸收塔内浆液的反应条件恶化，SO_2 反应吸收速度变缓，进而导致吸收塔浆液排出和脱水时间延长。为了保证脱硫效率，运行人员又不能停止注入石灰石浆液，造成吸收塔内浆液密度不断上升，气体与液体的密度相差增大，最终形成了泡沫产生的第2个条件。当吸收塔浆液密度上升，浆液表面张力减小时，浆液具备了吸收塔浆液容易起泡的第3个条件。当吸收塔浆液不易破裂的液泡不断产生，并在吸收塔内浆液表面聚集，这就是吸收塔浆液液面气泡层厚度逐渐增长的原因。

(2) 浆液溢流

一般泡沫呈现黑色，当吸收塔内浆液不断产生气泡及液泡聚集后，导致DCS控制系统显示的液位数值并不真实，由于泡沫层引起的“虚假液位”实际高于显示液位，会发生吸收塔浆液溢流管因液泡溢流产生虹吸现象，使大量吸收塔浆液排出塔外，严重时会导致浆液倒灌原烟道，造成增压风机故障，脱硫退运。当吸收塔浆液液泡聚集高度不断上升时，因DCS控制系统液位显示失真，又不能及时采取相应的辅助手段进行监控，导致吸收塔浆液溢流事故的发生。若机组20%额定负荷常态化，未燃尽燃油及煤粉则会在吸收塔内大量积累，导致吸收塔浆液品质恶化，甚至中毒。

(3) 浆液中毒

“浆液中毒”多由氟化铝和亚硫酸盐两个因素引发。进入吸收塔烟气中的飞灰、石灰石粉及工艺水中的 AlF_3 与浆液进行混合反应后，生成的氟化铝化合物将附着在石灰石颗粒表面，使石灰石粉细小颗粒的溶解度降低，烟气中 SO_2 吸收速度下降，最终导致浆液pH值调节力下降，脱硫效率降低。这就是运行中由 AlF_3 导致的“浆液中毒”现象。

亚硫酸盐引起的“浆液中毒”现象，是因为石灰石浆液与烟气中的SO_2反应生成$CaSO_3$，再与氧化风机吹入空气中的O_2进行氧化反应，生成$CaSO_4 \cdot 2H_2O$和$CaSO_4 \cdot \frac{1}{2}H_2O$，这些反应生成物的溶解度随着吸收塔浆液pH值的升高而下降，浆液中$CaSO_3$的氧化反应变慢，石膏脱水系统将出现石膏脱水皮带机运行中真空度增加、脱水石膏中含水率增加、旋流站溢流浆液密度增加。

深度调峰时，掺烧低热值、高挥发分煤或投油稳燃，更多的未燃尽飞灰颗粒及有机成分进入烟气，并随烟气进入脱硫吸收塔中。浆液中的油污易在石灰石、亚硫酸等固相颗粒的表面形成一定的油膜，将石灰石与液相隔离，出现“石灰石致盲”现象，阻止了石灰石的溶解，从而导致浆液pH值的降低和脱硫效率的降低，并且油膜强化了浆液对烟气杂质的吸收能力，引起浆液中Mg^{2+}、Al^{3+}、多环芳烃、重金属（Hg、Mg、Cd）等含量增加，这些物质均会对Ca^{2+}与HSO_3^-反应有抑制作用。将亚硫酸盐与氧气隔离，石膏结晶和析出受到阻碍，影响石膏的生成与石膏品质。常出现的现象为对吸收塔进行供浆，吸收塔pH值并未升高，反而降低，说明吸收塔浆液已经出现中毒现象。

(4) 托盘持液量过大

目前大部分脱硫装置均安装了气流均布装置或托盘，在低负荷下，托盘甚至不再起到气流均布的作用。深度调峰时，烟气量远低于脱硫塔设计值，托盘开孔率不变的情况下，托盘烟气大的区域易烘干沉积在该区域的浆液，造成其持液层增厚，持液重力加大，超过托盘的承重能力，若机组切换到高负荷，则系统阻力将大幅增加，负荷变化过快时还会造成托盘松动甚至脱落，最终导致烟气沟流短路，导致脱硫效率降低。

(5) 除雾器和GGH堵塞

吸收塔内浆液液面和托盘持液层液面产生液泡聚集后，液泡会随着吸收塔内烟气运动的方向移动，先后经过除雾器和GGH，导致除雾器除雾元件和GGH的换热元件颗粒吸附力增大，单位时间的固体累积量增加，且此凝结固体因液泡中的有机物成分加入，造成冲洗、吹扫难度上升。如果在此情况下，依然按照正常运行时设定的运行模式运行，必然会导致除雾器除雾元件、GGH换热元件区域化的堵塞和通流面积的下降，除雾效率和换热效率因元件表面结垢和烟气流速的超标而降低。随着堵塞区域不断扩大，烟气在脱硫系统的运行阻力也随之不断增加，最终可导致增压风机（合并风机）发生失速和喘振故障。

(6) 脱硫水平衡方面

由于机组深度调峰，烟气量较少，且脱硫入口烟温降低，因此烟气带走的水量将大幅减少，而脱硫系统进入水量包括循环泵机封水、设备冷却水、除雾器冲洗水、真空泵密封水等，水量减少有限，脱硫系统液位无法控制，造成浆液溢流、除雾器无法冲洗等问题。

机组在满负荷及20%额定负荷工况下运行，如不考虑入口烟温下降的因素，烟气带水量差异较大，见表5-4。

表 5-4 各容量机组不同工况下烟气带水量

机组类型	100% BMCR	20% BMCR
300MW 机组	49t/h	10t/h
600MW 机组	86t/h	17t/h
1000MW 机组	118t/h	24t/h

(7) CEMS 烟气量测量偏差

烟气量大幅下降，易造成烟气排放连续监测系统（CEMS）处烟气偏流、烟气量测量不准确，最终导致排放量的计量不准确。

5.4.3.2 脱硫改造及运行调整

(1) 氧化风机改造

伴随着发电负荷的变动，吸收塔处理的脱硫负荷、氧化空气需求量也随之发生大范围的波动，而常规氧化风机配置方式在调节上明显存在不足，需做以下调整：

① 风机丰富配置。

② 风量调节，进行变频改造，调整风机转速，实现风机风量调节。

(2) 运行调整

① 适当使用脱硫添加剂，加快石灰石的溶解速度，提升脱硫效率。

② 建议 pH 值要严格控制在 5.8 以内，保证浆液中半水亚硫酸钙在浆液中的溶解度，避免大量半水亚硫酸钙在托盘上析出沉积。吸收塔内浆液密度控制在 1100～1120kg/m^3 范围内。

③ 适当降低液位运行，避免因脱硫水平衡无法控制而导致浆液溢流。为了有效防止吸收塔浆液溢流，首先要准确判断出吸收塔的液位高度，将液位降低至吸收塔塔壁与溢流管连接部（当烟气和液泡排出时），通过现场观察和 DCS 此时显示的液位，可大致推断出吸收塔内液泡厚度。其次，降低吸收塔内浆液密度，降低浆液产生液泡的速度。如情况紧急，必要时注入消泡剂，控制塔内液泡厚度。

④ 建议适当加入脱硫专用消泡剂（聚醚改性有机硅）。由于燃油及煤粉较轻，在吸收塔内难以快速消除，起泡现象将会持续较长时间。

⑤ 低负荷下的脱硫节能空间较大，建议通过调整循环泵组合方式进一步运行优化，探索在不同工况下实现脱硫系统节电降耗的最佳循环泵组合方式，在保证 SO_2 达标排放的前提下，可以有效降低脱硫系统厂用电率，实现烟气脱硫装置的经济性运行。

⑥ 对石灰石浆液泵进行变频改造，达到精细化供浆，避免石灰石浆液过量补给造成浪费。

⑦ 可考虑停运顶层喷淋层，减少石灰石供浆量，吸收塔浆液低 pH 值运行。

⑧ 单机组深调运行，脱水和制浆系统公用的机组对深调机组水平衡可起到缓冲效果；机组同时深调运行，可考虑倒浆至事故浆液箱进行临时存放，在机组高负荷工况下，返回吸收塔消耗（避免事故浆液箱长期储存大量浆液）。

⑨ 优化水平衡。若烟气带水量较少，建议循环泵机封水、氧化风机冷却水、真空

泵密封水进行单独收集，并且需要减少除雾器冲洗水，其中最重要的是除雾器冲洗水量，若除雾器冲洗水量较大，冲洗可能导致溢流，若不冲洗，除雾器可能结垢堵塞。短时间应该没问题，但是若持续几天，水平衡问题将较为严重。若需要持续几天，可将除除雾器冲洗水以外的其他水收集到地坑，然后通过地坑泵输送至事故浆液箱或临时的暂存箱，若有低温省煤器，建议停止低温省煤器的投运，提高吸收塔入口烟温，增加烟气带水能力。

机组长时间深度调峰运行时，为了维持脱硫吸收塔水平衡，应减少除雾器冲洗次数，减少供浆量；其次检查备用设备机封水要关闭，以减少系统进水量；同时可以加大脱水系统运行，加大废水排放量，减少杂质在吸收塔内的富集，降低杂质对二氧化硫脱除的影响，实现深度调峰运行时脱硫吸收塔水平衡稳定。

当锅炉投油稳燃运行时，需要采用加大石膏脱水与脱硫废水排放，补充新鲜浆液逐步将吸收塔浆液进行置换的运行方式。

⑩ 控制液泡层厚度。发电机组在长时间低负荷状态运行时，要完全消除石灰石湿法脱硫吸收塔内浆液的气泡聚集是很难做到的，但可以将液泡层厚度聚集控制在一定的范围内，一般采取以下方法。降低对吸收塔内浆液的扰动，使吸收塔内产生的泡沫内在动能降低。运行中一般采用减少吸收塔喷淋层的投运层数，减少氧化空气或降低脉冲悬浮泵的出口流量，控制氧化空气的注入量等手段，降低吸收塔内浆液的密度，使浆液表面张力增大，降低液泡的生成条件。

⑪ 运行中一旦发现除雾器和 GGH 进出口压差增量增大，必须将吹扫由自动模式转换成手动模式，缩短吹扫间隔时间，延长吹扫时间。这种应对方法会造成脱硫系统水平衡的破坏，需同步减少吸收塔系统其他进水点的注入量。

（3）水平衡测试

机组调峰前应对脱硫系统进行水平衡测试，分析其水平衡影响因素，并对机组调峰后脱硫系统水平衡进行测试及研究。

脱硫系统水路主要为封闭式，因此水平衡测试主要采用超声波流量计测量，对不具备测试条件的测点采用推估、计算的方法，开展脱硫系统水平衡工作。

针对电厂脱硫水系统复杂、试验数据采集量大、个别测点不能满足测试规定条件的问题，通过分系统逐级平衡、选择合理的测试方法、增加平行测试次数等来减小试验的误差，以保证试验数据的准确性和代表性。

1）深调前后水平衡测试

按照《火力发电厂能量平衡导则　第 5 部分：水平衡试验》（DL/T 606.5—2009）要求，结合电厂的实际情况，通过对电厂水系统的分析，将脱硫水系统进行分类，可划分为脱硫工艺水、除雾器冲洗水、脱硫废水。根据电厂脱硫系统实际运行情况，试验的测试内容主要有：a. 脱硫工艺水中各个转机冷却水用水量、制浆用水以及冲洗水等；b. 除雾器冲洗水量的测试和计算；c. 脱硫废水量的统计和计算。表 5-5 为参考测试点位及测定方法，具体测试点位以现场实际情况为主，也可参考表 5-5 中的测点位置进行选取。

表 5-5　参考测试点位及测定方法

测点位置	测定方法	测点位置	测定方法
工艺水箱补水	超声波、统计	滤布冲洗水	超声波、计算
工艺水泵出口	超声波、统计	浆液循环泵冷却水	超声波、计算
除雾器水泵出口	超声波、统计	石膏排出泵冷却水	超声波、计算
增压风机冷却水	超声波	吸收塔蒸发损失	计算
制浆用水	超声波、计算	石膏结晶及携带	计算
氧化风机冷却水	超声波、计算	脱硫废水	统计、计算
真空泵冷却水	超声波、计算		

2）脱硫系统消耗水量的影响因素

① 烟气量的影响。主要体现在两个方面。

第一，吸收塔中的水分及气态水冷凝产生的雾滴，随烟气经除雾器后，部分雾滴逃逸造成水量损失，因此，除雾器除雾效果直接影响吸收塔出口雾滴含量。目前，燃煤电厂除雾器的种类较多，主要有折流式、旋流式、旋风式、惯性式、管束式、湿式电除雾等，雾滴排放浓度已由原来的 $70mg/m^3$ 降到 $20 \sim 25mg/m^3$ 的水平，水汽量随烟气量的增加而递增。通过烟气量（Q_y）计算烟气携带液态水量。

$$烟气携带液态水量 = Q_y \times 25 \times 10^{-6}$$

第二，吸收塔内烟气量的变化即烟气流速的变化，烟气流速的升高使单位时间内烟气与塔内浆液换热速度升高，从而增加了脱硫吸收塔的蒸发量，同理烟气量下降时，吸收塔蒸发量也随之下降。

② 烟气温度的影响。烟气温度是影响脱硫蒸发水耗的主要因素之一。烟气温度越高，烟气中饱和水蒸气分压越大，从而脱硫吸收塔出口的烟气湿度越大，增加了烟气携带的饱和水蒸气量。

③ 循环泵开启数量的影响。燃煤电厂中循环泵开启数量与机组负荷以及脱硫净烟气中 SO_2 量有关，机组负荷增加，使单位时间内脱硫吸收塔所要处理的 SO_2 量增加，并且当烟气中 SO_2 浓度增加，为了控制净烟气中 SO_2 浓度，应增加浆液循环水量，从而达到脱硫的目的。循环水量的增加，会增加单位时间内烟气与浆液的接触及换热，加速了吸收塔内浆液的蒸发。

④ SO_2 浓度的影响。烟气中 SO_2 浓度主要影响吸收塔石膏产量，烟气中 SO_2 与浆液接触，首先经过气液相传质，然后气态的 SO_2 与喷淋液相接触后，与浆液发生水解反应生成 H^+、SO_3^{2-}、HSO_3^-，浆液中 SO_3^{2-}、HSO_3^- 又与烟气中以及氧化风机带入的 O_2 发生氧化反应生成特性较稳定的 SO_4^{2-}，再与浆液中的 Ca^{2+} 反应生成难溶于水的 $CaSO_4 \cdot 2H_2O$(石膏)。生产石膏时产生的水耗主要有以下三点。

第一，石膏结果损失。$CaSO_4 \cdot 2H_2O$ 本身带有一定量的结晶水，根据石膏产量以及分子量计算的石膏结晶水量约为石膏产量的 19%，这部分水分随石膏的生成而损失掉。

第二，石膏携带损失。石膏在二级脱水过程中，大部分水被脱除后，回用至脱硫系统，未发生损失，而石膏表面会附着水分，附着水在生产石膏过程中未能完全脱除，使石膏含水，产生携带损失，通常石膏含水率在10%左右。

第三，石膏及滤布冲洗水大多回用至吸收塔，浆液循环时发生损失。

⑤ 脱硫废水产量。脱硫废水产量主要与浆液中 Cl^- 浓度以及烟气中的 HCl 和 HF 含量等有关。浆液中的 Cl^- 主要来源于烟气中的 HCl 以及工艺水，脱硫浆液中 Cl^- 浓度在 10～20g/L 范围内最佳，若 Cl^- 浓度过高则会增加脱硫废水量。在电力调峰过程中，机组负荷较低，仅为满负荷的 15%，此时烟气量降低，工艺水补水量随之降低，因此进入吸收塔中的 Cl^- 减少，相应吸收塔废水排量降低。

第6章 深度调峰案例分析

6.1 A发电厂

6.1.1 概况

A发电厂二期2×600MW空冷机组，三大主机分别由上海锅炉厂有限公司、上海汽轮机有限公司、上海汽轮发电机有限公司设计制造。锅炉为亚临界一次中间再热控制循环汽包炉，经增容改造后额定功率660MW，额定蒸汽温度566℃，燃烧器为四角切圆，二期机组设置3台50%容量、带液力偶合器的电动调速给水泵，正常2台运行，1台备用，给水泵经液力偶合器调节转速，调速范围为满足25%～100%电动泵额定流量。

6.1.2 改造方案

该厂二期机组于2017年11月进行了灵活性改造，技术方案为省煤器分级、增加一层等离子（共两层等离子），改造总花费约2000万元。燃烧器未进行改造，保持原结构形式，3号炉C层增加一层等离子，为B、C层布置方式；4号炉A层增加一层等离子，为A、B层布置方式。改造后系统整体布置如图6-1所示。

另外，还对一次风喷口和分离燃尽风（SOFA）燃烧器喷口进行了优化设计并更换；对AGC协调控制参数和AVC进行了优化。

6.1.2.1 分段式省煤器系统

在SCR出口烟道内安装一级省煤器，通过高压给水管道与原省煤器（二级省煤器）串联构成分段式省煤器系统。一级省煤器可将空气预热器入口烟气温度从370℃降低至336℃(BMCR工况)，其进、出口集箱布置在脱硝烟道内靠近前后墙处，在一级省煤器进口侧墙烟道安装固定式蒸汽吹灰器。

如图6-2所示，将锅炉主给水管道延伸至SCR出口烟道处，主给水管道在一级省煤器进口集箱处分为两路，分别进入左右两侧烟道的一级省煤器入口集箱。使用给水管道将一级省煤器出口集箱与二级省煤器入口集箱相连，形成分级省煤器系统。

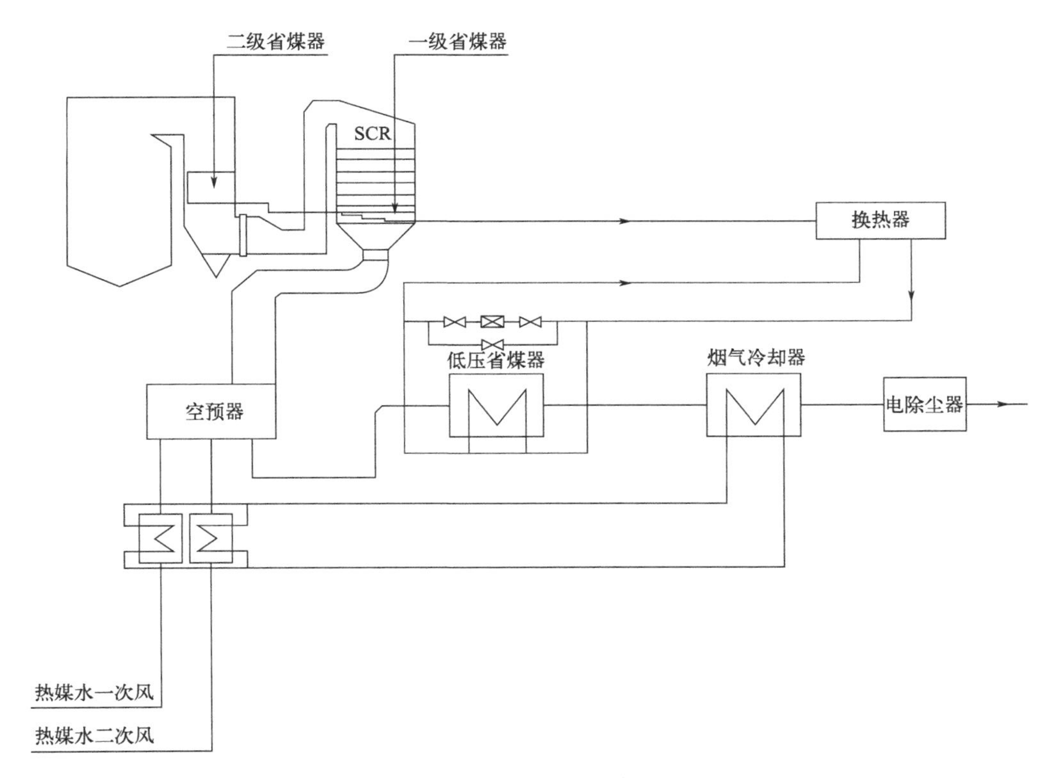

图 6-1　改造后系统整体布置

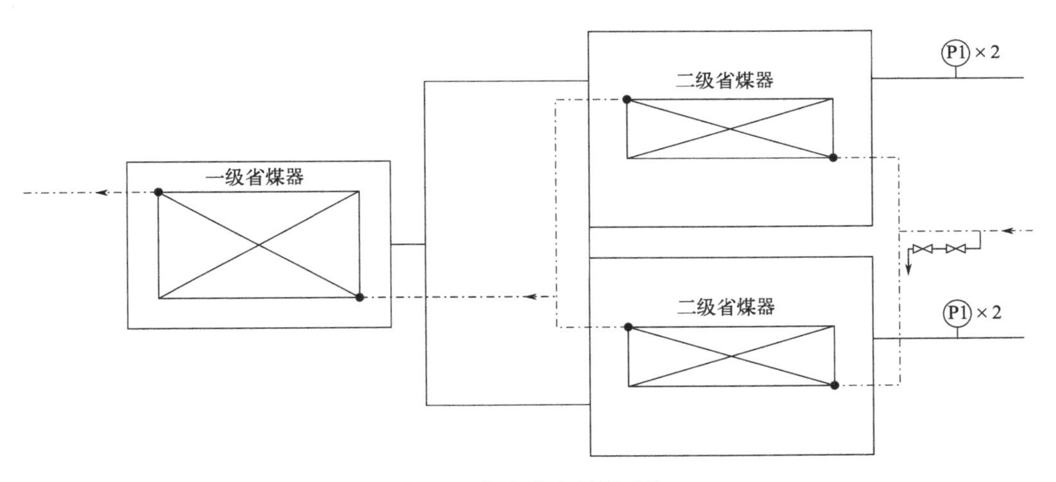

图 6-2　分段式省煤器系统

同时，将原省煤器疏水电动门和疏水手动门移位至一级省煤器入口集箱主给水管道上面，相应的原省煤器再循环管延伸至一级省煤器入口集箱。

6.1.2.2　燃烧器及油枪改造情况

二期机组等离子为 2 层布置（从运行经验来看其高低位置对烟温影响不大），其中一台等离子磨大修，20%负荷深度调峰时需要投油助燃；等离子若出现断弧现象，也需要投油助燃，为节省燃油，油枪流量由原 1.2t/h 降为 0.4t/h。

2012 年对燃烧器进行了低氮改造，在锅炉标高 42.5m 处新增了 8 层 SOFA 喷口，该喷口可进行上下左右摆动，SOFA 垂直摆动，可对炉内火焰中心标高进行调整，同时能保证一部分碳的及时燃尽，SOFA 水平摆动用以调节炉膛出口的烟温偏差。

2018 年进行了一次风喷口更换，一次风室喷嘴体（即一次风筒体）根据情况利用旧的或者重新设计更换。一次风喷口采用垂直浓淡，喷口设置稳燃钝体，加强一次风着火及稳燃能力，原有 B 层等离子燃烧器不动。

对燃烧器的风率进行重新分配设计，采用新的二次风喷口，最下层二次风喷口适当增大面积，减小油风室及中间空气风室的面积；中间二次风喷口采用预偏置喷口设计，二次风喷口与一次风喷口形成 2°～4°夹角。

二次风喷口风速按照 45～50m/s 进行设计，提高二次风射流的刚性，利于炉内燃烧动力场的组织。

原有 SOFA 燃烧器箱壳不动，仅更换现有的 SOFA 燃烧器喷口。SOFA 燃烧器喷口根据风率重新设计，SOFA 风率按照 25%～30%设计，SOFA 燃烧器喷口风速按照 45～50m/s 设计。

6.1.3 实施情况

(1) 实施效果

实施效果主要体现在以下几方面：

① 脱硝。经灵活性改造后机组具备 20%深度调峰能力，即 132MW。20%深度调峰工况下省煤器入口温度保持在 310℃左右，具备脱硝条件。

低负荷锅炉炉内基本没有分级燃烧，脱硝入口的氮氧化物含量偏高，主要是通过提高喷氨量来控制。脱硝调门自动跟踪入口 NO_x 浓度进行调节，低负荷时入口 NO_x 在 $600mg/m^3$ 以上，脱硝调门开度较大，需解除脱硝调门自动，手动进行调节。

② 燃烧。20%深度调峰时两台磨煤机运行，煤量约 70t，通过降低液压加载力来减少磨煤机振动。因煤质较好，基本不存在断煤情况，深度调峰时保持两台等离子磨（中下层）运行，等离子进行拉弧，一般不需投油枪。

③ 逻辑优化。通过协调控制逻辑优化，确保 20%深度调峰时所有设备自动方式保持不变；对主蒸汽压力进行优化，20%深度调峰时为 9MPa；对低压疏水阀联开定值进行调节，深度调峰时不会联开疏水阀。将负荷变动率调低至 3MW/min（正常 12～15MW/min），将风机调节步长及速率减小，防止风量及风压波动过大。AVC、PSS（电力系统静态稳定器）保持自动投退。

④ 空预器压差。低负荷运行时间长对空气预热器压差影响较大，由于有水媒式暖风器（综合升级改造时增加），可以通过提高一、二次风温（空气预热器入口风温保持 55℃以上），减少硫酸氢铵的凝结。较高的入口风温也使空气预热器冷端换热元件壁面温度升高，降低了低温腐蚀的风险。

⑤ 其他。给水主路憋压阀的漏量约 300t/h，正常运行时主旁路均开，深调时逐步

关小旁路，确保有压差即可。轴封系统供汽需倒至辅汽带。

目前每个月20%深度调峰时间有限，仅2～3h，深度调峰时六大风机均保持运行，防止某一风机突发故障导致出现灭火等现象。

(2) 目前存在问题及解决方式

① 省煤器汽化。为保证20%负荷时脱硝烟温满足要求，进行了省煤器分级改造，由此导致20%负荷时省煤器入口欠焓偏低，省煤器可能出现汽化现象。省煤器入口汽化会造成汽包上水困难，汽包水位波动在±100mm范围。目前采取方法主要是提高主蒸汽压力（现要求不低于9MPa），以便提高炉水的饱和温度（偏高汽轮机节流损失大，偏低更容易汽化），20%负荷深度调峰基本不存在汽化情况。启停机过程中采取大量串水、退部分高压加热器来防止汽化，运行中还可通过燃烧调整提高省煤器的欠焓（调整的宗旨是减少省煤器的吸热）。通过采取以上措施保证了省煤器的安全运行。

② 燃烧。深度调峰时运行调整较多，配煤出现偏差、一次调频动作等情况下有时火检较差，容易造成汽包水位、炉膛负压波动较大，同时减温水量及蒸汽温度波动大，影响安全性。为保证燃烧稳定，在2台磨煤机运行时，给下层煤仓加热值4200～4500kcal(1kcal=4.186kJ)的燃煤，保证总煤量在70t/h左右，同时要求燃煤干燥无灰基挥发分不得低于35%来保证火检稳定，全水分不得高于10%来保证磨煤机干燥出力。深度调峰30%负荷以下时等离子全程投入，必须保证等离子系统设备的可靠性。

③ 尾部二次燃烧。为了防止低负荷煤粉燃尽率低，造成尾部烟道再燃烧，30%负荷以下全程投入空气预热器冷端吹灰。

④ 煤耗。深度调峰时会对蒸汽温度有一定影响，主蒸汽、再热蒸汽温度会降低至510℃左右。深度调峰时机组煤耗约430g/(kW·h)。

⑤ 壁温。燃烧器偏烧时易产生受热面超温现象，需要定期进行一次风调平的调整。

6.1.4 经济效益分析

省煤器分级改造难度较大，费用较高，且增加一层等离子，综合来算灵活性改造费用共2000万元左右。2台每月的调峰辅助服务市场净利润约90万元，运行2年基本能收回成本。

6.2 B发电厂

6.2.1 概况

某发电厂1号、2号机组于2008年建成投产，2012年4月1日并入京津唐电网。2019年完成宽负荷脱硝的灵活性改造工作，使得机组具备20%～100%的调峰能力，满足华北电网调频调峰的负荷要求。

该公司2×600MW空冷机组1号锅炉为亚临界压力中间一次再热控制循环炉，单炉膛Ⅱ形紧身封闭布置，四角切向燃烧。炉前布置3台低压头炉水循环泵，炉后布置2台三分仓容克式空气预热器。锅炉采用正压直吹式制粉系统，配6台中速磨煤机，5台磨煤机可带MCR负荷，1台备用。直流燃烧器四角布置，切向燃烧。

6.2.2 改造方案

该厂采取的是热水再循环方案，该方案是通过热水再循环系统将下降管中工质通过再循环（增加泵）引至省煤器进口，提高省煤器进口的水温，降低省煤器的吸热量，提高省煤器出口的烟气温度。在锅筒底部长度方向布置6根下降管，考虑系统的安全性及汇合集箱位置，热水再循环系统取水点选取在汇合集箱前，如若将取水点选取在循环泵组后的话，再循环泵的抽水会导致进入水冷壁的水量减少，威胁机组的安全性，随后再循环工质汇合进入循环泵前的集箱（新增），由循环泵完成再循环过程，在启动过程中利用循环泵将工质打入省煤器入口集箱，使得进入省煤器入口的给水温度提升，减少省煤器烟气吸热，从而提高省煤器出口烟温。

热水再循环原理如图6-3所示。

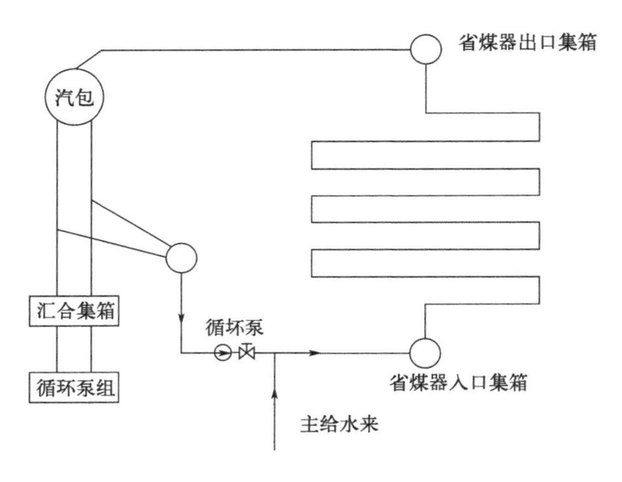

图6-3 热水再循环原理图

为进一步改善SCR入口烟气温度，需要设置一条再循环泵旁路系统以及邻机蒸汽管路，系统稳定可靠，在高负荷下不调节时不会对锅炉产生影响。工程的难点在于泵和阀门的采购安装，进口阀门和循环泵采购周期较长，施工停炉周期短，2周即可。方案投资约900万元，投资价格适中。

热水再循环方案将下降管中工质通过再循环系统打入省煤器入口，通过不同的再循环量调节省煤器出口烟温。当再循环量达到450t时，省煤器出口烟温可保证在300℃以上，再循环量为900t时，省煤器出口烟温在310℃以上，热水再循环方案通过控制水侧，调节精准，行业内应用案例较多，该方案投资适中，热水再循环系统在炉外改造，对锅炉本体无影响，性能及寿命均有保证，启动过程有利于机组快速启动，提升省煤器出口烟温潜力大，有利于机组深度调峰下SCR烟温的调节。

改造后，在高负荷下，不需要泵循环热水，因此不会影响到锅炉正常运行，高负荷下不影响经济性。在低负荷下，需要泵循环热水锅炉，排烟温度会升高，效率会有所降低，如 30% BMCR 负荷下，锅炉排烟温度提升 10.6℃左右，锅炉效率降低 0.6%。

现场布置及系统设计如下：

本项目增加了省煤器热水再循环管道，系统见图 6-4。6 根集中下降管 34m 高度设置 6 根 ϕ273mm×25mm 的引出管，将集中下降管中的热水（近于锅炉汽包压力下的饱和水）引入至 ϕ508mm×45mm 热水循环泵吸入母管（1 根），进而引入热水循环泵，由循环泵提压后由 1 根 ϕ457mm×40mm 的热水循环泵出口管道引至给水管道进口，与来自高压加热器后的给水混合。再循环泵前连接管和出口管分别安装一个闸阀，必要时进行系统隔离，安装有一个调节阀用于再循环流量调节，安装有一个止回阀防止给水回流，短路省煤器。从出口管到再循环母管设置有一路小流量管路，用于防止再循环泵流量过低造成汽蚀。

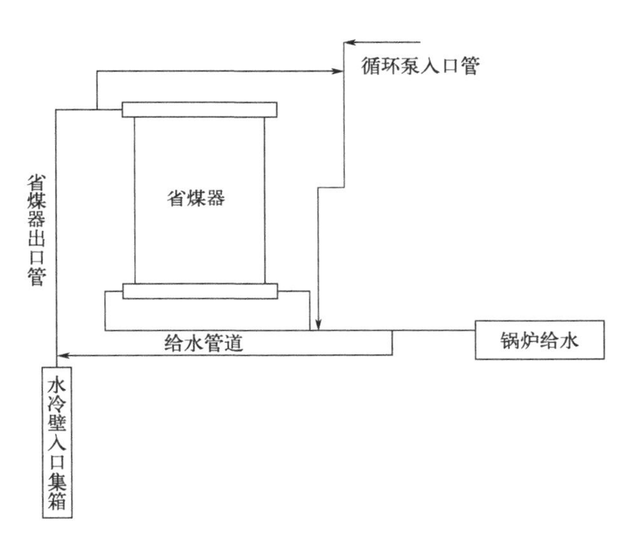

图 6-4 热水再循环系统

6.2.3 实施情况

两台机组在宽负荷脱硝改造后，在华北电网深度调峰时间段进行机组多次的深度调峰后，分别于 2020 年 4 月和 6 月委托华北电力科学研究院对机组 20%～50%额定负荷进行多项试验，主要包括机组性能、低负荷稳燃能力、污染物排放、辅机适应性、水动力安全、涉网性能等试验，全部满足要求。

6.2.4 经济效益分析

1 号、2 号机组宽负荷脱硝改造投资分别为 708 万元和 943 万元，共计 1651 万元，在宽负荷脱硝实施后，于 2019 年 12 月参与华北电网深度调峰以来，截至 2021 年 1 月，在辅助服务调峰市场共计取得收入 2198 万元，成本已全部收回。调峰辅助服务市场月度结算汇总见表 6-1。

表 6-1 调峰辅助服务市场月度结算汇总　　单位：万元

时间	华北市场	省网市场	实际总收益
	净收益	调峰结算	
2019 年 12 月	6.5413	214.1377	220.6790
2020 年 1 月	228.5597	124.1066	352.6663
2020 年 2 月	13.6693	339.9505	353.6198
2020 年 3 月	80.0381	74.4785	154.5166
2020 年 4 月	3.2834	58.1728	61.4562
2020 年 10 月	0.2250	0.0000	0.2250
2020 年 11 月	0.4109	46.3846	46.7955
2020 年 12 月	225.4355	307.6155	533.0510
2021 年 1 月	396.8941	77.8044	474.6985
汇总	955.0573	1242.6506	2197.7079

6.3 C 发电厂

6.3.1 概况

C 发电厂采用循环流化床锅炉、直接空冷凝汽式汽轮机、氢冷式发电机。锅炉为东方锅炉股份有限公司生产的型号为 DG 1177/17.4-Ⅱ1 型循环流化床锅炉，最大连续蒸发量为 1177t/h，为一次中间再热自然循环、亚临界参数，单炉膛、紧身封闭、平衡通风、固态排渣、全钢架悬吊结构。汽轮机为东方汽轮机有限公司生产的型号为 CZK330/261-16.7/0.5/537/537 型汽轮机，为亚临界、中间再热、双缸双排汽、直接空冷凝汽式汽轮机，是引进和吸收国内外技术设计制造的最新第八代亚临界 300MW 级优化机型的派生机型之一。发电机为东方电机有限责任公司制造的 QFSN-330-2-20B 型三相隐极式同步发电机，额定功率 330MW，额定电压 20kV，冷却介质为水-氢-氢。

6.3.2 改造方案

C 发电厂为传统火电供热机组，是“以热定电”方式运行，这与当下内蒙古自治区及蒙西电网要求提升机组供热期及纯凝运行工况深度调峰能力相矛盾。结合 2022 年内内蒙古自治区能源局下发的《蒙西新型电力系统建设行动方案》（1.0 版）重点任务，系统调节能力提升行动要求：推动新建煤电机组灵活性制造，在不降低顶峰能力的前提下，纯凝机组最小技术出力不超过 25%，供热机组供热期最小技术出力不超过 35%，单日连续运行时间不低于 6h。推动现役煤电机组灵活性改造，推广应用“热电解耦”改造技术，因厂制宜采用低压缸零出力、汽轮机旁路改造、锅炉稳燃等成熟适用技术方案，缩短改造时间，降低改造成本。在不降低顶峰能力的前提下，改造后纯凝机组最小技术出力不超过30%，供热机组供热期最小技术出力不超过40%，单日连续运行时间不低于6h。

该厂灵活性改造主要需求为实现热电解耦，在保证冬季供热的同时，配合电网实现深度调峰；纯凝工况下，机组实现进一步深度调峰。该厂结合机组系统结构、热负荷现状、供热参数及供热量、系统运行方式及供热安全性，最终选取采用高低压旁路阀抽汽供热改造技术，本次通过高低压旁路阀抽汽供热改造，即锅炉侧相对机侧高负荷运行，锅炉新蒸汽通过旁路系统向原热网加热蒸汽系统提供采暖用汽，以此实现机组低负荷阶段热电解耦或提高机组供热能力。改造后锅炉侧过量的主蒸汽经原有高压旁路系统进入冷再热蒸汽管道，再依次经过低温再热器、高温再热器进入高温再热蒸汽管道。高温再热蒸汽一小部分进入汽轮机中压缸，满足汽轮机最小进汽量的要求。其余再热蒸汽经低压旁路阀减温减压后为热网加热器提供热源。利用原有旁路系统方案，投资费用低、系统简单，但受热再热蒸汽管道流速超限影响低负荷阶段抽汽能力有限，同时对原有高低压旁路阀门冲击较大，机组甩负荷时旁路阀门能否及时切换需进一步论证。

结合电厂运营方及供热热负荷情况，本次改造利用原有旁路系统，考虑到原高低压旁路阀运行超10年，为提高旁路阀的旁路供热改造适应能力，降低改造后的长期运行冲刷导致旁路阀不严密风险，本次改造拟更换高低压旁路主阀，并将旁路阀容量从40% BMCR扩容到45% BMCR。高低压旁路阀由于长期运行磨损，密封性降低，电厂运营方决定此次改造进行更换，相应高低压旁路阀减温水系统均利用原有系统及阀门。

为保证高低压旁路阀抽汽供热改造后的密封性，在原高压旁路阀入口主蒸汽管道上新增一道电动关断阀，新增关断阀启闭时间与原高低压旁路阀相同。

为隔断进入凝汽器的低压旁路阀出口蒸汽，在原低压旁路阀出口至原三级减温减压器的原低旁阀出口管道上新增一道电动隔断阀，隔断阀前新增一路去原热网加热蒸汽管道的抽汽管道，管道上设置气动止逆阀和电动关断阀，抽汽管道就近引接至A列原有热网加热蒸汽母管。高低压旁路阀抽汽供热仅冬季采暖期运行。

6.3.3 实施情况

C发电厂高低压旁路供热管道灵活性改造及热网首站换热器更换项目的建设，不仅增加了机组的供热能力，提高了发电厂的经济效益，同时，增加了机组的调峰能力，缓解风电冬季弃风严重的局面，参与当地电力辅助服务市场，对发电厂和地区的经济效益都做出了较大的贡献。在后续运行过程中需要对下列问题予以重视：

① 现有高低压旁路阀在原设计中定义为启动功能，没有参与机组长期连续运行。而本次改造后，旁路阀将在采暖期有可能连续运行，理论上可行，但实际上由于其阀体内部结构较为复杂，喷水减温会对阀芯带来较大的冲刷，运行时间过长存在阀芯内漏等现象，间接地缩短了旁路阀的使用寿命。建议委托原旁路阀供应商对旁路阀的使用寿命和安全性进行核算和承诺。

② 旁路阀供热时，再热蒸汽管道的流量为再热汽门入口流量与低压旁路入口流量之和，且此时再热蒸汽压力较低，再热蒸汽管道流速偏高，不仅会产生噪声、振动，而且会使热力系统压降偏大，降低机组热效率。需密切监控旁路供热系统内的蒸汽流量，及时调整再热管道压力。调整压力的数值依据汽轮机侧数据确定，并核算中压联合汽门是否需要改造。

参 考 文 献

[1] 高奎，赵晖，胡罡，等．超超临界试运机组深度调峰控制优化［J］．热力发电，2021，50（3）：158-164.

[2] 文乐，薛志恒，杨新民．深度调峰下汽轮机的定滑压曲线试验与优化［J］．热能动力工程，2019，34（11）：21-26.

[3] 卢新蕊，刘鑫屏．直流锅炉全工况动态水煤配比优化［J］．华北电力大学学报，2021，48（1）：107-113.

[4] 王鹏程，邓博宇，蔡晋，等．超临界循环流化床锅炉深度调峰技术难点及控制策略［J］．中国电力，2021，54（5）：206-212.

[5] 宋文雷，何翔，赵春荣，等．基于300MW亚临界供热机组灵活性深度调峰的研究应用［J］．电站系统工程，2020，36（4）：63-66.

[6] 王立，王燕晋，李战国，等．火力发电机组深度调峰试验及优化［J］．发电设备，2019，33（2）：133-137.

[7] 王锋，林艺展．600MW超临界机组制粉系统自启停功能设计与应用［J］．华电技术，2014，36（12）：4-7.

[8] 韩亚莉，焦嵩鸣．超超临界给水自启停控制系统方案设计与分析［J］．计算机仿真，2015，32（1）：165-168.

[9] 黄卫剑，张曦，朱亚清，等．火电机组燃料品质自适应性优化控制策略研究［J］．中国电力，2012，45（6）：43-46.

[10] 刘礼祯，沈建峰，高磊，等．基于多煤种掺烧的分层热值修正技术研究及应用［C］//2016年中国发电自动化技术论坛论文集，2016：201-204.

[11] 虞国平，张新胜，屠海彪，等．火电机组深度调峰工况辅机安全控制技术研究［J］．浙江电力，2021，40（2）：85-90.

[12] 赵振宁．中速磨制粉系统一次风运行参数整体优化［J］．中国电机工程学报，2010（增刊1）：124-130.

[13] 丁承刚，郭士义，石伟，等．燃煤电站锅炉二次风控制系统优化［J］．电气自动化，2016，38（4）：106-109.

[14] 顾德东，李恩鹏．超超临界机组水煤比控制策略优化［J］．热力发电，2017，46（4）：115-119.

[15] 陈晓强．超超临界机组燃烧及水煤比控制策略研究与应用［J］．广东电力，2012，25（1）：97-104.

[16] 高奎，杜亚鸿，赵晖，等．深度调峰机组给水泵再循环控制优化调整［J］．热力发电，2020，49（11）：101-106.

[17] 高林，王林，刘畅，等．火电机组深度调峰热工控制系统改造［J］．热力发电，2018，45（7）：95-100.

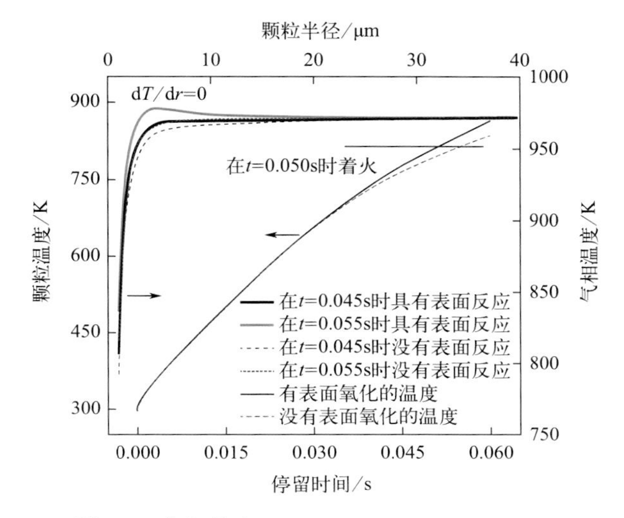

图 2-1 均相着火（$T_w=1023K$，$d_p=250\mu m$）

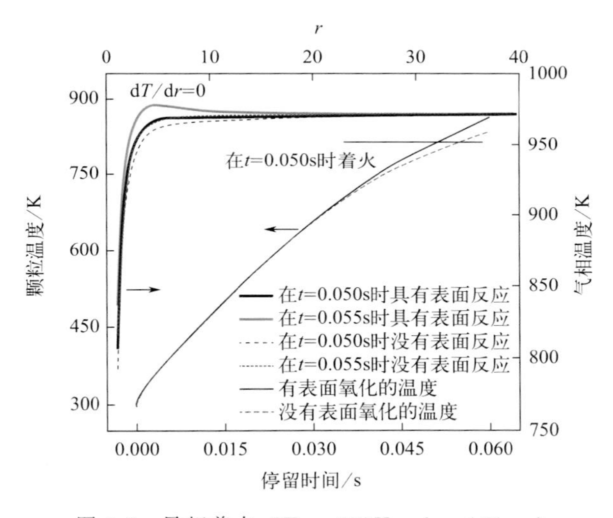

图 2-2 异相着火（$T_w=973K$，$d_p=100\mu m$）

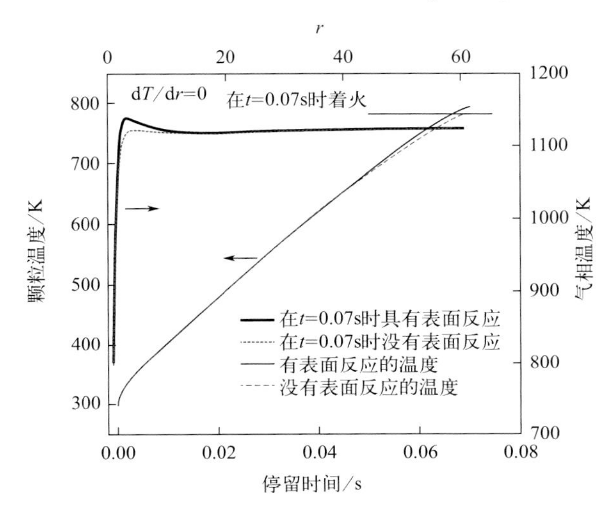

图 2-3 联合着火（$T_w=1123K$，$d_p=100\mu m$）

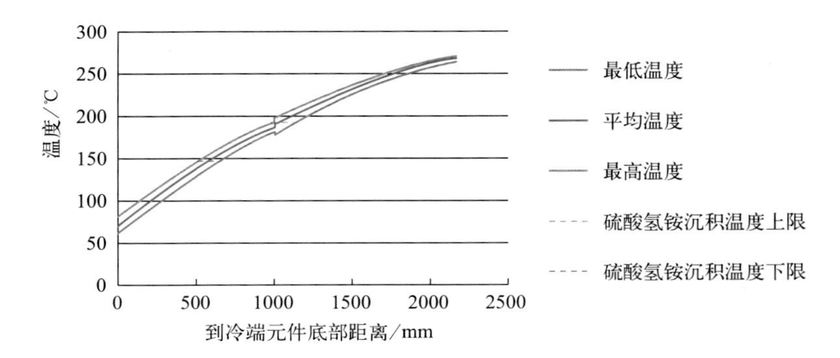

图 2-5 容克式空气预热器金属壁温曲线（35%BMCR 工况）

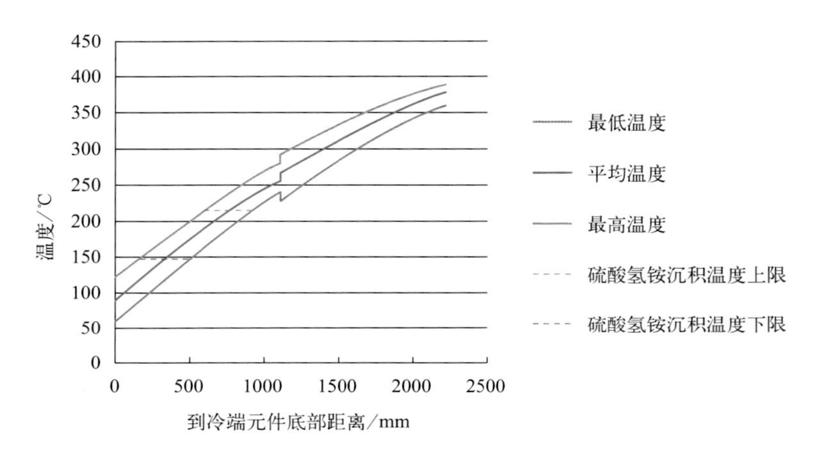

图 2-6 容克式空气预热器金属壁温曲线（100%BMCR 工况）

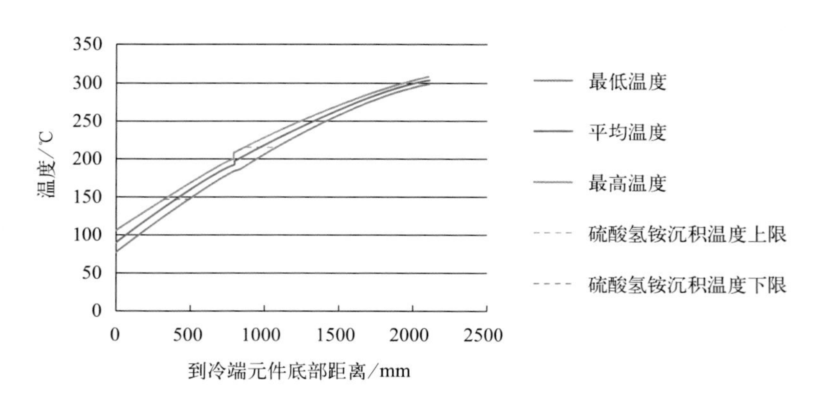

图 2-7 容克式空气预热器金属壁温曲线（40%BMCR 工况）

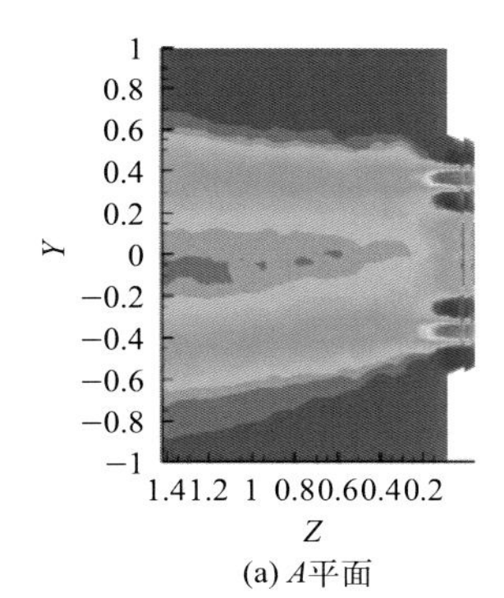

(a) A平面

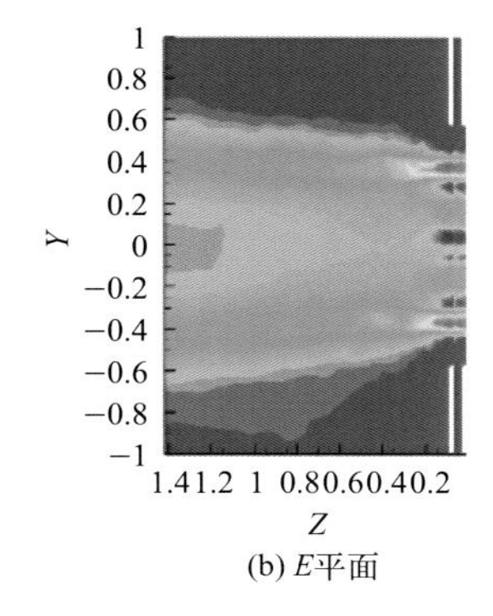

(b) E平面

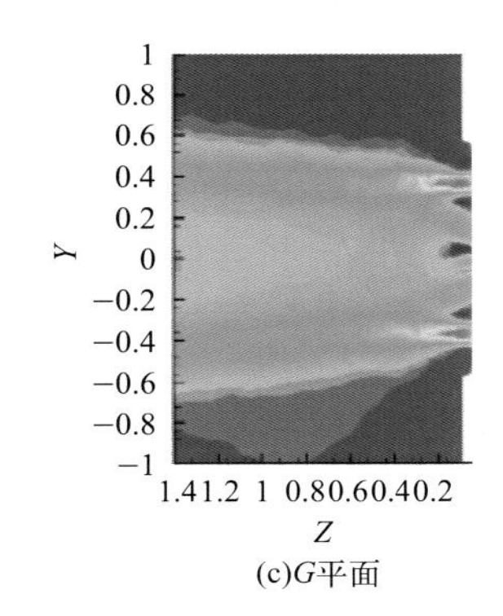

(c)G平面

图 2-14 中心富燃料数值模拟

(a) 新型燃烧器系统实物图

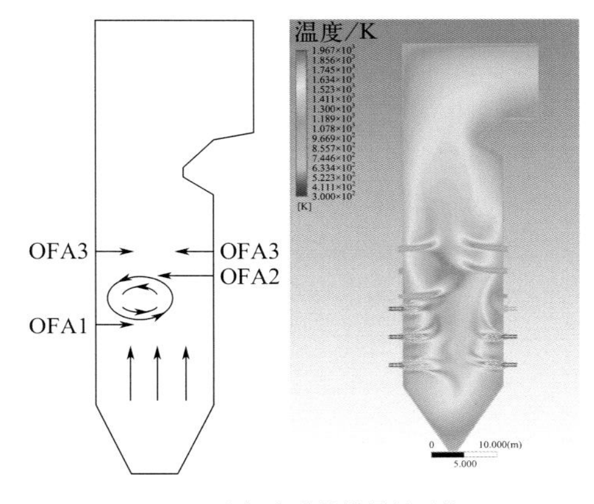

(b) 先进的燃尽风系统

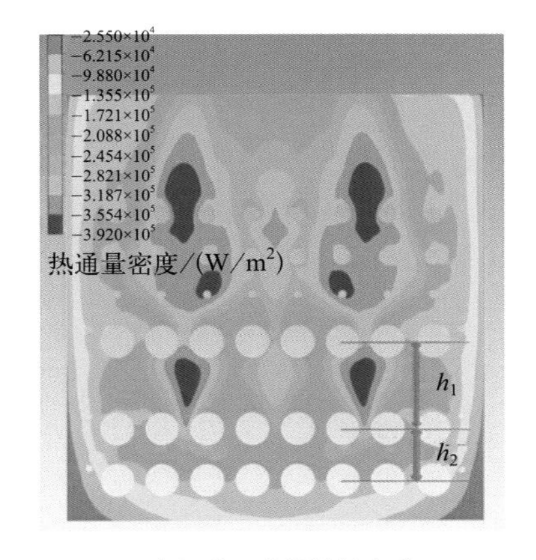

(c) 差异化燃烧热负荷

图 2-27 新型燃烧器系统

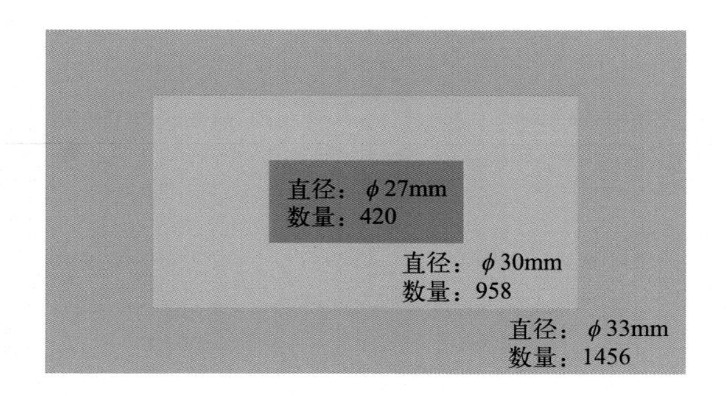

图 2-38　某 300MW 机组布风板布置图

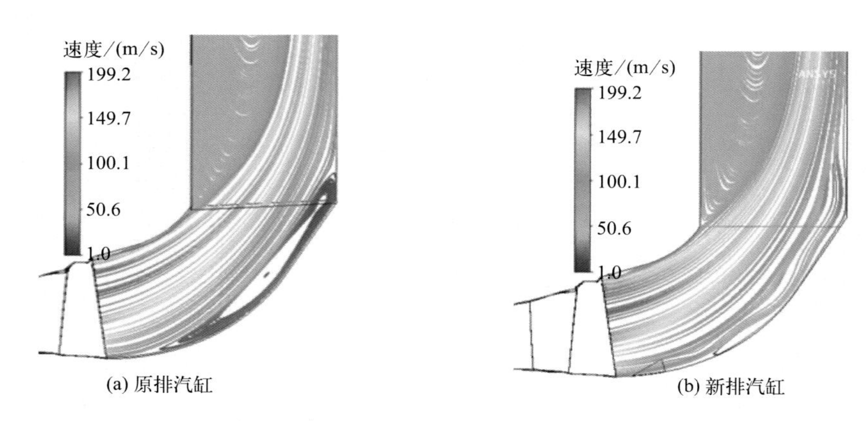

图 3-3　低压排缸加装涡流稳定器前后对比

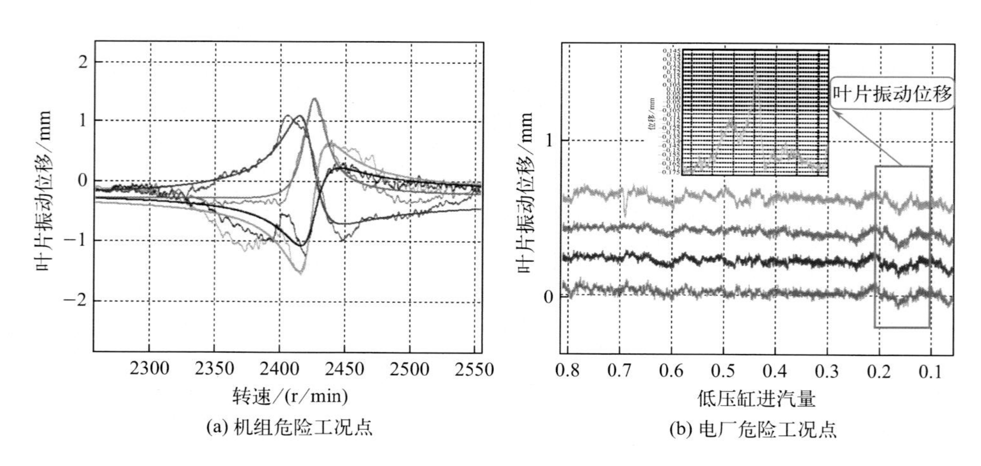

图 3-5　实时监测及预警图

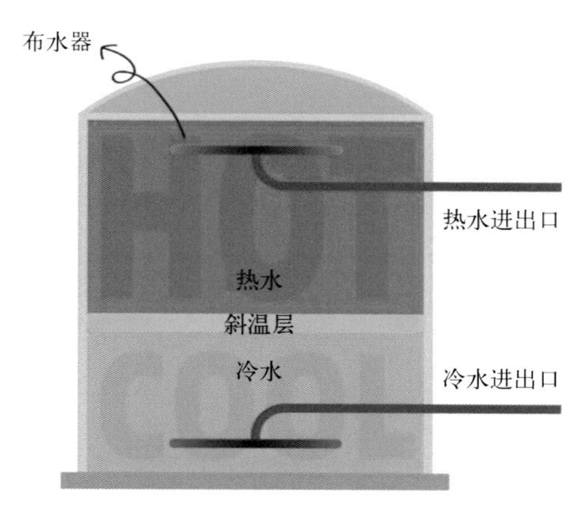

图 3-16　蓄热罐工作原理图

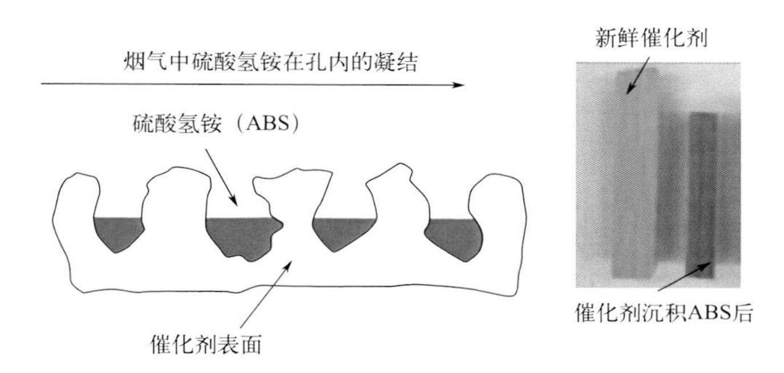

图 5-6　硫酸氢铵在催化剂孔内的结露示意图以及催化剂失效情况

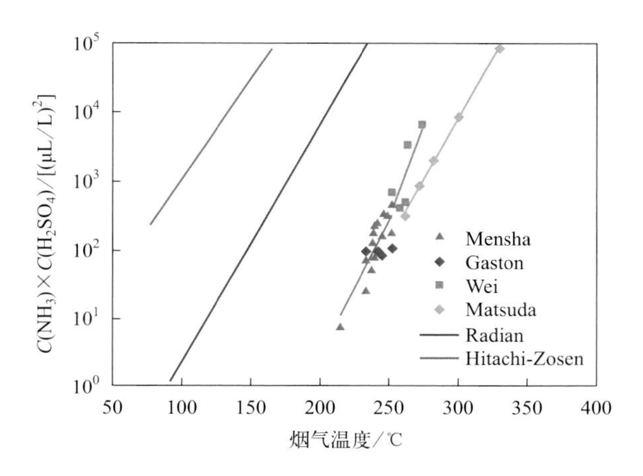

图 5-7　不同模型下催化剂中硫酸氢铵结露温度曲线